JOHN SONMEZ 著・黃詩涵 譯

Soft Skills 軟實力

軟體開發人員的生存手冊 第二版

獻給所有致力於持續自我提昇的
開發人員…

你們永遠不會安於現狀

你們總是尋求機會擴展視野，探索未知的世界

你們求知若渴，永不止息

你們知道軟體開發不只是寫程式而已

你們了解失敗不是終點，只是成功旅程中的一小步

你們奮力不懈，總是哪裡跌倒就從哪裡爬起

你們有毅力與決心去追尋人生中更艱難的道路

最重要的是…

你們願意在人生的路上，助他人一臂之力

推薦序

2014 年 12 月 5 日，這天我慶祝了第六十二次生日，在這個小週末的夜晚我收到了本書作者 John Sonmez 發來的電子郵件。他希望我為他的新書寫推薦序，並且在 12 月 8 日，也就是下週一給他。附在電子郵件裡的壓縮檔是新書的原稿，我打開檔案一看，天啊，是數十個 Word 檔，這對我來說當然很不方便，要一個一個檔案去看真的令人很煩，更何況我也沒時間把這些 Word 檔案合成一個 PDF 檔。

當下我並不是很高興。週六早上要上飛行訓練課，我太太又剛動完人工關節手術，正在復健中，想多利用一些時間陪陪她。再說週六晚上就要飛往英國倫敦，接下來的週一到週五都要教課，要我週一就給 John 推薦序，根本辦不到。於是我跟他說，你給我的時間不夠，我沒辦法為你寫序。

就在我要出門前往機場時，John 送我的聖誕節禮物剛好寄到，裡面是起司和火腿，還有一張卡片，他在上面寫著：感謝我考慮為他寫推薦序。此時，我又收到 John 發來的另一封電子郵件，他說已經請求出版商延後一天，所以希望我能在下週二給他推薦序。當然，還有其他幾封懇求的郵件，但我都回絕他，說我真的沒時間，請他不要期待我會幫他寫序。

接著，我就搭機前往倫敦，在飛機上睡了一覺，到了倫敦之後坐搭計程車去我最愛的飯店。因為旅行，我筋疲力盡，在恍神中玩 Minecraft 直到沉沉睡去。隔天週一我教了一整天的課，然後在 SMC 編譯器上處理一些工作，為我的著作《無瑕的程式碼》（Clean Code）製作系列影片的第三十集（http://cleancoders.com）。

今天是 12 月 9 日，星期二。我開始上第二天的課，讓學生做兩小時的課堂練習，我趁此時檢查電子郵件信箱，發現 John 又寄來一封簡短的郵件，這次他附上了新書的 PDF 檔。好吧，我承認他讓事情變簡單了。這下我只要打開檔案，動動滑鼠就可以瀏覽他新書的內容，確實很好。

注意到了嗎？我提到 John 做的這些事，目的是想強調他盡了一切必要的努力。他站在我的立場*思考*我可能會需要而且想要的資源。提供了幾個誘因和協助來達成他最初的目的。很顯然地，他投入了大量的時間和努力來簡化我的工作，就算成功機率微小，他仍然希望有機會能請我寫序。即使我已經回絕他的請求，幾乎是明白地告訴他下次請早，他依舊找方法來誘使我和協助我，就是不放棄，也不退縮，只要機會還在，就持續找方法實現目的。

*John 所做的這一切*正是本書的宗旨，就是要贏得成功。本書提到習慣與策略、程序與心態以及技巧和訣竅，在在都可以幫助你離成功更近。John 在原來的請求未果後，對我採取的這些行動就是最好的示範，他自己本身更可說是本書內容的最佳代言人。

既然學生在做課堂練習，那麼我有兩小時的空檔，打開 PDF 檔，我開始閱讀 John 的新書。哇！看看這本書的標題，John 竟然提到健身，還有期權交易、房地產、心靈平衡、離職、開創顧問事業、加入新創公司、開發產品、升遷、自我行銷等等，當然，不只這些內容。

我知道自己不可能在兩小時內精讀完這本書，但不讀我也無法寫序，所以我決定快速略讀本書的內容。然而，我很快就抓到一個感覺，John 想透過本書傳達一個很棒訊息，一個每個軟體開發人員（還有其他面臨相同情況的讀者）都應該全面了解的訊息。

你知道怎麼寫一份好的履歷嗎？你知道怎麼談一份好的薪水嗎？從事獨立顧問的工作時，要怎樣設定合理的顧問費？離職成為約聘的自由工作者，你該如何權衡這之間的風險？你知道如何為新創公司募資嗎？你知道看電視也有成本嗎？（你沒看錯，我就是在講看電視這件事。）

這些都是本書想談而且會教你的事。這些也是你需要了解的事。我雖然還沒讀完整本書的內容，但我精讀了一些，也略讀了一些，都讓我足以了解 John 想傳達的訊息，不然我也無法向各位推薦本書。我的結論是，如果你是剛起步的軟體開發人員，正努力在這個複雜的產業裡殺出一條生路，那麼你該看看這本書，能帶給你許多遠見和不錯的忠告。

儘管 John 一開始就歷經波折，但終究還是克服了不可能的期限和所有困難，找出方法讓我為他寫這篇推薦序。他應用了自己書裡所寫的原則，再次贏得成功！

Robert C. Martin（人稱 UNCLE BOB）
Uncle Bob Consulting LLC

自序

關於我寫這本書的理由，真的很想掰一個天馬行空的故事給你。告訴你我是在沙漠冥想的時候，有隻老鷹飛到我的肩膀上，在我耳邊低語，「你必須為軟體開發人員寫一本書，這是你的使命」。或者是告訴你，有本書出現在我的夢裡，半夜夢到書裡的內容大綱，一覺醒來就文思泉湧，開始瘋狂地寫書，努力捕捉夢裡所見。

但現實情況是，我不得不寫。

從事軟體開發工作的生涯裡，我經歷過許多不同的旅程。回想曾經走過的路，有的正確、有的錯誤，有的至今都還無法評論對錯。我這一路上跌跌撞撞，沒有從其他人那得到太多的協助或指引，只能靠自己摸索。總覺得沒有人能在前方為我開闢一條康莊大道，讓我有所依循。也總覺得沒有人能告訴我如何成為一位最成功的軟體開發人員，不是只有寫程式而已，還有怎麼生活。

當然，還是有很多人為我的生命帶來正面的影響，教我軟體開發等方面的事。對於我生命裡的部分成就，這些人絕對是居功厥偉。但我從未遇到一位人生導師，能從人生的各個面向給予我一盞明燈，像是：

- 在管理個人職涯之外，如何在職涯過程中作出正確的抉擇。
- 如何採取更好、更有效率的學習方式，才能盡可能提高個人的生產力；失去學習動力和感到沮喪時，又該如何激勵自己。
- 對財務、身體和心理上的健康有基本的了解，能為軟體開發人員的生涯帶來怎樣的影響，又會對日常生活造成什麼影響。

我寫這本書正是想提供這幾個面向的指南，或至少盡力把我個人所擁有的經驗分享給大家，這些經驗來自於其他成功的軟體開發人員、財務專家、健身大師以及激勵課程的講師，我很榮幸能遇到他們並且與其互動。這些我學到的知識和擁有的經歷如果不撰寫成書整理給大家，真的是太浪費了。

因此，我寫這本書給軟體開發人員，希望

你的旅程能走得更輕鬆愜意…

幫你成為更好的自己…

最重要的是，讓你走在軟體開發人員這條路上不再感到孤單…

我說的這些話激勵你了嗎？

很好。讓我們一起展開旅程！

二版出版緣起

2014 年我寫完這本暢銷書的第一版後，天啊！幾乎已經過了五年，這段時間我的人生和心態都有相當大的轉變，變化之大足以讓我重新改寫一整本書。

不過……我並沒有在《軟實力》第二版這麼做。重看一次這本書的內容時，雖然我發現自己還想就某些主題闡述想法，還有大量的新議題想討論，但我也發現書中絕大部分的內容仍舊密切相關。

隨著我對《軟實力》這本書的想法越來越多，我才真的意識到，它之所以成為暢銷書，其最大的特色是因為書中內容淺顯易懂，所以，我不希望失去這一點。而且，我想確保沒有學過哲學或進階行銷技巧的讀者拿起本書閱讀時，能立刻理解書中的觀念。

但是……這不表示本書第二版沒有重大的改變和更新。仍舊針對我不再認同或過時的內容進行修正，新增過去五年來我在哲學、健身和財務方面所獲得的啟示。

先從第二版刪減的內容說起。我將第一版的附錄全部刪除，書中原本有四個附錄，分別是談理財、股票市場的運作方式、基礎飲食與營養，還有健康飲食。對這些內容好奇的讀者，附錄對他們來說很有價值，但我覺得這些觀念和本書擔負的核心使命相去甚遠，所以將這些內容刪除。同樣地，我還刪除了期權交易那一章的內容。主要原因在於，這個主題雖然有趣但我其實不推薦，而且它創造出來的偏財非常吸引人，會讓讀者偏離正軌。我也刪除了書中部分其他章節的內容，這些內容雖然不錯，但相較於放在有連貫性的章節裡，其實更適合作為獨立文章閱讀。

書中某些章節的順序經過重新編排，期望更符合思考邏輯，讓讀者閱讀起來更流暢。當然你還是可以依照自己喜歡的順序閱讀任何章節，這很合理而且也是本書最初設計的目的。

然而……我不是為了刪減而刪減。部分原因在於我有更多話想說，有更多想法要跟各位親愛的讀者分享，所以我需要騰出一些空間，才如此謹慎果斷地刪減掉某些內容。我更新了許多章節的內容，加入一些新的想法，完善舊有的想法，到此為止是相當標準的第二版，但各位真正有興趣的應該是我這次加入的全新章節。

行銷方面新增一章「利用 YouTube 頻道打造個人品牌」，提供另一個強大的選擇，幫助你自我行銷。理財方面新增一章「如何累積真正的財富」，提供確實的理財觀念；這些觀念不僅讓我在年輕時退休，還幫助我在多個領域中創造出數百萬美元的個人財富（我對這章的內容非常興奮）。我還新增一章來討論斷食和介紹我目前的飲食計畫，我現在一天只吃一餐。（這個方法的好處非常驚人！我的人生從來沒有像現在這樣擁有更好的體態。）最後，我新增了一個以哲學為主題的章節；過去幾年來，Stoic 哲學理念是塑造我人生方向的關鍵。（這絕對會是你不想錯過的一個章節，甚至你拿到這本書後，可能真的會想從這一章開始看起。）

此外，我將本書所有章節的標題重新命名，使其更清晰、更直覺地傳達各個章節的內容。雖然第一版的標題名稱取得很巧妙、很有趣，例如，「如何打造六塊肌」，但再看一次，就會覺得這些標題聽起來……好吧！對我來說是有點老套，我猜你的幽默感應該也有隨著年齡增長而略有變化。

整體而言，比起第一版，我更滿意這個版本。重新改版的《**軟實力**》，書中內容更聚焦，加入了第一版缺少的寶貴人生建議，坦白講，連我自己的人生都很缺乏；延續原本第一版的精神和風格，保留讓本書十分受歡迎的特色。所以，請深入然後享受第二版帶給大家的內容，準備好採取一些實際行動來改變你的人生吧！

John Sonmez

寫於美國加州 San Diego 市，2020 年

關於本書

嗨！我很高興你選了這本書，但你或許正在想這本書究竟在講什麼。而且，搞什麼！封面還寫著讓人摸不著頭緒的書名《**軟體開發人員的生存手冊**》。嗯，這是個好問題，讓我簡短說明一下。

這麼說吧，現在你身邊有那麼多好書，它們教你如何寫出更好的程式碼、學習新技術，或者是怎麼進行團隊合作、執行專案。甚至還有些書是談職涯規劃，或者是如何通過面試。但你有看過哪本書告訴你，如何成為全方位的軟體開發人員嗎？

你有看過哪本書不只教你找到好工作、賺更多錢，還教你怎麼理財，最終離職成為企業家的？當然，如果這是你想要的目的。

你有看過哪本書手把手教你，如何成功在軟體開發業建立自己的名聲，同時讓自己在身心靈上更強大、更健康的？

連我以前都沒看過這種書，所以我決定自己來寫一本，不只談這些主題，還有更多對軟體開發人員的人生有所幫助的事。

不管你是誰，這本書都能幫上你的忙，我可不是隨便說說。本書章節包含各種主題，涵蓋範圍之廣，從破解面試難關、打造殺手級履歷，到建立超人氣部落格、創建個人品牌、擁有超高生產力、學習如何度過低潮，甚至是投資房地產和減重瘦身。

本書還有部分內容是專門說明快速學習的特殊密技，我利用這項技巧在不到兩年的時間內，為線上學習公司 Pluralsight 量身打造超過五十五項的線上課程。

說真的，不管你是誰，在軟體開發業裡是怎樣的職務，本書一定會有你需要的東西。甚至還有個章節專門在談如何遇到「那個特別的人」！你懂我指的是誰，在此我就不劇透，留給你自己之後慢慢去看囉。

關於本書的內容與章節安排，第一章裡會有更詳細的說明。在深入本書內容之前，我先介紹幾個線上資源，對你閱讀本書時能有所幫助。本書的各個章節裡也有許多實用網站的連結，但以下列出的這幾個重要連結，你一定用得上。

線上資源

- 彩蛋章節：https://simpleprogrammer.com/softskillsbonus

  由此連結可以取得彩蛋章節，我會告訴你們如何應付酸民們的惡意批評。如果你有意採取任何方式開始經營自己的事業、部落格或是自我行銷，「一定」要看這個部分的內容，而且是完全免費。

- 部落格「Simple Programmer」：https://simpleprogrammer.com

  你可以在我的部落格上找到大量與本書主題相關的文章，部落格也是最快能與我連繫的方式。我每週會在部落格上發佈文章，你可以由此免費獲知其他寶貴的資訊。（請記得到我的部落格註冊，登錄你的電子信箱，就有機會獲得各種贈品，並且定期收到我每週發佈的實用資訊。）

- 歡迎收看我的 YouTube 頻道「Simple Programmer」：https://www.youtube.com/simpleprogrammer

  我在 YouTube 上發佈的影片，許多都跟本書的主題相關，重點是這些影片全都免費。記得一定要訂閱我的頻道，每週都能收到最新的免費影片。

- 部落格「Bulldog Mindset」及同名頻道：網址分別為 https://youtube.com/bulldogmindset 和 https://bulldogmindset.com

  這是我最新成立的公司和品牌，專注於個人發展，內容涵蓋心態、健身、財富與社交技巧，完全以 Stoic 主義的哲學理念為基礎。在我的 YouTube 頻道「Simple Programmer」上可以找到一些早期的相關影片，由於我更換過頻道名稱，只要稍微搜尋就能找到。

- 線上課程「軟體開發人員如何行銷自己」：http://devcareerboost.com/m

  如果你對本書「行銷自己」這部分所談到的內容有興趣，請前往這個網站購買完整課程，會有更詳細的介紹，教你建立個人品牌和在軟體開發業打響名聲。這是我迄今為止提供的課程裡，最受歡迎的一項。

- 線上課程「十步驟快速學習法」：http://simpleprogrammer.com/ss-10steps

  這是另一項深入課程，詳細說明我在本書「學習」部分所探討的各項主題。如果你喜歡這部分的內容，想更深入這項主題，可以由此連結找到更多課程。

- Podcast 節目「Entreprogrammers」：http://entreprogrammers.com

  如果你想成為企業家，或開創自己的事業，請收聽這個每週免費播送的 Podcast 節目，我和其他三位開發人員／企業家（或稱『開發』企業家（developerneur））會在節目中分享這方面的資訊與經驗。

目錄

1

這是一本你從未見過的軟體開發書

軟體開發書籍多數都著墨在「軟體開發」的主題上，本書將打破一般人對軟體開發書籍的刻板印象，這裡我們不談程式，也不談技術。現在市面上已經有太多書專門在教大家如何寫出很棒的程式碼和應用各項技術，卻幾乎找不到有哪本書在談如何成為全方位的軟體開發人員。

所謂「全方位的軟體開發人員」，我並不是指寫程式的功力有多好、解決問題的能力有多棒，或是多會運用單元測試；而是指具備管理職涯、實現目標以及享受人生的能力。當然，其他技能也很重要，但我會假設你已經從其他管道了解如何在 C++ 應用一個好的搜尋演算法，或是寫出來的程式碼，不會讓下一個維護程式碼的人想把你拖去撞牆。

這本書不談你要做些什麼，而是「你」才是這本書的主角。沒錯！這本書要談你的職涯、你的人生、你的身體、你的心理，乃至於你的靈魂（如果你相信靈魂存在的話）。現在，我不想讓你覺得我是瘋子，當然，我也不是那種信奉超驗主義的修行者，不會坐在地板上冥想，抽著迷幻仙人掌葉，試圖幫你提升到更高層次的意識狀態。相反地，你會發現我是相當務實的人，就是碰巧覺得軟體開發人員需要的應該不只是寫程式而已。

本書會從各個角度來看軟體開發，如果你想成為更全方位的軟體開發人員，真的，不管是想提升哪方面的能力，你都需要專注於個人成長，而非只是發展人生中的一、兩項領域。

這也是本書誕生的原因和企劃的目的。顯然我無法在一本書有限的篇幅裡包山包海地納入所有主題，而且我也沒有廣大的人生經驗和智慧能談這麼多主題，但我能做的是把焦點放在軟體開發人員的生活上，這是我最有經驗和專業的領域，或許能助你一臂之力。

如果你先看過本書的各個標題，可能會覺得我把許多看似無關的主題放在一起，但這些看似奇怪的章節安排，其實隱含著一些道理。本書分為七個部分，每個部分都專注於軟體開發人員生活的不同面向。如果把這七個部分做個簡單的分類，可以視為這幾項主題：職涯、心理、身體和心靈。

本書會先談職涯，因為我認為對絕大多數的軟體開發人員來說這是最重要的部分。我發現很少有軟體開發人員會真的積極管理自己的職業生涯，所以本書第一部分「職涯」就是要先幫你補救這個問題，以你個人的立場為出發點，不論你想在公司內部獲得升遷、創立自己的顧問事業，或者是成為企業家和創造自己的產品，我都會教你如何積極管理職業生涯，實現這些你想要的成果。這三件事我都經歷過，也和無數有相同經驗的軟體開發人員聊過，希望你能從我們犯過的錯誤裡學習，避免跟我們一樣，一路走來跌跌撞撞。本書還會提到一些重要能力，不論你的職涯目標是什麼都會需要這些能力，像是打造吸引目光的履歷、掌握面試技巧、遠端工作的能力，以及現在每個人都在談的——建立良好人際關係的技巧。

本書第二部分「自我行銷」會談我最有感觸的主題——推銷自己。你認為「行銷」是什麼？多數的軟體開發人員聽到行銷兩個字，會覺得不安而且可能帶點反感，不過等你看完這部分的內容，我相信你會對行銷二字完全改觀，並且理解它為何如此重要。每個人天生都是銷售人員，只是擅長的程度不同。因此，在第二部分裡，我會教你如何成為一位更好的銷售人員，明確地知道自己在銷售什麼。這部分不會有任何虛偽的策略或叫你發送寫著「立即致富」計畫的垃圾郵件。反而會包含許多務實的建議，像是如何建立個人品牌、如何創造成功的部落格，以及如何透過演講、授課、寫作和許多你或許從未想過的方式來打響你的名聲。這些能力到位後，再加上第一部分所學到的知識，甚至能實現你意想不到的成果。

談完職業生涯，本書三部分要轉到心理層面，帶你看「學習」。學習對所有軟體開發人員來說是非常關鍵的部分。我想應該不需要告訴你了，軟體開發人員或 IT 專業人員所做的事情裡，最重要的部分就是學習。學會如何學習，或者說學會如何自學，這是我們能獲得的能力裡最有價值的一項，任何你所想像的事都能透過自學來實現。但不幸的是，在我們成長的過程裡，多數強加在我們身上的教育系統都已崩解，因為這些系統依賴一項錯誤的前提：認為學習時一定要有老師，而且學習只有一個方向。我並非質疑老師或導師的重要性，只是要強調如何靠自己的能力和一般的理解力，再加上一點勇氣和好奇心來實現更好的成果，盡量不要先去上枯燥乏味的講座，然後興致勃勃地匆匆記下筆記，最後卻落得徒勞無功。我會帶你領會十步驟學習法，這是我在職業生涯過程中發展出來的一套流程，幫助我在破紀錄的時間內學習需要了解的知識，在兩年左右的時間內，為線上培訓公司 Pluralsight，提供五十項以上的開發人員線上培訓課程。另外也涵蓋了一些重要的主題，像是尋找好的導師、成為導師，以及是否需要傳統的教育和學位才能取得成功。

第四部分的「生產力」則是延續心理的主題，所談的內容就如你所猜想的—如何提高生產力。目的是從背後推你一把，激勵你全力以赴。生產力對許多軟體開發人員來說是很大的瓶頸，是讓你退縮的最大原因，甚至阻礙你獲得成功。你可以精心調整生活裡的每件事，但如果不克服拖拖拉拉的做事態度、混亂的計畫和怠惰，就很難開始採取行動。我也曾歷經過不少的考驗，讓自己精疲力盡，最終找出一個系統，讓自己能高效進行工作，因此，我會在這部分的內容裡分享這個系統。還會教你處理幾個困難的問題，像是如何克服心灰意懶、花太多時間看電視，並且找出動力來深入與進行一些枯燥乏味又老套的辛苦工作。

第五部分「理財」要談一個更精神層面的議題，也是經常被軟體開發人員完全忽視的主題——個人財務。就算你能成為世界上最成功的軟體開發人員，但如果不能有效地管理所有收入，最終還是可能會淪落街頭，淒涼地舉著「程式碼換食物」的牌子。所以在這部分我要帶你快速看世界經濟和個人財務，給你需要的基礎知識，讓你能聰明地做出理財決策，實際開始規劃未來的投資理財。我不是理財專員，也不是專業的股票交易人員，就只是個軟體開發人員，但我從十八歲開始就從事專業的房地產投資，而且已經累積了數百萬美金的淨財富，所以在談到財務方面，有一些還不錯的想法。本書不會談太多深入的主題，因為財務領域的知識之深，足以填出書山書海，因此，我只會談一些基礎知識，如何管理收入、房地產投資方式，以及避免債務，最重要的是，如何建立真正的財富。還會額外分享我自己的親身經歷，如何有效利用這些原則，一步一腳印，提早在三十三歲退休，而且我不是靠賣掉一家新創公司，一夕取得巨大的成功。（這不難，每個人都能做到。）

接著，讓我們看個輕鬆歡樂的部分，來談談你的身體。你準備好要加入健身實戰營了嗎？健身除了讓你在穿上泳裝後身形更好，還有許多心理和認知層面上的好處。在第六部分「健身」，我會教你減重、增加肌肉以及塑身時需要的所有知識。我知道大多數的軟體開發人員都過重、健康狀態不佳，做任何事都覺得精神不振。但別擔心，知識就是力量，我雖然身為軟體開發人員，不僅參加過健美比賽，還跑過許多次半程馬拉松和完成四次全程馬拉松，很興奮能跟你分享我所擁有的知識，讓你具備控制生活的能力。在這部分的內容裡，我會帶你看減重與營養的基礎知識，說明你吃的食物對身體的影響，以及如何制定成功的健身計畫，讓你能減重、增加肌肉或兩者兼得。甚至還會談幾個特殊科技的主題，像是為科技達人設計的站立桌子和健身裝置。

最後，第七部分「心靈」會全力投入抽象的世界，追尋存在於「身體裡的虛幻靈魂」。雖然標題是「心靈」，但別讓它呼攏你了，我會給你一些真實、務實的建議，影響你的情感狀態和態度。你可能會稱這部分為「自助」，我對這個說法沒有特別的意見。這部分的內容主要是聚焦於重組大腦，協助你創造成功必要的正面態度，聊聊古老 Stoic 主義的哲學理念如何讓今日的我們受惠；還會談愛與關係，因為對許多專精於技術的人來說，這部分很難。此外，也提供我個人的私房書單，幫助你邁向成功之路：這幾年我遇到名人或超級成功的人，都會請他們推薦一本必讀好書給大家，這份書單就是這樣匯聚而成。

所以，找個你自己覺得最舒服的方式，讓一直努力分析的大腦休息一下，由我帶領你深入這本與眾不同的軟體開發書。

Section 1

職涯

你犯的最大錯誤就是相信自己為某人工作。工作保障其實早已不復存在，職業生涯的動力必須來自個人。切記：工作屬於公司，職業生涯才是你的歸屬之處！

—美國勵志演說家‧Earl Nightingale

軟體開發人員很少會積極管理自己的職涯。那些最成功的開發人員所擁有的成就不是來自於偶然，他們會在心裡先設定目標，再建立可靠又深思熟慮的計畫來實現目標。如果你真的想在競爭激烈的軟體開發業成功，就不能只做一些碰巧獲得的工作來擦亮履歷，你需要全盤思考，決定應該採取什麼行動、何時採取行動以及如何激勵自己勇往直前。

本書第一部分的章節內容將剖析職業生涯中的決策過程，在這個過程裡你想從軟體開發職涯中獲得什麼，以及如何實現目標。

2

將職涯發展視為企業經營

想像自己在仲夏夜晚，徜徉於田野之中享受美麗的花火秀。周圍的人群都為瞬間綻放於夜空中五彩繽紛的煙火而歡呼尖叫。此時，你看到一枚特別的煙火猛然上升到高空後，悄然結束。沒有發出「砰」的巨響，也沒有在空中爆炸，只有微弱的嘶嘶聲，就這樣沒入漆黑的夜空。你希望自己的軟體開發職涯像哪種煙火？是在夜空中發出巨響的燦爛花火？還是攀升到高空就安靜墜落地面？

擁有企業思維

多數軟體開發人員發展個人職業生涯之初會犯幾個很大的錯誤，迄今為止，最大的錯誤是沒有把自己的軟體開發職涯視為企業來經營。你不該再欺騙自己，當你為了生存一頭栽進程式碼的世界裡，就跟中古世紀城鎮裡開打鐵舖的鐵匠沒什麼兩樣。雖然時代變了，多數人變成是在某家公司裡任職，但我們依舊擁有自己的能力和技藝，永遠都能隨時隨地重新開始。

這樣的思維對管理職涯來說非常關鍵，當你開始把自己視為一家企業，就能做出好的商業決策。人若習慣於領取一份固定的薪水，而薪水又與工作績效無關時，很容易就會陷入一種消極的心態，認為自己只是某家公司的員工，當一天和尚敲一天鐘。雖然這也是真的，在職業生涯的特定期間，我們確實是特定公司的員工，然而，重要的是別讓特定職務角色侷限了個人本身與職涯發展。

因此，最好的作法是把雇主當成你軟體開發事業裡的一名客戶。當然，你現在可能就只有一家客戶，所有收入也都來自於目前的雇主，但改以這樣的觀點來看你和雇主之間的關係，你的態度就會從原本對工作的無力和依賴，轉變為自主和自我導向。（事實上，許多「現實存在的」公司，其公司主要營收也都是來自於一家大客戶。）

秘訣 職業生涯裡第一件必須做的事：轉換你的思維，從雇傭關係變成經營自己事業的企業家。若你能在職涯一開始就有這樣的思維，會改變你的思考方式，致使你更留心且主動管理自己的職涯。

如何從企業的角度思考？

只是把自己當作一家企業，無法真正帶來好處。如果真的想從這樣的思維中獲得任何優勢，就必須從企業的角度思考。所以，接下來我們要談談如何把自已看成一家企業，及其背後真正的涵義。

讓我們先思考何謂企業組成。多數事業要成功都需要一些因素。首先，你要有一項產品或服務，這樣才能賺錢。所以請先思考：你打算要賣什麼？你的產品或服務是什麼？

身為軟體開發人員，你或許真的有一項數位產品可以銷售（後續第 16 章會談到這個部分），但多數軟體開發人員銷售的是開發軟體的服務。從廣義的專有名詞來看，開發軟體涵蓋各種不同的活動和個人服務，但一般而言，軟體開發人員銷售的是自己的能力，就是以數位化的方式實現想法。

注意 你所提供的服務就是創造軟體。

想想身為一家企業你能提供什麼樣的產品或服務，只要改以這樣的方式思考，將明顯影響你檢視職涯的做法。企業會不斷修改產品，並且對其加以改善，你也應該仿效這樣的做法。身為軟體開發人員，你所提供的服務確實有其存在的價值，你的工作不僅是傳達服務本身的價值，還要使其與眾不同，不同於其他成千上萬軟體開發人員所提供的服務。

這會牽扯到行銷，本書第二部分將有更廣泛的討論，重要的是，你至少要意識到只有產品或服務還不夠，如果你想賺錢，就要讓潛在顧客實際了解你的產品或服務。全世界的公司都了解這項關鍵的企業真理，所以他們投入大量金錢與精力在做行銷。既然軟體開發人員是提供自己的服務，當然也必須關心行銷。越能好好行銷你所提供的服務，就能收取越高的費用，吸引越多潛在的顧客。

你可以想像得到，絕大多數軟體開發人員開始發展職業生涯時，並不是採取這種思考方式。沒有雄心壯志的一聲巨響，反而讓自己變成沒沒無聞，請不要陷於這樣的困境之中。

反而應該讓自己：

- 專注於你所提供的服務，並且了解如何行銷這項服務。
- 思考你能改善服務的方式。
- 思考你是否能專為某個特定類型的客戶或產業提供服務。
- 專注於成為專家，提供一套非常專門的服務給特定類型的客戶。（切記，軟體開發人員要找到一份好工作，真的只需要先找到一位好客戶。）

還要思考如何以更好的方式宣傳你的服務，進而找到顧客。多數軟體開發人員的做法，就是先寫好一份履歷，然後旋風式地丟給一堆企業和人力資源公司。當你把自己的職涯看成一家企業，真的會認為這是最好的做法嗎？這樣真的有希望找到潛在的客戶嗎？顯然你也不認為這是個好的方式。最成功的公司會想辦法讓顧客自動來買他們的產品，而不是自己出去追著顧客推銷。

本書第二部分會介紹許多行銷技巧，讓你也能利用相同的方式，使自己成為更有市場的軟體開發人員。雖然本章還沒談到具體的細節，關鍵是你要跳出固有的思考框架，開始像企業一樣地思考。吸引顧客的最佳方式是什麼？如何告訴顧客你提供的服務是什麼？如果你能回答這兩個簡單的問題，那麼你的職涯將有燦爛的開始。

即知即行

- 現在有一家企業提供自己的產品或服務，請思考他們要如何讓自己的產品或服務產生區隔，並且推廣到市場上。
- 請用一句話描述，你能提供給未來雇主或客戶的特定服務是什麼。
- 把你的職涯看成一家企業，會為以下幾個方面帶來怎樣的影響。
  - 工作的方式
  - 理財的方式
  - 求職或是找新客戶的方式

3

如何設定理想的職涯發展目標？

既然你已經開始把自己的軟體開發職涯視為一家企業來經營，接著就要為這家企業設定目標。每個人的目標當然不盡相同，你的職涯目標可能和我截然不同，但不管你想實現什麼目標，首要之務當然是先釐清目標是什麼。確實，說的比做得容易。我發現多數人都隨波逐流（其中當然也包含軟體開發人員），沒有具體意識到自己的人生目標或嘗試想達成的事。其實對大部分的人來說這是天性，多數人對於要把焦點放在哪，往往沒有足夠的想法，最終就造成自己的行動缺乏目的或方向。

請思考一下，假設你正駕駛一艘船，航行於汪洋之中，跟多數人一樣，你在船上揚起風帆，但如果沒有明確的目的地，就無法決定船要駛往哪個方向，最後只能在海上漫無目的地漂流。或許最終船會駛向偶然發現的島嶼或其他陸地，但除非你決定好要往哪個目的地，否則永遠無法有腳踏實地的進展。一旦你知道自己的目的地，才能利用所有你能掌握的工具，積極地將船駛向前往目的地的方向。

很明顯地，很少有軟體開發人員會定義自己的職涯目標。為什麼？雖然我也是猜測，但我想絕大多數的軟體開發人員都害怕為自己的職涯規劃長遠的願景。他們希望自己擁有各種選擇，害怕如果選擇其中一條路走下去，就再也不能回頭。**萬一走錯路了，該怎麼辦？萬一這不是我喜歡的方向，又該怎麼辦？**這些確實都是令人害怕的問題。

有些開發人員連一丁點的想法都沒有，抱著自生自滅的心態，往往只選擇眼前已經規劃好的道路。因為要開創自己的道路很艱難，所以人的天性會傾向於逃避，選擇做第一份能獲得薪水的工作，在那個工作上等待下個更好的機會，或直到被解雇為止。

不管你尚未替職涯定好目標的理由是什麼，不要再等明天或下週，就是今天，現在正是你起而行的最佳時機。沒有明確的方向，你所前進的每一步都是浪費。不為你的職涯設定目的，人生就會漫無目標地虛度。

請記住：不要為了做決定而決定，這不僅無法決定任何事，通常還會讓你做出最糟糕的決定。與其隨便接受一條多數人都會走的道路，做出次佳決定或是規畫一條次佳的道路，一定會是比較好的做法。

設定目標

既然現在我已經說服你需要設定目標，具體的做法又該如何進行呢？簡單的方法是在心裡設定一個大目標，然後再分解成幾個小目標，幫助你實現這個大目標。由於大目標很難清楚界定，所以通常不會是具體的事物，可能是某個遠大的方向。但沒關係，在定義遠大的目標時，你不需要使其非常具體，只要有足夠的資訊，能找出清楚的旅行方向即可。回到本章一開始的航海比喻，假設我想去中國，不需要馬上知道目的地港口確實的緯度和經度，只要先讓船朝向中國的方向，等靠近中國時，就一定能獲得更具體的資訊。為了啟航，只要先知道方向是否正逐漸接近還是遠離中國。

大目標雖然不會太具體，但要夠清楚，讓你能知道是否駛向目標或遠離目標。請思考職涯最終想達成的目標是什麼。想成為公司裡的中高階管理層嗎？希望有一天能出去創業，成立自己的軟體開發公司嗎？想成為企業家，創造自己的產品，把它帶向市場嗎？對我來說，目標一直都是最終能走出自己的道路，為自己工作。

至於大目標是什麼，這真的要取決於你自己。你希望自己的職涯走出怎樣的路？你希望五年或十年後，自己會在哪裡？所以請繼續努力，花點時間思考這些問題，對你真的非常重要。

一旦你找到自己的遠大目標後，下一步就是制定能實現目標的進程，逐步把大目標拆成小目標。這樣的做法有時能幫助我們從大目標反推到目前要做的事。如果你已經實現了一項遠大的目標，那麼請回想一下，一路走來達成了哪些里程碑？從大目標反推到目前的狀況，你能回溯出自己走了哪條路嗎？

我曾立下一個大目標——減重一百磅。那時我的身材已經走樣，想回復到正常的體型。我為自己設定的小目標是每兩週減掉五磅，所以每兩週我就能達成一個小目標，讓自己逐步朝大目標邁進。

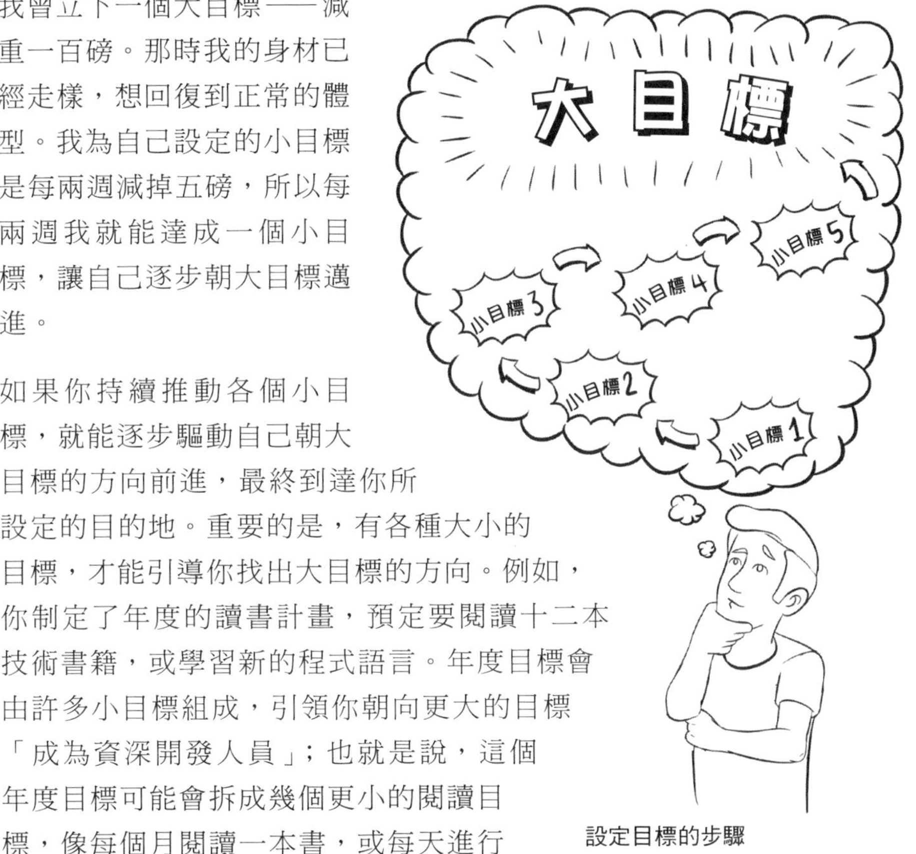

設定目標的步驟

如果你持續推動各個小目標，就能逐步驅動自己朝大目標的方向前進，最終到達你所設定的目的地。重要的是，有各種大小的目標，才能引導你找出大目標的方向。例如，你制定了年度的讀書計畫，預定要閱讀十二本技術書籍，或學習新的程式語言。年度目標會由許多小目標組成，引領你朝向更大的目標「成為資深開發人員」；也就是說，這個年度目標可能會拆成幾個更小的閱讀目標，像每個月閱讀一本書，或每天進行一些預定的進度。

小目標能讓你保持在正軌上，並且持續激勵自己朝更大的目標前進。如果你一開始就立志要完成大目標，卻沒有設定過程中要完成的小目標，當你發生脫離正軌的情況時，最終可能會沒有時間修正錯誤，導回正軌。此外，小目標還能經常給予我們獎勵，激勵我們實現目標。每天、每週的小勝利會讓我們覺得自己有進度，正在完成一些事，使自己感覺良好而且心情愉快，進而激勵我們持續向前。再說小目標也不像大目標那樣令人畏懼，覺得高不可攀。

請想想我撰寫本書的情況。我設定了每天和每週要為這本書寫多少內容的目標，因為我無法一口氣寫一整本書這麼龐大的內容，所以我從每天的目標來看，反推出自己每天需要做些什麼，最終才能完成撰寫一本書的大目標。

如果你沒有花太多時間思考未來，甚至連一個清楚、明確想致力達成的目標都沒有，那麼請先放下這本書，為自己定義一些目標吧。我知道這不容易，但你一定會很高興自己這麼做了。為了不要變成在汪洋裡漫無目的漂流的船隻，在你啟航前，請先制定航程。

追蹤目標

請定期追蹤與更新你所設定的目標，並且在必要時進行調整。你不會想在錯誤發生時，卻看到自己偏離航程好幾英哩，也不會希望自己遠遠走下去的一條道路竟然是錯誤的方向。

我建議你定期檢查自己所設定的目標，這有助於在需要時進行調整，讓你對自己負責。你可能還會在規劃下週目標前，於每週結束時檢視當週目標的完成情況，每月、每季以及每年也是一樣的做法。

追蹤目標有助於反映出短期內與長期下來所要完成的目標有哪些，透過這樣的方式能檢視進度量是否正確，或者是否需要做某種程度的調整。

即知即行

- 請坐下來，至少寫下一項職涯發展的主要目標。
- 請把主要目標拆解成相應於以下時間計劃的小目標：
  - 每月
  - 每週
  - 每日
- 請把主要目標寫在每天都看得到的地方，提醒自己正在追求什麼。

4

培養人際關係技能

就某種程度而言，本書裡的所有內容都跟人際關係技能或「軟實力」有關。閱讀本書時，你或許多少會意識到人際關係對生活和職涯的重要性。我想利用本章更深入一點談，為何人際關係技能會如此重要的原因，以及你可以做哪些努力，來提升人際關係方面的技能。

閃開，我只想寫程式！

以前我對軟體開發人員的刻板印象就是寫程式，但我不是唯一因為有這種想法而覺得內疚的人。

在軟體開發領域裡，大部分的工作時間其實都是花在處理人的問題上，而非電腦。就算是我們所寫的程式碼，首要之務還是要滿足人類的使用需求，其次才是讓電腦理解。如果不是為了讓人理解，大可直接把程式碼寫成機器語言——以 1 與 0 來表示。因此，如果你想成為全方位的軟體開發人員，就必須了解如何有效處理人際關係（即使在工作裡你最享受的部分是寫程式）。

請想想，在工作時間裡，實際上有多少時間是花在與人互動上，就馬上能了解改善與人互動的價值。早上到公司後坐下來第一件事是什麼？沒錯，就是檢查電子郵件。那麼是誰發電子郵件給你？是電腦傳給你的嗎？還是你的程式碼會給你電子郵件，要求你完成它或改善它嗎？不，只有人才會這麼做。

你白天在公司時有參與會議嗎？會跟同事討論你正在處理的問題和解決問題的策略嗎？終於能坐下來寫程式時，你所撰寫的程式內容是什麼？需求從何而來？如果你認為自己的工作就只是寫程式而已，最好再重新思考一下。事實上，軟體開發人員的工作就是處理跟人有關的議題，其實所有職業都一樣。

學習如何處理人際關係

目前市面上已經有許多優秀的書籍在談處理人際關係的主題，本書第七部分的章節裡會提供我個人的私房書單，列出一些我認為值得閱讀的好書，所以在這個簡短的章節篇幅裡，我並不打算談那些書裡已經包含的內容，我真正想聊的是你該知道的一些基本觀念，給你最實用的技巧。本章會有大量的主題借自我一直都很喜歡的一本書——Dale Carnegie 所著的《*How to Win Friends and Influence People*》。請別忘記前往以下連結，看看我給各位的彩蛋章節，我會告訴你們如何應付酸民們的惡意批評：https://simpleprogrammer.com/softskillsbonus。

每個人都渴望得到別人的重視

處理人際關係時，你該知道的核心觀念裡，最重要的一項或許是每個人都希望得到別人的重視。這是人類內心深處最深的渴望，也是人類社會與生活中造就偉大成就的主要動機。

每當和其他人互動時，你該記住並且知道的事，就是如何應對這項人類的基本需求。如果你輕視或貶低一個人本身和他的成就，完全可以預期他們會出現的反應，就跟被切斷氧氣的人一樣凶暴和絕望。

我們很容易就會犯這項錯誤，為了提出自己的意見，輕率擱置同事的想法，當你做出這種錯誤判斷時，往往就會發現別人也對你的想法充耳不聞，因為你讓他們覺得自己不受尊重。如果你希望別人接受並且重視你的想法，就必須先釋出善意。唯有完全尊重一個人，你才能贏得他的誠心。

不要批評

從第一個代表性的觀念，你應該就能立刻意識到，批判他人很難達成自己想要的結果。我從前是個不折不扣的大評論家，習慣性地認為懲罰比獎勵更有效，能帶來更大的動力，但我徹底錯了。

許多研究不斷證實正面行為的獎勵，比負面行為的處罰來得更有效益。如果你位居領導或管理層，這是你需要特別觀察的重要原則。如果你想激勵人們發揮他們的最佳能力，或是想進行變革，就必須學著管住自己的嘴，只說鼓勵的話。

如果你的老闆對這項原則缺乏理解，會毫不留情地嚴厲批評所有的錯誤，你對此有什麼感覺？會激發你更有動力做好自己的工作嗎？說真的，不要期望他人能有多不一樣的反應。如果你想激發和鼓勵一個人，就要以讚美代替批評。

站在他人立場思考

成功處理人際關係的關鍵是，停止以自我為中心的思考方式，開始改站在他人立場，設身處地為他人著想。以這樣的方式轉變你的心態，就能降低輕視與批評他人的機率。相對地，若對方也採取這樣的心態，就會以對你有利的方式對待你，並且重視你的想法。

第一次與同事或老闆對話時，試著把你的焦點從自己轉移到他們身上。從他們的角度去思考事情，是什麼讓他們想要擺脫彼此的對話？對他們來說什麼事才是重要的？專心傾聽他們的心聲，以呼應對方的渴望來進行對話。（事實上，你需要先演練這個情境，提前準備進行對話的方式。）

如果你的表達方法是跟老闆說，為什麼要用某個方法實作一項功能，這樣的說法其實不太好。建議你改以這樣的心態，比較好的措辭方式是告訴你的老闆，若採取你建議的方法實作某個功能對老闆有什麼好處，像是可以使軟體更穩定或者是準時上線。

避免爭論不休

身為軟體開發人員的我們有時會有一種傾向，認為所有的人在思考事情時都會採取邏輯的觀點。這很容易陷入一個陷阱，錯誤地以為只要有堅定的理由，就能迫使他人接受你的思考方式。

事實的真相是，就算我們對自己的聰明才智感到自豪，但人類都是情感的動物。我們就像穿著西裝、打著領帶的小寶寶，假裝自己已經長大，其實被人忽視或傷害都可能讓我們哭泣或發脾氣，只是我們已經學會控制，並且隱藏自己的情緒，對這一切視若無睹。

基於這樣的理由，我們需要不惜一切代價來避免和他人爭論。雖然我們確實有合理的理由要小孩去睡覺，這樣他們才能在明天上學前好好休息，但邏輯和純粹的理由很難讓尖叫中的小鬼信服；同樣地，你也很難讓一位受到忽視的同事信服，你的做事方式才是最好的。

> 我得出的結論是：關於爭論，最好的解法全天下只有一個，就是不要爭論。盡力防止它，就像你極力避免響尾蛇和地震一樣。
>
> —Dale Carnegie 著，《*How to Win Friends and Influence People*》

當你無法認同某些事情的做法時，在許多情況下，最好先確認這個特定觀點是否值得你赴湯蹈火，在所不惜，特別是你知道有其他人也涉入的情況下。在你認為微不足道的事情上，放棄自己的立場並且承認錯誤，或許你覺得沒什麼，但對其他人來說可能是件大事，這樣做你能贏得他們寶貴的尊重，儲存為你未來的信用，在需要逆轉情勢時，幫助你扭轉局面。

如果你從未花時間好好經營人際關係，現在正是你開始的絕佳時機。當你開始以令人愉快的方式和他人進行互動與交流，你會發現自己更享受生活，學習這些人際關係技巧所獲得的好處不僅終生有效，而且無價。

掌控人際意識框架

這次要為各位介紹一個真的很重要的觀念，就是理解人際意識框架，有助於應對人際關係。探討這個觀念之前，我必須先提出警告，這項觀念必須小心應用。面對以某種方式處處針對或算計你的人，以這項觀念應對雖然更為有效，但不是用於欺凌同事和無視他人的意見。最重要的是理解觀念，確認人際互動過程中發生的情況，特別是察覺到某人正掌控人際意識框架，企圖霸凌和阻止你發表個人意見。

每當你跟另一個人進入對話時，你的意識框架會碰撞到他們的意識框架，而其中一人會在這場碰撞過程中勝出。簡單來說，意識框架就是你看待世界的方式以及你所相信的事實，同樣地，對方的意識框架就是他們的感知。

在多數情況下，這些意識框架會相互衝突，而且是由其中一個框架負責主導，建立起雙邊的對話。

例如，假設你現在開著車，出現一名警察要你停在路邊。雙方互動之初，你的意識框架會覺得你沒做錯任何事，而那名警察是個蠢蛋。但是，當警察走到車邊，近到你能看見他腰際的槍套時，他摘下太陽眼鏡並且說：「你知道我為什麼要你停靠在路邊嗎？」此時，你的意識框架可能會崩塌，而警察的意識框架會位居主導地位。

與人打交道時，認知到意識框架的存在很重要，只要你能掌控並且維持主導地位，就能使他人信服於你所說的事實。要做到這點，其中一種做法是不能認同任何與個人意識框架衝突的事物，必須摒棄其為不相關或是視為看似荒謬的事物。

當你試圖維持個人權力時，這種做法特別有效，例如，你是團隊領導者或是帶領班級的老師。人們在這些情況下常犯的錯誤是讓他人打斷自己的話，任由他人帶領自己偏離正軌。你或許認識某些學校老師擁有優秀的人際意識框架，上課情況會持續在他們的掌控之下，某些教師則不然。

此刻，你心裡可能會想，「嘿，John。這個觀念聽起來很像要我去跟人吵架，你不是說我們永遠不應該與人爭論嗎？」好吧，冒著與自己爭辯的風險，我會說這是兩回事，掌控人際意識框架並不意味著爭論。其實人際意識框架的效用要提到最高，前提是不需要與人爭論，因為擺在眼前的事實，為什麼需要爭論？

小心地雷：如何處理惡意之人？

有時你會發現，有些人不管用怎樣的方法都無法好好相處，有些人一找到機會就會奚落別人，這些人通常對自己生活中的一切抱持著負面消極的看法。我稱這群人為「酸民」，建議你最好避開他們。

如果你確定某人是酸民，就不要嘗試改變他們，也不要嘗試和他們交際，盡可能待在他們的視線之外，只做最低限度的互動。透過這些酸民的行為軌跡，你能意識到一些跡象。有些人似乎會一直捲進某種戲劇性的事件裡，不幸會一直發生在他們身上。他們經常試圖扮演受害者的角色。如果你發現這樣的模式出現了，快跑，儘可能遠離他們。

但如果這樣的人是你的老闆或同事，你不得不與他們互動時，該怎麼辦？你能做的不多，不是概括承受就是調到新部門，甚至是離職換個新工作。不管你想怎麼做，記得不要落入他們的陷阱。如果必須與他們互動，請採採取最低限度、非情緒性的方式。

即知即行

- 記錄下一天的工作之中，每次與人相遇的事件。等一天的工作結束後後，再計算當天與人互動多少次，也要包含回覆電子郵件和電話。
- 找一本 Dale Carnegie 所著的《*How to Win Friends and Influence People*》來看。由於這本書已經釋出到公眾領域，取得的價格相當便宜，建議你多讀幾遍。
- 下次你被捲入一場紛爭時，請思考看看有沒有方法可以逆轉情勢。做個有趣的小實驗，試著放棄自己的立場。事實上，並不是只有放棄，還要轉而強調對方的立場，最後結果可能會讓你大吃一驚。

5

打造有效而且出色的履歷

度假時你曾注意到嗎？有些地方的架子，擺放著介紹當地名勝的彩色旅遊手冊，你有拿起這些旅遊手冊看過嗎？絕大多數的內容都是三大頁全彩、設計精美的內容，這些手冊可都是用心設計，不是開玩笑的，目的就是要說服你花一百元美金玩拖曳傘或是租水上摩托車。

那來對比一下開發人員的履歷：單一字型、雙倍間距、高達五頁充滿錯誤文法、錯字和語句不順的句子，還有一堆帶著「率先」、「重視成果」等字眼的文句。

典型的個人履歷比不上精美的廣告手冊

毫無疑問地，旅遊手冊和履歷兩者都是廣告，最終都是要讓某個人花錢在某個東西上。前者的廣告目的是嘗試讓你花一百元美金參加一些度假活動，後者的目的是希望人事經理以一年超過六萬、八萬元美金或者更高的薪資租用一位軟體開發人員。

我覺得這有點瘋狂，有人為了賣一百元美金的東西可以投入這麼多努力設計廣告，但有人要賣六萬元美金以上的東西卻以如此低劣的廣告內容，請別誤會，我並不是在說你的履歷是「廢紙」，但如果你的履歷跟多數軟體開發人員一樣，那可能就是這樣的水準，或許你得多下點功夫。

你不是專業的履歷寫手

履歷很糟的原因其實相當簡單，就是你並非專業的履歷寫手，不是靠寫履歷維生。我敢跟你保證，那些說服你租水上摩托車的漂亮手冊，能設計出這些手冊或其他廣告內容的人都是藉此謀生。

有很多職涯教練和訓練計畫都會告訴你如何製作更好的履歷，我覺得不要在乎這個。為什麼？因為你不必成為一位專業的履歷寫手，這是浪費你的時間和才華。寫履歷這樣的技能，職業生涯裡只會用到幾次，在這方面投入大量的心力絕對不合理，有成千上萬的專業人士都能寫出更好的履歷，而且品質遠超出你的期望。

這麼說吧，你們公司裡的執行長可能不會寫軟體。當然，執行長或許會坐在電腦前，使用 IDE 學習如何寫經營公司需要的軟體，但是僱用你來寫軟體才是完全合理的事，所以與其浪費時間學習專業履歷寫作的技能，不如雇用一位專業人士來協助你。

雇用履歷寫手

希望我現在已經說服你，雇用一位專業人士來為你寫履歷，但該怎麼做？

現在有很多專業的履歷寫手，網路上快速搜尋一下就能找到一大堆這樣的人，但你必須仔細選擇。寫軟體開發人員的履歷要比其他專業領域來得更有挑戰，因為有很多和工作相關的專有名詞和技術用語。如果你正在找人幫你寫份出色的履歷，可以參考我個人推薦的服務網站（http://simpleprogrammer.com/ss-resumewriter），當然，別忘了提一下你是在這本書裡看到的。

找到專業履歷寫手的訣竅：

- 熟悉科技產業：若專業履歷寫手不知道如何推銷你在開發方面的技能，雇用他們對你沒有好處。
- 展示履歷範本：想知道你能獲得怎樣的履歷，最好的做法就是看看履歷寫手已經寫過的履歷範本。

我必須提醒你，好的履歷代寫服務並不便宜，但值得你付出這些費用。好的履歷能幫你輕鬆且更快獲得高薪工作，請人代寫一份專業履歷初估要花三百到五百元美金，這確實不便宜，但如果你能因此獲得工作，而這筆費用最多只佔你薪水的百分之二到三，很容易就能在第一年賺回來。

還有，雇用專業的履歷寫手之前，一定要準備好所有的資訊，這樣他們才能寫出好履歷。記住一點：巧婦難為無米之炊。都付大錢請人寫專業履歷了，你當然不希望裡面的資料不正確，但這全都是因為你太懶沒有查清楚之前工作的任職日期，或是沒有正確描述你的技能與工作職責。雇用專業的履歷寫手，他們的主要工作是為你做以下兩件事：

- 寫出不錯又吸引人的履歷廣告，宣傳你的服務，盡可能以最光鮮亮麗的方式呈現你的個人特色。
- 以引人注目的視覺設計、美觀的格式包裝你的履歷。

你並不是雇用履歷寫手來做研究助理或核實你的資訊，所以請盡可能提供更多的正確資訊，他們才能濃縮出這些資訊的精華，以精緻的格式有效行銷你能提供給雇主的服務。

小心地雷：我覺得雇用他人為我寫履歷並不妥

當我建議雇用某人寫履歷時，我最常聽到的反對意見是，覺得雇用他人代寫履歷是「不當的行為」，而且帶有欺騙他人的感覺，認為應該自己寫履歷。我能理解這樣的觀點，也歡迎你自己寫履歷，但是雇用他人為你寫履歷，和找人幫你設計網站或房子有什麼不同？事實上，有許多名人背後都有影子寫手為他們寫書，他們只是掛名而已。我的重點是找人代寫履歷這件事沒你想得那麼嚴重，就算你一直認為開發人員就要自己寫履歷，也不表示就一定要這麼做。你不必大聲嚷嚷說，你找了專業履歷寫手來幫你寫履歷，但如果你真的覺得不安，就自己寫履歷，然後僱用專業人士為你「修改」履歷。

多走一哩路

本章一開始就指出傳統履歷太無趣，這的確是事實。雖然正規履歷對於想獲得更好工作的軟體開發人員來說很重要，但你可以選擇用不同的方式提供資訊給未來的雇主。

你應該把履歷資訊放在網路上，在 LinkedIn 上建立你的個人檔案，包含履歷上的資訊，還應該製作線上版的履歷，就能把連結寄給需要的人。應徵網路開發人員的工作卻沒有線上履歷，就像專業木匠卻沒有自己的工具一樣。

履歷格式也要修改，試著做一些獨特的履歷，吸引他人的注意。你可以要求履歷代寫服務幫你創造一些獨特性，或是把履歷代寫服務給你的履歷交給平片設計師，讓他們幫你的履歷真正地「脫穎而出」。

我曾看過一位遊戲工程師的履歷，他的線上履歷是實際可以玩的遊戲 http://simpleprogrammer.com/ss-interactiveresume），我相當確信他應該不難找到工作。這裡列出一些非常不錯的創意履歷，希望能帶給你一些靈感，請參見網頁 http://simpleprogrammer.com/ss-beautiful-resumes。

你不一定要有賣像精美的履歷，但軟體專業人士要有專業面向的履歷，這當然很重要。如果你想把十年前用舊版 Word 寫的履歷拿出來改一改就用（而且還充滿錯字和尷尬的句子），我勸你多想想。如果你要找新工作，最好的投資是有一份專業面向的履歷。

如果不雇用專業履歷寫手呢？

我能理解，就算我解釋那麼多，你可能還是寧可自己寫履歷，或是你還沒準備好要投資在這個部分，甚至覺得這是自己必須做的事。

如果你選擇要自己寫履歷，此處列出的訣竅或許能給你一些幫助。

- 線上履歷：讓雇主更容易獲得你的履歷，如果你是應徵網頁開發人員的職務，這點更為重要。
- 讓履歷具有獨特性：讓你的履歷能從眾多應徵者中脫穎而出，抓住招聘人員的目光。
- 利用「行動／結果」語言：履歷要能展現出你做了哪些行動，而這些行動帶來什麼結果；向雇主說明你能做什麼，還有已經實現哪些成果，如果僱用你一樣能獲得這些好處。
- 校對：即使雇用專業的履歷寫手，還是要完全校對過你的履歷，出現錯字或拼字錯誤，會顯得你是個不細心的人。

即知即行

- 不論你是否正在找工作，把你的履歷寄給一些招聘人員，問問他們的意見。招聘人員看過的履歷不計其數，如果你想知道履歷有哪裡需要調整，希望有人能給你意見，他們通常是最佳人選。
- 調查幾個專業履歷代寫服務，看看他們所提供的履歷範本，和你的履歷比較看看，感覺如何？

6

破解面試難關

在求職過程中，就算你能找人撰寫履歷，但唯有面試這關非本人不可，所以你一定要掌握這項關鍵技能。面試是求職過程中最令人畏懼的一環，因為過程充滿某種程度的不可預知性，你無法確實知道面試官會問什麼問題，可能會要求你當場寫程式碼，這是多數人覺得害怕、難以應付的事。但要是有方法可以「破解」面試，讓它有跡可循呢？

你可能以為本章會深入探討如何通過技術工作面試的策略，但本章會把焦點放在更重要的事情上，幫助你在投入面試前取得優勢，讓你更有把握成功。懷疑嗎？讓我們繼續看下去。

「通過」面試的捷徑

請想像以下這個場景：你走進今天面試的房間，和面試官握手，他看了看你的臉，突然眼睛為之一亮。他說，「嗨，我知道你。我在你的部落格看過你的照片，我常讀你在部落格發表的文章。」

如果在面試過程中發生上述情境，你認為這會影響獲得工作的機會嗎？我知道你心裡在想什麼：「這個例子不錯，但我沒有超人氣的部落格，不太可能有任何一位面試官會聽過我。」不同於一般觀點，這裡要說的關鍵是大多數的面試官在決定是否要錄取一個人時，取決的因素都和技術無關。（本書第二部分會教你如何行銷自己，後續內容會實際說明如何擁有超人氣部落格，但這不是本章的重點，我們稍後再談。）

注意 我曾看過很有技術能力的人，在面試過程中因態度傲慢、不友善，最後反而是技術能力沒那麼好但討人喜歡的人獲得工作機會。

請不要誤會了，我的意思並不是指沒有工作能力的人，只靠知名度或友善的態度就能獲得工作機會，我想說的是，許多很有技術能力的開發人員一起應徵同一項工作時，決定錄用誰的最大因素反而不是誰的技術能力有多頂尖。

因此，簡單來說，通過面試的捷徑就是讓面試官喜歡你。有許多方法可以達成這個目的，而其中大部分的方法都可以在面試之前完成。

求職經驗分享：我的上一份工作

談談我自己創業之前的最後一份工作。那時我心裡已經決定好，想在某家特定公司工作，因為他們似乎是一家風評相當好的公司，而且允許開發人員在家遠距工作。我花了一些時間研究這家公司，發現這家公司的某些開發人員有維護部落格的習慣，於是我開始追蹤這些部落格，在一些部落格的文章下寫些有想法的相關評論。

隨著時間，其中許多開發人員因為我在部落格上的留言而開始注意到我的名字。某些人甚至還轉而閱讀我的部落格文章。

後來我知道那家公司要招募開發人員時，就應徵了那項職務，你認為我獲得工作機會的難度有多高？我當然還是有進行面試，但只要不把這場面試完全搞砸，想拿到這份工作，基本上是勝券在握（而且薪資比我預期來得高，如果我沒利用這樣的方式應徵工作，應該沒辦法拿到這麼高的薪水）。

跳脫一般的思考框架，建立交情

「破解」面試的關鍵是，在面試前先思考面試策略。當然，你絕對可以在面試過程中展現你迷人的風采，吸引面試官的注意，對你留下深刻的印象，但我會假設大多數的我們都沒有這樣的魅力，有的話，你也不需要看這一章的內容了。

多數能獲得雇用機會的工作都是來自於個人的推薦，你應該嘗試確保應徵工作時都是透過推薦的途徑。當你透過推薦獲得面試機會時，面試官對你的評價自然會更高，因為你是付出社交信用而讓某個人願意在工作上推薦你，所以推薦你的人本身的聲譽，以及他與面試官的交情，會有部分效果延伸到面試者你的身上。也由於是面試官他們喜歡和信任的人推薦你，因此面試一開始，就已經對你有所偏愛。

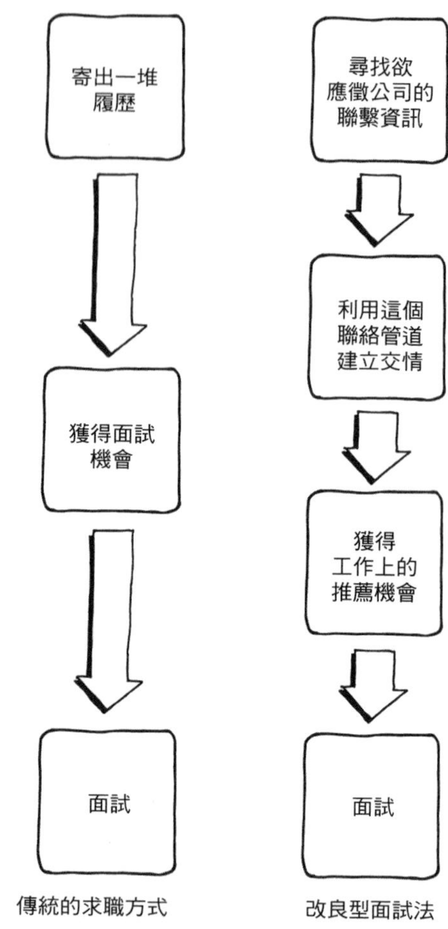

傳統面試法 vs. 改良型面試法

如果無從認識要應徵工作的那家公司裡的任何人，要如何獲得推薦？在我的情況裡，我是發現那家公司裡的一些開發人員有部落格，透過部落格與他們建立關係。這樣當職缺開放時，就很容易能獲得個人推薦。

你必須願意跳脫一般的思考框架，找出方法跟公司內部的人建立聯繫關係。我聽說有開發人員在求職的時候先查了人事經理的資料，發現他是當地某家俱樂部的會員，而會員每週都會聚會一次。想當然爾，這位聰明的開發人員加入了那家俱樂部，並且和那位人事經理成為朋友。我很確信他獲得這家公司的職務時，應該沒有走正式的面試流程。

我知道你現在心裡可能正在想，「這種手段聽來有點怪異」，但這一切都很正常。我不是主張你要利用或悄悄接近他人，可是特意建立這種彼此都能互惠的人際關係是很合情合理的。在這個情況裡，人事經理可以提前認識自己信任的優秀求職者，而正在求職的開發人員也能為他想去的公司工作。這不是諂媚或卑鄙，只是聰明行事。

隨著社群媒體和網際網路的出現，很容易就能找到該公司的任何消息，並且和該公司的員工建立關係。只是你必須願意在事前做些情蒐工作。

如果你想一次與一群人建立關係，就試著加入當地的特定同好會。有許多開發人員的同好會固定在每週或每個月聚會一次。如果你固定出席聚會，特別是還做過幾次發表，很快就能跟許多當地公司的開發人員和人事經理建立關係。

你也可以利用 LinkedIn 這種專門針對求職求才的社群平台，直接聯繫對方問他們願不願意碰個面，喝杯咖啡，而且，當然是由你招待對方。還有一種不錯的做法是為你自己的 Podcast 節目、YouTube 頻道或部落格文章採訪他人，藉此聯繫對方，建立人際關係。此外，你可以從重疊的社交圈裡找找，雖然沒有直接認識對方，但或許你的交友圈裡有人認識你想碰面的人。

不過，建立這些人際關係時，你一定要以正確的心態展現自己。和你想接觸的人建立實質的人際關係是好事，但沒有人喜歡自己是因為某個目的而被人利用。如果你在某個人的部落格上留言，你的意見要能增加雙邊對話的機會，並且為該部落格的讀者增加價值。

如果是私下聯絡對方，要清楚表達出你能為他們提供某種價值，而且是真心對他們有興趣。當你內心不誠懇，人們就會察覺出你的企圖。最好先從工作本身與相關的主題聊起，但也不用擔心，可以稍微擴展到個人私領域的話題。請記住，這不只是試圖建立「人際關係」，還要跟對方交朋友。

小心地雷：如果你立刻就需要一份工作呢？

可能你也同意我的方法，但你只有一個問題——就是一切都太遲了，你剛被資遣而且立刻就需要一份新工作，而你沒有時間建立人際網路或線上名聲，甚至是「悄悄接近」未來的雇主。在這種情況下你能做些什麼？

在這樣的情況下，如果有機會的話，最好的辦法是嘗試在面試前跟面試官聯繫，盡可能先採取進一步的行動。看看是否有機會在正式面試前先有預面試的機會，在坐下來進行正式的面試前，先聊聊公司的情況或是問幾個問題。打電話給公司的某個人，請求五分鐘的時間，快速聊一聊。盡可能找出更多的藉口，讓自己接觸那些對僱用有影響力的人。

我知道這項技巧聽起來很瘋狂，更好的做法當然是花時間做好準備，但沒招的時候還是能派上用場。我有個好友經營了一家新創公司「健康英雄」（Health Hero），他就確實應用了這個辦法，讓三家創業加速計畫投資他的新創公司，想通過這幾個創業加速計畫的難度之高，眾所皆知，而他只是先跟所有的關鍵決策者預先面試，等到真正面試時，不僅每個人都認識他，還很喜歡他。

真正的面試

雖然希望在面試前，面試官就已經認識你，但不管怎樣，還是需要知道面試過程中該怎麼做。很明顯地，既然你想通過一項技術工作的面試，就需要證明你的技術能力。有什麼技術力就說出來，接下來的重點就是證明你對自己的能力有信心，知道要完成什麼，並且去做。

從雇主的角度思考，雇用員工是一項投資，雇用員工要花錢和時間，所以會希望這項投資有好的回報。員工有自主性，不用要求他們就知道自己要完成什麼工作，這樣的員工總是能增加公司利潤，而且這類員工也很少會讓老闆、主管頭痛，只需要很少的管理資源。

與其雇用一位技術能力很好，卻要經常掌控才能有生產力的開發人員，我寧可雇用知道得不是那麼多，但了解如何找出需要完成什麼，而且知道怎麼完成的人。面試過程中，在你可控制的範圍內，專注證明你是那種不需要主管要求也知道要完成工作的員工。

你還是必須證明自己實際上是很有技術能力的人，但如果可以讓面試官相信你是積極能幹的人，不會讓任何障礙阻止你，他們不只會喜歡你，還會以不錯的條件僱用你。

對於我指導的開發人員，我常教他們要說這句話，「我是那種會先搞清楚自己需要做什麼、怎麼做，然後才去完成工作的人。」這句話具有神奇的魔力，所有負責招聘員工的管理人員都愛聽，因為這表示公司不需要管理這類的員工，可以信任他們會自動完成自己的分內之事。我說的這句話，你不必照單全收，但你應該在面試過程中表明你具有這樣的人格特質（顯然，你也應該真的「成為」這樣的人）。

現在你能做什麼？

不論你正積極求職，還是只想讓自己多些選擇，現在就是最好的時機點，開始準備下一次的工作面試。

第一件要做的事，就是確保你有好好維持自己的技術能力，世界上所有的面試技巧都無法幫你獲得資格不符的工作。確保自己時時閱讀技術書籍與部落格文章，花時間精進自己的技能。

在你需要人際網路前，請提早開始發展。接觸你工作領域裡不同公司的員工，跟他們建立關係，日後會對你有所幫助。閱讀一些部落格文章，並且留言做一些評論。認識你工作領域裡的其他開發人員，甚至是招聘人員，嘗試找出更多方法來擴展你的人際圈。

還有別忘了要多加練習。即使你對新工作沒興趣也要去參加面試，這能讓你獲得更多的面試實戰經驗。面試的經驗越多，日後你遇到面試時就越自在。

把焦點放在行銷自己，也能讓你獲益匪淺，這是我們第二部分將要談的主題。

即知即行

- 就算你現在不需要積極求職，也請列出你未來想去工作的公司清單，以及你認識他們公司的哪些人。
- 如果清單上有一些公司你想去工作，但不認識他們公司的人，請提出一個計劃，至少要認識這些公司裡的一個人，跟他們建立關係。
- 至少找一個當地的同好會是跟你的工作領域有關，並且出席聚會，盡可能向更多人介紹自己。

7

軟體開發人員職涯發展的三大途徑

就業時很容易落入一個陷阱，就是人云亦云，不小心就跟多數人一樣，只挑眼前現有的道路前進。雖然對多數軟體開發人員來說，職業生涯裡大部分的時間會是某家公司的員工，但這並不是你唯一的選擇，其實還有許多有利可圖的工作方向，能讓軟體開發人員好好發揮自己的程式設計能力。

除了傳統的就業管道之外，你可能不了解還有其他的就業途徑──至少我目前從事的工作就不屬於傳統的就業方式。本章會列出各種工作途徑，讓你有更好的方法來決定自己的未來。接著會在第一部分後半部的章節裡，分別以各個章節來一一探討這些工作途徑，告訴你如何在每條就業之路上取得成功。

途徑一：成為一家公司的員工

很明顯這是多數軟體開發人員就業時的預設選項。我的軟體開發職涯中，多數時間裡也是一家公司的員工，一部分原因是因為我當時不知道還有其他選擇，另一部分原因是因為這是最簡單的一條路。我應該不需要再說明員工的定義，但值得看看這個工作途徑能帶給你的一些利弊。

迄今為止，進入某家公司成為員工的最大好處就是「穩定」。我並不是指長久穩定在某項職務上，或是為某位固定的雇主工作；我所謂的穩定，是你能根據預先定義好的方式賺錢，而且你知道這一定會成功。身為某家公司的員工，只要有工作就能獲得薪水。你或許未來會失業，需要找新的工作，但至少有段時期，你每個月都會有相當穩定且具有一定水準的收入。

相較於其他的工作途徑，成為一家公司的員工是最容易追尋的一條路，工作上的責任範圍有限，而且相當明確，求職與應徵有定義完善的流程，每個月都能領到薪水，不需要自己找出能帶來收入的方法。

成為一家公司的員工還能享有特休假（至少在美國是）和部分醫療保險補助。

那麼成為一家公司的員工有什麼負面效果？最主要的一項是缺乏自由。既然你選擇成為一名員工，就表示你要花大量的時間為雇主工作。在工作上沒有太多選擇，可能無法一直做自己喜歡的工作，公司還會經常規定員工要遵守某種工作排程，每週和每天需要工作幾小時。

成為一家公司的員工也意味著你的收入是事先定義好的，所以會有某種程度的「上限」。你最終會在收入和升遷機會上，碰到一道無形的阻隔，所謂的「玻璃天花板」。此時，你不僅無法顯著地增加收入，而且不轉換職涯跑道，就無法獲得升遷。

優點：

- 收入穩定
- 容易追尋的道路
- 特休假
- 可能有醫療保險

缺點：

- 工作上缺乏自由度
- 工作收入有上限

途徑二：成為一名獨立顧問

許多軟體開發人員會選擇成為一名獨立顧問作為謀生方式。獨立顧問就是軟體開發人員不為特定雇主工作，而是為多個客戶服務。如果你曾經有兼職為客戶做過程式設計的經驗，並且收取時薪或固定的服務費用，就能了解我所說的獨立顧問是什麼。

我認為軟體開發人員成為一名獨立顧問時，絕大部分的收入是來自於上述這種類型的工作內容。這和只為某個客戶工作，然後收取時薪的約聘人員不同。約聘人員仍舊類似傳統的雇用關係，獨立顧問則通常會設立自己的公司，與客戶建立合約關係，但不只為一家特定客戶工作。

我的職業生涯裡曾經有幾年的時間也是獨立顧問，時至今日我也還在從事部分的獨立顧問工作。我一直夢想能自立，為自己工作，所以思考著若成為獨立顧問，應該就能實現這個夢想。我想如果能成為自己的老闆，不為某個人工作，該是多麼美好的事，但我不知道成為獨立顧問是否意味著只是拿一位老闆換來更多老闆。

這並不是說成為一名獨立顧問只有缺點而已，當然會有一些好處，好處之一是你不需要向某位雇主回報。成為一名獨立顧問，你還能規劃自己的工作時間，最重要的是，能自由選擇你想做的工作（假設你有夠多的工作可以選擇的話）。只要你高興，就能來去自如，隨心所欲，擁有彈性的工作時間，但客戶仍舊會希望掌握你的進度，在時限內完成他們要求的工作。

成為一名獨立顧問時，迄今最大的好處或許是賺錢的潛力。相較於為其他人工作，獨立顧問可以獲取更高的時薪。現在我為客戶提供諮詢，每小時的顧問費是三百美金，就我所知某些獨立顧問收取的鐘點費更高。

這並不是說只要成為獨立顧問就一定能致富。你當然不可能一開始就拿到每小時三百美金的顧問費，不過在第二部分「自我行銷」的章節裡，我會教你一些實務技巧來提升顧問費。另一個現實是，客戶跟你約的諮詢時間，通常無法讓你每週工作滿四十個小時。就算獨立顧問這項工作似乎能讓你賺到一大筆錢，但其實有大量的時間是花在尋找客戶，和經營公司等有關的管理工作上。當你選擇成為一名獨立顧問時，其實你就是一家公司

（這不只是心態而已），你要負責所有跟公司經營有關的事務，例如，稅務、法律顧問、銷售、醫療保險等等。

優點：

- 工作上擁有更高的自由度（規劃自己的時間）
- 擁有不斷進行新專案的機會
- 賺取更高收入的潛力

缺點：

- 必須自己尋找案子
- 經營一家公司的沉重負擔
- 拿一位老闆換來更多老闆

途徑三：成為一名企業家

企業家或許是職涯裡最困難、最無法定義的一項工作，然而卻可能為你帶來最高的報酬率。雖然有許多不錯的理由可以形容這個工作途徑，但我認為成為一名企業家等同是成為職業賭徒。企業家要穩定下來的機率很低，但如果能獲得成果，就**真的**會帶來巨大的成功。

那麼企業家確實的定義是什麼？你所猜想的應該會和我一樣。雖然企業家有很多曖昧不清的定義，和許多不同的含意，我認為最重要的定義是，擁有軟體開發人員背景的企業家是利用自身的軟體技能來發展自己的事業或產品。公司員工與獨立顧問都能以工作時間換取金錢，企業家在發展初期花了時間卻無法獲得收入，可是有機會在未來回收更大的報酬。

我認為自己現在的工作就屬於企業家的範疇。多數的工作時間裡，我都在開發培訓課程和其他產品，再直接或間接透過合作夥伴來銷售我的服務，藉此謀生。我的工作內容還是在寫程式，只是不常為特定客戶服務，並且轉而為自己所創造的特定產品或服務寫程式，以及開發培訓教材，教其他人我所知道的知識。

事實上，本書正是一位企業家的奮鬥故事。對我來說這是相當大的賭注，花了大量的時間撰寫本書，出版社只會先給一點預付款，這完全無法打平我在寫作上所投入的時間。因此，我告訴自己，要嘛是書賣得夠好，能收到版稅來補償已經付出的努力，要嘛就是把這本書當作宣傳素材，幫助我在其他事業領域裡拓展顧客。當然本書也可能會以失敗告終，而浪費我的努力（想到你正在看這本書，我的努力應該不至於付諸流水，而且你現在看的還是第二版，就更不太可能失敗了）。

還有其他具有軟體開發人員背景的企業家採取跟我完全不同的做法。有人設立了新創公司，從外部投資者也就是所謂的創投（venture capitalist，簡稱 VC）那尋求大型資金；也有人成立小型公司，以軟體即服務（software-as-a-service，簡稱 SaaS）為目的，藉由客戶訂閱他們的服務來賺錢。例如，很有人氣的開發者訓練公司 Pluralsight 的創辦人，其創業之初是開設培訓教室，後來發現把服務完全移到線上，可以讓他們的事業發展得更好，才轉變成現在「軟體即服務」的模式，開始提供以訂閱模式為基礎的培訓服務。

我相信你現在一定在猜，成為企業家的兩大優點應該是：擁有完全的工作自由，收入潛力無上限。成為一名企業家，你自己就是老闆，也是對自己最嚴苛的老闆。只要你喜歡，可以完全來去自如，但也要為自己的未來完全負責。如果你能發展出極為成功的事物，就有機會賺取數百萬美金或者更多的收入。當然也可以利用槓桿原理，加大你成功的力量，縮短你成功的時間，從而讓回報以指數的方式成長。

不過，成為一名企業家可不是像電影那樣，每天坐著豪華轎車出入派對，這或許是職涯選擇裡最艱難且最有風險的工作途徑。首先，這份工作完全無法保障你的收入，你可能會因為追求卓越的想法而負債累累。企業家的生活就像坐雲霄飛車一樣，驚險刺激，起起伏伏。當顧客購買產品時，你就像站在世界的頂端，飛黃騰達，但下一秒可能就會因為專案失敗而跌落平地，開始擔心要如何負擔日後的各項支出。

其次，成為一名企業家會需要投入大量的其他技能。當軟體開發人員為某人或某個客戶工作時，可能不需要擔心這個部分，但企業家必須學習銷售與行銷兩者，以及許多其他公司經營與財務方面的知識，這些都是讓你成功的關鍵。（本書後續會談到這些主題。第二部分的章節內容會以類似行銷產品的概念來討論如何自我行銷，第五部分的章節內容則會談到財務，就算你沒有打算成為一名企業家，了解這些知識也能讓你受用無窮。）

優點：

- 擁有完全的工作自由
- 創造巨大收入的潛力
- 全力投入自己想做的事
- 自己就是老闆

缺點：

- 高風險
- 完全為自己負責
- 需要投入許多其他技能
- 最終可能會演變成長時間都在工作

究竟該如何選擇？

對多數的軟體開發人員來說，特別是剛起步的人，合理的做法是先成為一家公司的員工，這個工作選項不僅風險最低，也不需要具備豐富的閱歷。我往往把員工這份工作看作是學徒，即使你有自己創業的理想，公司會是先讓你訓練和磨練技能的好地方。

如果你在職業生涯發展之初有機會成為獨立顧問或企業家，而且風險在你可接受的範圍內，就有機會及早擺脫不可避免的失敗與錯誤，為你自己的職涯規畫更美好的未來。

許多跟我談過的軟體開發人員後來都成為獨立顧問，但我要說，他們對這個選擇感到後悔。我的一位好友原本是一家大型科技公司的員工，終究還是離開公司去追求自己的夢想，成為獨立顧問。起初這一切都很美好，但沒多久他就了解到，雖然他達成某些自主性和工作地點不受限制性，但同時也有許多新承諾加諸在他身上，而且相較於原本只要對一位老闆負責，變成要面對好幾位老闆。最後他轉型為一名企業家，後來也承認要是當初就知道現在了解的這些事，他會跳過整個獨立顧問的工作歷程。

選擇真的操之在己，你始終都能隨時轉換跑道。後續在第 14 章裡，我會說明如何從員工轉變成自由工作者，這不是一條好走的路，但你仍然有成功的機會。

即知即行

- 試著列出你認識或聽過的軟體開發人員，他們的職涯符合本章所提出的三種工作途徑。
- 如果你有興趣成為一名獨立顧問或企業家，找個你認識且已經在這條職涯道路上的某個人，跟他們見面聊聊實際的工作情形。有太多軟體開發人員在還不知道自己會身處哪種情況下，就貿然投入這個領域。

8

為何需要具備「專業力」？

你曾聘請過律師嗎？聘請律師時要先考慮什麼？如果你尚未有過這樣的經驗，初次聘請律師時，你認為該怎麼做？

如果你猜測：「先決定需要找哪一類的律師」，沒錯，正確答案！你不會想隨便找個律師來幫你處理問題，一定會根據問題所屬的領域，聘請具有專業背景的律師。律師通常有其專業，而且多半從一開始執業就已經固定處理哪些法律案件，例如，專門處理刑事案件的刑事律師、事故訴訟與理賠的事故律師、房地產律師等等。

你不會想找專門打離婚官司的律師，代表你去處理稅務、房地產方面的問題，所以「專業力」很重要。一般來說，律師還在就讀法學院時，就已經決定他們將來要成為哪種專業領域的律師，但不幸的是，多數軟體開發人員都是在踏入職涯時，才決定自己的專業。

「專業力」很重要

許多軟體開發人員並沒有培養特定的專業能力，絕大多數的人都是以他們會的程式語言來定義自己的專業，所以你常會聽到有人說「我是 C# 開發人員」或「我是 Java 開發人員」這樣的說法。這種定義專業的方式過於廣泛，無法讓他人真正具體地了解，你究竟能做哪一類的軟體開發工作；也就是說一項程式語言無法讓人分辨出，你能開發哪方面的軟體以及實際上能從事的工作內容，充其量只能說你在開發軟體時是使用哪種工具。

你可能會擔心，如果專注於軟體開發裡的某項專業領域，或許會被他人定型，以為你只有那項專業能力，而間接失去了許多工作機會。雖然專業力有可能會造成這樣的情況，但同時也能為你打開更多機會的大門，這些可能是你無法從其他途徑獲得的機會。

想想本章一開始拿聘請律師所做的比喻。假設你成為一名律師，但沒有專注於特定的專業領域，理論上，每個想找律師的人都會是你的客戶。問題是，很少人願意聘請一位沒有專長的通才律師，多數人寧可聘請具有特定專業的律師。

乍看之下，通才律師擁有的潛在客戶群似乎比專精於特定領域的律師多，但現實面是通才律師的客戶群非常有限，只有不知道要找特定專業律師的人才會委託案件給他們。

雖然變成專家之後，你的潛在雇主數、客戶群會變少，但相對地，你自身的能力也會更吸引這些少數的雇主和客戶。只要你的專業能力夠好，而且這方面的人才尚未過度飽和，比起一般的軟體開發人員，擁有專業力更能讓你輕鬆找到工作和獲取客戶。

專注發展專業力

你可能會想，如果「我是 C# 開發人員」或「我是 Java 開發人員」這樣的說法不夠具體，那該怎麼表達？這個問題很難回答，因為「這得視實際情況而定」，取決於你想實現的目標，和該專業領域的市場有多大。

舉個我自己的例子。剛踏入職場時，我把自己定位成專精於印表機開發與印表機相關程式語言的軟體開發人員，這確實是相當特定的專業，只有幾家主要的印表機開發商才會雇用我，但你可能不知道，這些印表機製造商其實很難找到這方面的人才。

我的獨特專業對少數雇主來說非常有價值，問題在於不是每個城市都有這樣的公司，所以如果我的就業市場是美國乃至於全世界，就有一個龐大的市場需要我的專業；如果我不想搬離現在居住的城市，我在就業市場能找到的工作機會就會因為這項專業而變少。（你想想，會有多少區域的公司需要專精於印表機方面的軟體開發人員呢？）幸運的是，當時我願意在美國的各個地方工作，所以這項專業就成了我的優勢。

> **注意** 發展專業力的原則：專業程度越高，機會數量越少，但獲得機會的可能性就越高。

回過頭來看你的情況，假設你現在想在你住的那區找工作，而你是 Java 開發人員。大部分位在都會區的公司對 Java 開發人員的需求都很高，所以只要開始求職，就會有大量不錯的工作機會等在你面前，這些工作都有可能會錄取你，但你不可能同時做那麼多份工作，只能去其中一間公司上班。

假設你現在開始找工作了，你住的那區有五百個職缺要找能開發 Java 程式的人，所以你決定要發展獨特的專業力，雖然會局限就業市場的範圍，但能提高應徵工作時的錄取率，於是你專注培養自己成為 Java 網頁開發人員。或許這樣的決定會讓你失去兩百五十個職缺，但你手上仍舊剩下兩百五十個可能會錄取你的工作機會，這數量還是相當多，而且請記住，你只需要一份工作。

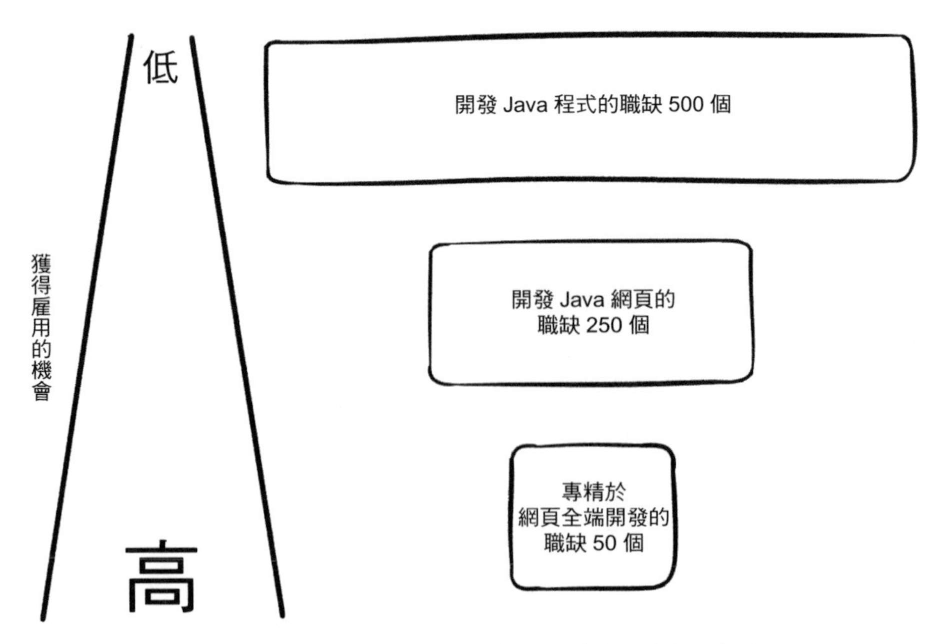

獨特專業力會局限你找工作的職缺數量，但能增加你的工作錄取率

現在你又決定要提升自己的專業力，先不管 Java 網頁全端開發工作的細節，反正你決定要培養自己成為 Java 網頁全端開發人員。或許這樣會讓職缺一口氣降到只剩五十個，但你還是有很多工作機會可以選，而且錄取率變高了，從五百分之一提高到五十分之一，這一切都是因為你的技能是專門針對這些工作而發展。

軟體開發人員的專業類型

軟體開發人員的專業能力可以分成很多類型，目前比較明顯的分法是根據程式語言和平台這兩方面，但也有一些分類是根據方法論、特殊技術或產業這類的專業力。

首先你要了解一件事，就是你想成為哪種類型的軟體開發人員。你想做應用程式的前端設計，負責開發使用者介面的程式嗎？你想做應用程式的中介軟體，負責實作商業想法的規則與邏輯嗎？還是想做應用程式的後端系統，負責開發資料庫或系統底層的運作？你甚至可以三項全包，成為全端開發人員，但就算是在這種情況下，你還是要專注於發展特定技術。（例如，網頁全端開發人員可能要專精於使用 C# 和 SQL 伺服器，開發 ASP.NET MVC 架構的網站。）

你也能選擇專注於發展這些領域，像是開發與硬體裝置相關的內嵌式系統，你寫的程式碼會在裝置內部的電腦上執行，所以內嵌式系統工程師所處理的問題和網頁開發人員完全不同。

作業系統則又是另一項專業領域了，雖然這對網頁開發的工作來說，並不是非常重要的一項專業，但有許多開發人員會專注在特定作業系統上開發應用程式，像是在 Windows、UNIX 或 Mac 環境下進行開發工作。

另一個有潛力的專業領域是開發行動應用程式或甚至是特定的行動作業系統，能在 iOS 或 Android 這兩個平台上開發行動應用的開發人員，目前在就業市場上非常搶手。

有些開發人員的專業程度很高，能成為特定平台或架構的專家。這些開發人員的潛在客戶群不多，但能憑藉他們的專業能力要求非常高的時薪。一些非常昂貴的套裝軟體或是軟體架構裡，最常見到的底層開發專業，像是德國的軟體巨擘 SAP，就高薪聘請一些開發人員，專門發展能和 SAP 這套昂貴軟體系統結合的顧客解決方案。

✤ 專業領域 ✤

- 網頁全端開發
- 內嵌式系統
- 特定作業系統
- 開發行動應用程式
- 架構
- 軟體系統

選擇你的專業力

絕大多數的軟體開發人員都同意我提出的這個觀點——發展自己的專業力，只是他們經常會問我，實際上究竟該如何選擇一項適合自己發展的專業，這個任務似乎經常會讓人陷入崩潰的境界。

這裡有些小訣竅，希望能幫助你找出適合自己發展的專業力：

- 你現在任職或之前工作的公司裡，存在哪些主要的痛點？你能成為解決這些痛點的專家嗎？
- 是否有特定工作，沒人要做或是缺乏有經驗的人才？成為那個領域的專家，就能獲得大量的業務機會。
- 在研討會或同好會裡，經常提出哪些主題？
- 想想你平常跟同事的對話裡，或者是在像 Stack Overflow 這類討論程式設計的網站上，你最常回答哪些類型的問題。

不論你做什麼工作，重點是要確保自己選擇某項專業。就業市場的大小會決定專業的獨特性，而且要儘可能使其獨特，如此才能提高專業市場對你的需求程度。別擔心，如果有需要，你永遠都能改變自己的專業，像我自己就很明顯，我現在已經不再開發印表機方面的軟體，我認識的軟體開發人員之中，也有很多人在職業生涯期間，成功轉往不同的專業。例如，我的好朋友之一 John Papa，他以前的專業是微軟用於支援網頁技術的 Silverlight，這項技術退役後，他轉而專攻單頁式應用（Single Page Application，簡稱 SPA）的開發工作。

通曉多種程式語言的工程師

每次我在各個場合提到工作專業化，總會遇到一些阻力，我想有必要在此澄清一下，雖然我建議各位培養自己的工作專業力，但這不表示我反對大家多多學習各種技能。

雖然這兩件事乍看之下相互矛盾，但其實不會。能成為全方位又博學多聞的軟體開發人員當然很棒，可以使用多種技術、程式和許多不同的程式語言，跟某些只知道特定技術或程式語言的軟體開發人員相比，在職業生涯的路上，你的價值自然會比其他人來得高，但相對地也非常難在就業市場上行銷這項優勢，因為很容易會被他人認為你是博而不精。

團隊裡有個全能的開發人員當然很棒，但很少有公司或客戶會找這樣的人，就算你精通各種技術且通曉五十種程式語言，最好還是從中選擇一些作為你的專業能力，甚至可以隨著時間換一換。

盡可能學習，盡可能保持彈性，但也要具備專業力才能使你獨特又傑出，如果必須從中擇一，就從專業力開始，再逐漸拓展其他方面的知識。

即知即行

- 把所有你能想到的軟體開發專業都列出來，再依照專業力的廣泛與特定程度排列，看看你能找到多具體的專業目標。
- 你目前的專業是什麼？如果沒有，想想你能發展軟體開發領域裡的哪項專業。
- 找個熱門的求職網站，根據你的專業搜尋目前就業市場上的職缺有哪些。藉此評估，若進一步提升你的目前專業力，在就業選擇上會更有優勢，還是會過度限制你的選擇機會。

9 你能任職的公司類型

軟體開發人員在職涯發展過程中的體驗，會因為個人選擇的公司類型而截然不同。想待在新創事業的小公司、有大把預算和股東的大公司，還是介於這兩者之間的中型公司，是非常重要的決定。

不只公司規模大小會大幅影響你的職涯體驗，連公司內的職場文化也會對你在這家公司的整體幸福感產生巨大的影響，讓你覺得自己是否適合這家公司，進而產生歸屬感。

前往一家公司任職前，公司規模大小是很重要的考量因素，雖然只要根據薪水和福利，就能輕鬆評估一家公司的工作機會，但長期來看，工作環境的條件會是更關鍵的考量，對個人的影響更大。

本章會檢視各種類型公司的優缺點，分別從小型、中型和大型的公司來看，幫助你決定自己適合哪種類型的公司。

此外，還會討論這兩種公司之間的差異：一為開發軟體作為產品的公司，另一為有配置軟體開發人員的公司。

小型新創公司

絕大多數的小型公司都是新創事業，所以具有相當獨特的創業心態，在這種心態下，公司通常專注於快速成長，儘可能讓公司獲利或者是達成一些具有急迫性的目標。

在小型公司裡，軟體開發人員有很高的機率必須身兼數職。由於公司內的員工人數不多，多半無法清楚定義職務角色的內容，所以軟體開發人員的工作不只要寫程式，還必須保有兼任其他工作的彈性。如果只是單純想寫程式的人，可能不太喜歡同時還要做架設伺服器或協助測試的工作；但若是精力無窮、喜歡發光發熱的人，就會喜歡這種總是能面對新事物挑戰的工作，這樣的環境就非常有吸引力。

在小公司裡，個人的所作所為通常會很有影響力。當然，這有好有壞。如果你不喜歡融入人群，只想做自己的工作，或許小公司就不適合，因為員工人數不多，很難不受到關注；但如果你希望看到自己工作成果所帶來的影響力，小公司會是目前為止最適合你的地方。由於員工人數少，每個人對公司的貢獻度很容易直接影響公司的成敗，也很容易被察覺，這意味著你在公司的成就會被放大，但相對地，失敗的時候也是一樣。

小公司的穩定度雖然不如大公司，但長遠來看，有機會得到更大的回報。小公司面臨經營不善而破產倒閉的機率很高，也可能會因為付不出薪水而裁員；但另一方面，如果小公司能安然度過風暴，你就能成為這家公司的創始員工，隨著公司日益茁壯，有機會能獲得巨大的報酬。在大公司裡，想透過人事升遷爬到總監級的職務非常困難，但在小公司裡，升遷的機會非常多，因為新進員工往往會安排在你的底下做事。

許多開發人員選擇在新創公司工作，是冀望將來公司上市上櫃後，能拿到股票選擇權，但往往薪水不高，工時又長，我認為這樣的賭注風險太高。如果你是抱著這種有天能中樂透的心態而選擇小型新創公司，我會建議你多考慮一下，因為有可能會讓你筋疲力盡，最後一無所獲。選擇在小型公司或新創公司工作，比較好的理由是，你喜歡工作步調快的環境，想參與開發一些東西，並且看著它成長。

優點：

- 需身兼數職，彈性調整職務角色
- 個人對公司的貢獻具有更高影響力
- 可能帶來高回報

缺點：

- 無法只負責寫程式的工作
- 個人的所作所為無不受到關注
- 公司經營穩定度低

中型公司

絕大多數的公司都屬於中型公司，所以這是你最有可能工作的地方，搞不好你現在就已經在一家中型公司裡。這類公司通常已經成立一段時間，公司營收上也稍有斬獲，但沒有成為全球五百大企業的衝勁。

在中型公司裡，職務角色的定義較為清楚，公司的經營狀況也比較穩定。我認為中型公司的穩定性通常會高於大型公司，為什麼？因為大型公司經常會裁減大量人力，並且定期進行組織重整，如果你喜歡穩定的工作環境，中型公司或許是最適合的選擇。

在中型公司裡工作，可能會覺得步調有點慢，但要公司沒有察覺到你的存在也很難。你對公司的貢獻度可能不會直接影響公司的成敗，但還是會受到關注。在中型公司裡，緩慢而穩健的做事態度通常最能獲得青睞。新創公司快速的工作步調、背水一戰的心態，通常喜歡快速推動公司決策，擁抱尖端技術；然而，多數中型公司不喜歡風險，公司的發展步伐比較緩慢，如果你喜歡開發最新的尖端科技，很難說服中型公司的老闆買帳，因為他會要你評估風險，而你很難判斷風險會有多高。

優點：

- 公司經營穩定
- 加班時數少

缺點：

- 工作步調緩慢
- 比較沒有機會參與最新尖端技術的開發工作

大型公司

大型公司相當有趣，每家公司都各異其趣，通常會有很深厚的公司文化，滲透到公司的各個角落。許多大型公司都是公開上市櫃的公司，所以很少有機會能在公司裡與執行長這樣的高層互動。

在大公司裡工作，最可能注意到的事，或許是各項程序和流程都有既有的規定。到大公司面試，通常要經過一連串的面試流程，而且非常正式。工作時可能必須遵循既定的做事方式，這類企業的公司文化通常不喜歡莽撞的員工和背叛者，如果你喜歡流程、喜歡結構，或許能享受在大公司裡工作的氛圍。

在大公司裡工作的好處之一是能獲得成長的機會，我曾在一家全球前五百大的企業裡工作，當時不僅有各種培訓機會，手邊還有各種軟體可以使用。很多大型公司會提供職涯指導，幫助你在組織裡學習與成長，而且有機會參與一些很酷的技術或專案，對大公司來說，技術創新是稀鬆平常的事，但小型和中型公司通常沒有預算能做改變世界的大型專案。在大公司裡，你的工作或許不能為大型專案帶來顯著的影響，但你能成為偉大團隊的一份子，參與一些引人注目的專案，真正地改變市場。

然而，對許多開發人員來說，大公司令人沮喪，因為他們認為公司並未重視自己的貢獻，每個人可能都只能負責大型程式碼裡的一小塊功能，喜歡掌握軟體系統各個部分的開發人員或許不喜歡大公司。

在大公司的環境下工作，個人很容易不受關注。我曾在幾家大型公司工作，看過一些開發人員終日無所事事，除非遇到公司要來一輪大裁員，否則根本不會有人注意到他們。不過這種工作自主性也有好處，有時能自主研發一些自覺重要或有興趣的專案，而毋需背負產品開發的壓力。

關於大公司，最後還有一點要請各位注意：辦公室政治。大型公司的辦公室政治通常很複雜，幾乎可以媲美國家政治。軟體開發人員當然可以盡力避免這些辦公室政治問題，但即使你想獨善其身，還是很難不被他人的政治謀略所牽累，而且如同下一章會談到的公司升遷，想升遷就必須在複雜的政治氣氛下，摸索出自己的路。如果你想完全避免辦公室政治的議題，就只能去公司管理結構扁平的小公司工作。

優點：

- 公司已建立既定的流程與程序
- 公司提供教育訓練機會
- 有機會參與有影響力的大型專案

缺點：

- 公司裡官僚作風興盛
- 或許只能負責一小部分的程式碼
- 個人對公司的貢獻很難受到關注

「開發軟體」的公司 vs.「有配置軟體開發人員」的公司

選擇公司類型時，另一個主要考量是公司雇用軟體開發人員的目的。有一類公司的軟體開發人員是負責公司內部軟體或自己生產的部分產品，另一類公司則是實際生產軟體或開發軟體是公司的核心業務。

有些公司的核心業務並非軟體開發，只是雇用軟體開發人員負責內部系統的某些部分，這些公司看待軟體開發人員的方式，會和專注於開發軟體的公司有很大的差異。當一家公司的核心業務不是軟體，通常不會給予軟體開發人員太多的尊重和餘地，在這些公司裡，軟體開發的實作環境可能極為鬆散。

另一方面，以軟體開發維生的公司則會高度重視他們所雇用的軟體開發人員，並不是說工作環境一定會更好，只是通常會有差異。

從公司使用的技術與工具來看，你或許也發現了，比起那些雇用軟體開發人員但業務發展重心並非軟體的公司，以軟體開發為核心的公司比較偏好最新的尖端科技。如果你想接觸更新的技術，直接去開發軟體的公司工作會比較適合。

實作敏捷軟體開發方法論時，這兩種公司之間的差異就更為明顯。公司業務重心不是軟體的公司，往往很難採用敏捷流程，因為敏捷流程通常是由開發團隊主導，敏捷流程的推行需要公司由上而下的支持，只是因為幾個開發人員覺得這是個不錯的想法，通常很難讓全公司依照這個想法改變工作的方式。

謹慎抉擇

本章針對軟體開發人員求職時會遇到的幾類公司，提出一般性的指導原則，但你也知道，每家公司的狀況都不一樣，一切都必須由你自己來決定，什麼樣的工作環境最適合你，什麼樣的公司文化你最能融入。在接受工作之前，先和已經在那家公司工作的開發人員聊聊，絕對是王道，這樣你更能真實感受到，如果在該公司工作會是怎樣的情況。

即知即行

- 花點時間想想，你個人偏好哪種工作環境，你現在的工作環境是屬於哪種公司規模？
- 列出你目前所在地區的公司，或者是你曾待過的公司，分辨它們是屬於哪一類型的公司。

職場升遷術

我認識很多在科技產業工作的人，他們似乎從未獲得升遷，年復一年在相同的職位上做著相同的工作，我甚至懷疑他們是否加過薪。你也認識像這樣的人嗎？其實在職場上這樣的情況非常多見，如果你不想最後也走到這樣的死路，就要趕緊採取行動。本章會提出一些建議，幫助你在公司的升遷之路走得更順，而不會卡在相同的職位上，原地踏步。

承擔責任

不管在哪家公司任職，想獲得升遷，關鍵就是要承擔更多責任。

> **訣竅** 在每個人的職涯發展過程裡，經常會需要在更多金錢與更多責任之間抉擇。這點雖然顯而易見，但長期來看，承擔更多責任幾乎總是正確的選擇。

你的薪資永遠會和你所承擔的責任成正比。任何時候，遇到你能承擔更多責任的機會，就要勇敢迎接。

但如果你沒有被賦予更多責任呢？在這種情況下，可以靠自己爭取嗎？沒錯，有時你必須主動尋求機會，讓自己能負責一項開發計畫或是帶領一個專案。只要你願意去挖掘機會，永遠都會有一些被大家忽略的事業，讓你一展長才。

想主動出擊尋找機會，最佳的入手點就是其他人不想參與的領域，或許是前人留下來、沒人想碰的應用程式，也或者是程式碼底層裡的某個特別令人討厭的模組。因為沒人想負責這些麻煩的工作，相對地也不會有人跟你搶這些機會，自然就會成長為你機會帝國裡的領土。若你能把這些沼澤之地耕種成肥沃的良田，有朝一日就能真正地展現出你的價值。

另一種間接承擔責任的方式，就是成為團隊裡其他人的心靈導師。例如，志願幫助新人，讓他們的工作能更快上軌道。對於公司裡任何需要幫助的人，總是不吝惜提供你的協助。再說，面對並且解決他人的問題，可以學到自身負責工作以外的知識，隨著時間還能為自己建立名聲，成為團隊裡「不可或缺」的人。只要你願意朝這條路發展，名聲最終能讓你獲得團隊領導的位置或公司管理職。

✣ 承擔更多責任的管道 ✣

- 負責被大家忽視的專案。
- 在團隊裡幫助新進成員，加速他們的成長。
- 負責團隊裡的文件建檔流程，並且定期讓文件保持在最新狀態。
- 負責沒人要做的工作項目，使其簡化或自動化。

職場能見度

就算你是團隊裡最聰明、最棒、最努力的開發人員，要是沒人認識你，也不知道你的成就，不管你投入多少心力都沒有意義。特別是，如果老闆和管理高層不知道你為公司做了什麼，你所有的努力很容易就會付諸流水。

每次我展開一份新工作，第一件事就是開始記錄工作日誌，寫下我每天的工作時間都花在哪，一天之中我完成了哪些工作。每週五我會把當週的工作紀錄彙整成一份摘要，寄給我的主管，我稱此為「週報」。每換一份新工作，寄出第一份週報時，我還會特別向主管說明：我很清楚，主管如果能知道部屬做了哪些工作，是非常重要的資訊，所以我將這週的工作內容彙整在週報裡寄給您，希望能減輕您的工作負擔。

這份週報能確保我每週都會出現在主管的視線範圍內。我會透過週報確實說明我當週完成了哪些工作，但我不會吹噓自己的成就。想在主管面前提高能見度，這是很棒的一招，只是因為主管知道你做了哪些工作，但不清楚其他開發人員正在做的事，就能讓你的生產力顯得比其他同事來得高。

週報的價值不只在於能提高職場能見度，這也是一項很棒的資源，特別是接近年度考核的時期。只要回頭檢視每週的週報內容，就能從中挑出當年度的主要成就，等到要填績效評估表時，不僅能確實知道自己那一年確實對公司的貢獻，還有日期可以佐證。

主動寄一份週報給主管是我最推薦的方式，但還有其他管道也能提高你在組織裡的能見度。針對團隊目前面臨的一些主題或問題提出簡報，也是相當不錯的方法。選一個自己能簡報的主題，對整個團隊報告，甚至是以午餐學習會的形式進行，在午餐時間簡報教育訓練主題，還可以不佔用公司的上班時間。這個方法最棒的地方是，不只能提高職場能見度，還能展現自己在特定領域方面的專業知識。再說，當你知道自己必須在眾人面前簡報某些內容，就會強迫自己學習，說真的，沒有比這更好的學習方式了。在這樣的壓力下，我獲得最佳的學習效果，學了很多專業知識。

✤ 提高職場能見度 ✤

- **工作日誌**：把這份日誌彙整成週報寄給主管。
- **發表簡報或提供教育訓練**：挑選對團隊有用的主題。
- **提出個人想法**：在會議上或任何你抓到的機會提出自己的想法。
- **被看見**：定期讓老闆看到你，確保自己經常在老闆的視線範圍內。

自主學習

想獲得升遷，另一種很棒的方式是持續提升自己的技能和專業知識。當你持續改善自己的教育程度，就不太可能會讓自己的工作停滯不進。自主學習很容易帶來加薪或升遷的機會，因為這能清楚地展現出你比之前有更多的價值。

你當然可以循正統高等教育課程的途徑，特別是公司出錢讓你取得學位時；此外，也還有很多替代方案可以幫助你自主學習，在將來有所回報。永遠都要透過某些方式學習新事物或進修自己的技能，參與培訓課程或取得證照，都能證明你致力於不斷提升自我。

在職涯發展初期，我曾覺得自己向上發展的空間有限，所以決定取得微軟的相關証照。我非常努力地學習並且參加所有我需要的證照考，終於取得微軟的頂級證照。要通過認證考試並不容易，但取得證照後我立刻在職涯發展裡看到證照所帶來的好處。我付出這些額外努力，也是向主管展現我認真看待自己的職涯發展，所以很快地機會大門就為我敞開。

本書第三部分會深入探討快速學習的方法，這絕對是你該掌握的技能。當你能越快提升自己的知識，就能學到越多，也會有更多機會隨之而來。

此外，不只要學習軟體開發方面的知識。如果你的眼光是看向更高階的職務，甚至是管理職，那你就要花點時間學學其他方面的知識，像是領導力、管理學和商業經營等等。

別忘了要不吝於分享你的學習成果。我們已經談過，有許多管道能讓你在公司內提出簡報，分享你所學到的知識，但你也能創立個人的部落格發表文章、為雜誌寫文章或寫書，在社區活動或研討會上演講。外部曝光量有助於建立個人形象，展現出你是該領域的專家權威，提高你對任職公司的價值。

問題終結者

不管在哪個組織裏，總有一大堆的人會說，某些想法不可行，或某些問題很難。這種人隨處可見，千萬不要仿效他們。你反而要當個永遠都能針對問題提出解決方案的人，並且執行解決方案，獲得成果。

不管在哪家公司裡，對公司最有用的就是那種似乎沒有他們克服不了問題的人。努力讓自己成為這樣的人，藉此建立自己在公司內的名聲，一定能獲得升遷。忘記那些為了爭奪公司職位的政治遊戲和立場，如果你能解決其他人不能解決或不願意處理的問題，不管在哪家公司，都能輕易成為最有價值的員工。

小心地雷：我沒有任何升遷的機會

多數公司都會提供某些升遷管道，但或許你已經依循本章的所有建議，不論存在什麼原因，你就是看不到前方有任何升遷機會。那接下來該怎麼辦？

我會建議你只能離職了。首先要確定還有其他的工作機會在等你，有時你只是必須明白現在的工作沒有出路，必須再找更好的機會。可能你的工作環境很苛刻，工作得不開心；也可能公司是家族企業，致使你永遠只能待在目前的職位上。不管是怎樣的理由，你可能都必須離開這家公司，轉換跑道。

辦公室政治

一旦真的介紹職場升遷文化，不可能完全不提到辦公室政治。不過，我會在本章最後才提這點，是因為我認為在職場升遷的議題上，這一點其實不太重要。並非我太天真，我知道多數組織都有相當程度的辦公室政治，你當然必須了解這點，但我不認為你應該投資過多時間在搞政治遊戲。

你當然可以靠工於心計和無情的野心在公司內升遷，但如果你以這樣的方式獲得升遷，很容易從雲端跌落。有些人或許不同意這樣的觀點，但我一直覺得在公司內建立扎實的基礎會更好，應該在公司內成為有價值的員工，而不是當個似是而非的人。

如此看來，你還是要意識到你所在組織裡的政治氣氛，不能完全忽視這點，至少要知道正發生什麼事，該避開哪種人，哪些人不該碰。

即知即行

- 在目前的工作上，你可以循哪個管道承擔更多責任？
- 你目前在老闆或主管眼中的能見度如何？你能在下禮拜採取怎樣的具體行動，提高自己的職場能見度？
- 你目前有自主學習哪些知識嗎？請決定一項最有價值的主題，然後自主學習，並且制定明年的學習計畫。

11

培養專業力

暢銷作家 Steven Pressfield 的著作《*The War of Art*》是我一直都很喜歡的好書之一，在這本書裡他點出專業人士和業餘者之間的差異：

> 從業餘者成為專業人士，兩者之間的差異在於心態的轉變。如果我們總是在恐懼、自我毀滅、拖延事情、自我懷疑等情緒中掙扎，問題出在，我們的思考模式表現得像業餘者。業餘者要心情好才工作，面對逆境會逃避，甚至是屈服；專業人士不管面臨什麼處境，都會正面迎擊、盡力去做，在自己的工作崗位上堅持。

專業人士就是要展現自己的能力、在工作上盡力、不被逆境打敗、要求自己克服缺點，盡可能產出最佳的工作品質。

本章重點在於培養專業力，了解何謂專業人士。不論你是為某家公司工作，或提供你的工作產出給某些客戶，如何成為一位專業的軟體開發人員都是你要面對的課題。

專業能力是軟體開發人員最棒的資產。因此，讓自己的表現像專業人士，讓大家認同你的專業能力，才能獲得更好的工作和更多的客戶，進而幫助你理解自己正在進行的工作，為自己的工作感到自豪，這也正是專業人士能長期在工作上取得成功的關鍵因素。

何謂專業人士？

簡單來說，專業人士會認真看待自己的工作責任和職業生涯。為了做正確的事，願意做出艱難的抉擇，並且經常為此付出代價。

例如，假想現在有個情況，公司要求你降低平常的工作水準，目的是要盡快完成程式碼。你會如何反應？如果公司一再要求你降低工作品質的標準，怎麼辦？即使最後可能會失去這份工作，你也能挺身而出做正確的事嗎？你堅守的原則是什麼？你有為自己的工作設定怎樣的品質標準嗎？

在職涯的路上，我們都該盡力成為專業人士。專業人士會思考如何正確完成工作，不會只說你想聽的話，會讓你知道哪些事做不到，或你想走的路是錯誤的。

專業人士不見得知道所有問題的答案，但他們會徹底鑽研自己的專業領域，努力磨練自己的技能；不知道答案時會大方承認，但你能仰賴他們為你找出答案。

或許最重要的一點是，專業人士的一致性和穩定性。專業人士對自己的工作有一套高標準，你能預期他們會每天堅持自己的原則。當專業人士沒有出現在工作場合，最好趕緊打電話給緊急救難隊，因為他們肯定出大事了。

專業人士：

- 遵守個人原則重視
- 以正確的方式完成工作
- 勇於承認自己的錯誤或不足之處
- 工作上具有一致性與穩定性
- 承擔責任

業餘者：

- 說一步才做一步

- 專注於完成工作，不論做法是否正確
- 假裝自己博學多聞
- 無法預測工作品質且態度不可靠
- 逃避責任

成為專業人士（培養好習慣）

雖然我們很容易就能分辨出一個人是否專業，但究竟該如何成為專業人士？如果個人本身和工作散發出業餘者的氣息，又該如何消彌？

其實一切都始於習慣，習慣是成為專業人士的基礎。我們每天所做的事大多完全基於習慣，起床、上班、每天日復一日完成例行性工作，幾乎沒有思考。如果你想改變你的人生，就要改變你的習慣。當然，說的比做得容易。壞習慣不容易戒除，好習慣不容易養成。

但如果你想成為專業人士，就要培養專業人士的習慣。以前我曾經和某個 Scrum 團隊一起工作，這個團隊每天會舉行站立會議，報告每個人所完成的工作、預定的規劃，和專案所遇到的阻礙。當時有位開發人員很特別，他總是會在每天的 Scrum 會議之前，把會議上要說的話先寫下來，事前準備好自己要說的內容，不像多數人，都是開會時才思考自己的發言。這就是專業人士要培養的習慣。

另一個專業人士要培養的習慣是時間管理技能。你現在管理時間的能力如何？每天開始工作前，你知道自己要做哪些工作嗎？你能掌握例行工作任務的處理時間要多久嗎？每天提前規劃每日的工作時程，才能養成有效管理時間的習慣。專業人士知道每天必須完成哪些工作，而且能估算出每項工作需要多少時間。

雖然這裡只舉了兩種習慣，但都是專業軟體開發人員一定培養的重要習慣。你必須決定自己培養哪些習慣，才能達成工作上的專業標準。習慣很重要，好的習慣能建立你在工作上的一致性，工作品質有一致性才能讓他人認同你是一位可靠的專業人士。對於習慣這個主題有興趣的讀者，推薦閱讀 Charles Duhigg 的著作《為什麼我們這樣生活，那樣工作？》。

做正確的事

軟體開發人員經常要在技術面與道德面之間面臨各種困難的挑戰。如果你想堅持自己的專業度，就必須在這兩種情況下做出正確的抉擇。技術面的挑戰通常較為客觀，有正確的方法就能解決技術問題，很容易就能證明各種解決方案之間的優劣。但道德面的挑戰就困難得多，總是沒有清楚明確的正確答案可以依循。

軟體開發人員在道德面上面臨的最大挑戰：決策正確，也符合客戶的最佳利益，但這麼做會危及自己的人生或工作穩定性。

我最尊敬的軟體開發人員與作家 Bob Martin 寫過一篇很棒的文章，就是在談軟體開發人員「如何說不」（http://simpleprogrammer.com/ss-no），對此做了很棒的詮釋。在這篇文章裡，Bob 將軟體開發人員比喻為醫生，要病人來告訴醫生如何治病，是多麼荒謬可笑的事。他在文章中舉了一個例子，病人告訴醫生說，他的手臂受傷了，需要截肢。在這個情況下，醫生當然說，「不」。但軟體開發人員面臨類似的情況時，多數情況下都因擔心公司高層會生氣，而選擇說「好」，對其程式碼進行截肢。

專業人士要知道何時該說「不」，即使是對自己的雇主。正如 Bob Martin 所言，專業人士心裡有一條底線，不能逾越。那可能意味著你會被解僱，但如果你想稱自己為專業人士，有時就要付出代價。短期來看是很痛苦的事，但在職涯發展過程中持續不斷地去做你認為正確的事，比起其他替代作法，更可能帶給你回報，而且晚上也能睡得安穩。

專業人士有時還必須在工作優先序上，做出困難的抉擇。缺乏專業力的軟體開發人員往往會做一些多餘的事而浪費時間，因為他們無法決定下一步要做什麼，甚至會不斷地要求別人幫他們決定工作的優先順序。專業人士會評估工作的重要性，排定優先序，然後依序完成工作。

小心地雷：我就是說「不」出口，不敢承擔代價

我可以兩手一攤，坐回我的椅子，四兩撥千斤地告訴你，有時你就是必須要說「不」。但我知道不是每個人的人生都有餘裕，能經得起失去工作的風險。我了解你可能站在完全無法說「不」的職位上，因為這樣做會斷送你的未來。

我的建議是，在這種情況下你只能硬著頭皮接受，去做你需要完成的工作，但別再讓自己陷入這樣的情況之中。人很容易因為需要這份工作，而讓自己陷入窘境，但落入這樣的情況，就是限制了自己的選擇，讓其他人以權力霸凌你。

如果你正陷於這樣的情況之中，試著盡快脫身；趕緊多存些錢，就算失去這份工作，你也不必太擔心。甚至該考慮換份工作，找找不需要在道德面做這麼多決定或高度尊重員工意見的工作。如果你已經遇到這種情況，就只能去做了，但要盡可能讓自己站在有利的位置，或至少使雙方地位平等。

追求品質，提升自我

專業人士會致力於不斷改善和提升工作產出的品質。雖然永遠無法產出自己希望的工作品質，只要能隨著時間，逐步提高一致性，就能達到自己所設定的標準。許多軟體開發人員犯的錯誤裡，最嚴重的就是當發現自己達不到標準時，就降低原先所設定的標準，反而不會想要改善自己，迎接挑戰。

重點是品質要深入每個工作的細節，而不只是重視那些重要的工作。真正的專業人士會對各方面的工作設定高品質的標準。如同潛能訓練大師 T. Harv Eker 所提，「你做每件事的方法，就是你做一切事情的方法。」（出自 T. Harv Eker 所著《有錢人想的和你不一樣》（Secrets of the Millionaire Mind）。因為專業人士知道，如果你降低某方面的標準，也會在無意間降低其他方面的標準。一旦你向底線妥協，就很難再回到原先的標準。

此外，別忘了發揮你的強項。你當然可以改善自己的弱點，但了解自己的強項是什麼，發揮自己的優勢也是很棒的事。專業人士對自己的能力，當然也包含弱點，都有良好、精確和實際的自我評估。

專業人士為了符合自身高品質的期望，會持續提升自我。如果你想成為專業人士，永遠都要致力於提升自我技能，學習更多的技術。確實制定自己的學習計畫，依循計劃擴展自身的技能和學習新技術，都有助於提升工作品質。我們不能滿足於現狀，永遠要致力於超越自我。

即知即行

- 你認為自己是專業人士嗎？如果是，你根據的定義為何？如果不是，原因為何？
- 你有哪些習慣？請好好觀察自己一天，盡可能找出自己有哪些習慣。把這些習慣列出來，並且分成兩類：好習慣與壞習慣。找出一些你需要培養的好習慣，然後制定培養這些習慣的計畫。
- 別人對你的看法如何？請二到三位對你知之甚詳的人，列出你的兩項好習慣和兩項壞習慣。這不表示他們對你的看法一定正確，但是了解你在別人眼中的形象也很重要，有助於你評估自己。
- 回想一下，你上次說「不」是什麼時候的事？如果你從未遇過這種情況，試想看看，如果老闆要求你去做明知是錯的事，你會怎麼做？還有如何反應？

搞定你的同事和老闆

你心裡可能正覺得納悶，2020 年都過了，本章標題怎麼還在用「老闆」這麼八股的詞彙而不是「管理階層」，我有一個非常好的理由，因為這與本章接下來要探討的內容息息相關。

你自己看看吧，身為軟體開發人員，工作裡最重要的一環不是寫程式，反而是處理人際關係。本書在第 4 章「培養人際關係技能」中已經探討過這個主題，但此處我想給你一些務實的建議，專門針對你必須頻繁應付的對象——也就是你的老闆和同事。

如何與你在工作上遇到的這兩群人打交道，會對你的生活造成很大的差異。你可能會獲得愉快的職場經驗，享受工作環境和在公司內部獲得升遷；也可能是活在水深火熱的地獄裡，害怕和自己討厭的人在同一個職場工作，卡在一個你覺得沒有前途的工作裡，讓你的人生無處可去。

誰是你的老闆？

我知道你可能還在想我為什麼要用「老闆」這個詞彙，而不用「主管」或「管理階層」，與其讓你陷入糾結或想大致瀏覽本章內容，只為了找出我為什麼這麼做的答案，讓我們先來解決這個問題。

軟體開發人員在勞動體制內面臨的最大問題之一，就是不了解公司的業務面和指揮體系。其實這個問題不只侷限於軟體開發業界，似乎許多工作環境也都反覆出現這個問題，只不過軟體開發業界的問題特別難，因為這個業界普遍存在尋求共識的環境。

原因可能在於許多軟體開發人員的人格特質是屬於不喜歡搞對立的那種類型，但不論原因為何，這是一個問題，因為當房間裡擠滿了高智商人士而且每個人還擁有不同的想法時，真的很難達成共識。許多會議因此拖延，而且進展緩慢，因為每個人都在等其他人同意。尋求共識的開發方式往往會變成尋求妥協的開發，對多數問題來說，這並不是最佳的解決方案。

最終一定要有人負責做出決定，如果我們稱這個人是主管或管理階層，你會覺得比較輕鬆一點，但如果這個人最後可以決定是否要僱用你、解雇你或者是告訴你要做什麼，那麼這個人就是你的老闆。

光是了解這一點並且接受，就能讓你的軟體開發人生走得更長遠而且更輕鬆，避免你犯下許多錯誤，造成你的職涯損失慘重，即使你當下可能沒意識到這一點。

就算你的技術能力非常好或是認為事情應該以某種方式完成，最終還是得明白，公司僱用你從事某項工作，還有代表公司意願的那個人才是最終的裁決者，有權決定你必須做什麼以及應該怎麼做。

要接受這一點並不容易，然而，一旦你接受了，工作上會變得更輕鬆，因為你會轉移自己的注意力，從承擔整個公司的責任和重擔，還有軟體**應該**如何開發，變成關注在你所賦予的工作權限範圍內，做好自己的工作。

學習接受權力階層

我知道這似乎不是什麼大不了的事，但這一點確實很重要。職場環境中有大量的掙扎和衝突情況都是直接反應出一項結果：拒絕接受權力階層凌駕於你之上，並且與之抗爭。如果你能學會表達自己的觀點，然後接受最終的決定，不論你贊同與否，這樣能為你自己免去大量不必要的壓力和焦慮。（相信我，本章告訴你的所有錯誤我都犯過了。）

難道這表示你應該閉上嘴，乖乖照著主管或公司交代的話去做嗎？即使是錯誤或不道德的要求也要做？不，絕對不是，詳細內容請參閱本書第 11 章「培養專業力」，這一章的意思是，遇到這樣的情況，你只能自願服從或辭職。不論對錯，跟老闆進行權力鬥爭，幾乎**注定**你會失敗而且還要面臨負面的結果。

小心地雷：服從是否代表軟弱？

不，自願服從並不表示你就是軟弱，其實這是你能做到的行為裡最有力的一項。當你知道自己被擊敗或意識到自己不是位居掌權者的位置時，你需要自身力量去壓下你想反抗的本能，轉而服從權力。

另一個思考方向是，好的跟隨者才能成為領導者。請想想軍隊裡的指揮系統。如果高階軍官違抗和爭論上級給他們的所有指示，你認為他們能成為優秀的領導者嗎？你覺得他們會擅長指揮自己的軍隊嗎？可能不會。

表面上看似軟弱，其實不過是嘗試採取屈服或辭職以外的某種行為。與權力階層爭論和起衝突，只是想依照個人的方式隨意行事，而不接受個人行為的後果。

最後做個總結，如果你是被迫屈服，此刻的屈服就只是軟弱；反之，如果你是主動選擇服從權力階層，那你就只是在維護自己的主權。

應付慣老闆

在軟體開發職涯的發展過程中，你可能會遇到各種「慣」老闆，而且必須與他們相處。我知道，因為我也經歷過這一切。你可能必須應付控制狂型的老闆，他們會監管你工作上的每一個小細節，完全不給你工作自主性。你也可能必須和急性子的老闆相處，有時還會遭遇老闆的言語霸凌。你還可能必須應付一種老闆……呃……就只是個單純的笨蛋，你甚至會很好奇他們是如何在公司裡爬到現在這個位置。基於這些原因，重要的是制訂一個好的策略來處理這些情況。

雖然這些情況的差異很大，但我會努力提出一般性的建議，教你應付慣老闆，日後不管遇到什麼特別的困難，你都能從這些建議中受益。

首先，你應該了解的第一件事跟你的老闆有關，就是你的主要工作是讓老闆看起來很體面。什麼？ John，你剛剛說什麼？你說我應該讓那個控制狂兼白癡兼急性子的傢伙看起來很體面？老兄，謝謝你，慢走不送！我只想看到他們被自己的超大領帶絆倒。

好吧，好吧，我感覺到你散發出一點敵意了，但沒關係，這很正常。不過，這裡就必須看你怎麼想了。你曾經看過一齣美國的電視劇《*The Office*》嗎？這部影集很有趣，對吧？劇中的老闆角色 Michael Scott 有點白痴、急躁而且……好吧，他不算真的控制狂老闆，因為他基本上根本不管事。你應該抓到這裡的重點了。

不管怎樣，這部影集很有趣，但因為它不過是個電視劇，所以你不會受到影響。同理，你必須把你的職場生活想像成一部喜劇。我知道這種說法似乎有點奇怪，但部分原因是，你要意識到生活中有些事情是你無法控制的，而有些事情雖然可以控制，但這種情況少之又少，你永遠都能控制的是自己的態度和對事物的認知。

讓我來舉個例子。假設老闆走進你的辦公室，而且氣到面紅耳赤，因為你決定從版本控制的程式碼中刪除一些註解（順帶一提，這是真人真事）。你一整個覺得沮喪，並且和老闆爭論這些程式碼實際上已經沒有再用了，繼續放在程式庫裡，完全沒有存在的意義；再說，日後如果有需要這些註解，隨時都能從版本控制中取回，呃，這就是版本控制的重點啊。

如果你真的和老闆爭論，有可能會失敗或是最終讓他們同意你的做法，但你會因為這場衝突，一整天都感到心慌而且壓力沉重，抱著你必須為這個笨蛋工作的想法。

或者……你可以假裝他們是美國演員 Steve Carell 所扮演的劇中角色 Michael Scott。你仍舊可以捍衛自己的立場，但可以選擇把整件事視為一場娛樂，如果老闆決定你一定要把被註解掉的無用程式碼留在程式庫裡，你可以把這一點寫在工作日誌上，保留成你個人常駐的一個單口相聲梗，未來有一天你會成為真正的軟體開發人員。

我的看法是，你不需要把每件事都看得那麼認真，尤其是那些你無法控制的事情——你無法控制其他人。如果你看不慣這樣的事，而且真的不喜歡這份工作，大可辭職去找其他工作，但如果你想留在這裡工作，也只能充分利用此處給你的機會。所以，孩子，別為這種小事抓狂……而且，你知道嗎？所有一切都是無關緊要的小事。

惱人的同事

你可能在心裡想，本章內容都過了一半以上了，甚至都還沒談到如何應付那些讓你抓狂的麻煩同事。好吧，好消息是我們剛剛已經談過了，就某種程度來說。你想想看，我們幾乎可以套用相同的態度來對待那些惱人的同事，就跟我們應付慣老闆一樣。

我要再提一次美國的電視劇《*The Office*》，因為這部影集真的很有趣，我很喜歡。這次讓我們談一下劇中另外一個角色 Dwight Schrute。如果把這個角色移到現實生活裡，你會覺得他是「非常」惱人的同事嗎？沒錯，這個角色在電視劇中確實很有趣，但請想像一下，如果你必須和這種馬屁精類型的傢伙一起工作，一個常把這些話掛在嘴邊的人：「跟其他人比，我無所不知」、「我永遠都是對的」、「我是這個辦公室裡的光明騎士」。

然而，辦公室裡的同事 Jim 是怎麼對付他的？ Jim 玩得不亦樂乎，他把 Dwight 所有惱人的行為和自以為是的態度，轉變成一件有趣的事，真的讓他的工作變得非常興奮，期待看到 Dwight 接下來又要做些什麼，還有會對他最新的惡作劇產生什麼樣的反應。

請別誤會我剛剛的意思，我並不是建議你把同事的釘書機裝進果凍模型裡，或是對同事進行任何惡作劇，但你可以將他們視為職場小劇場裡的其他有趣角色。

我曾經認識一個傢伙，每天他不上班，都在 HP 的公司大廳四處閒晃。我生氣了嗎？還是覺得我必須跟主管打小報告或是訓斥他嗎？不，我沒有，我只是在腦海裡為他貼上「流浪者」的標籤，看著他在園區裡長途跋涉讓我很感興趣。

有一個詞彙能描述本章到現在為止告訴你的內容，就是「輕鬆以對」（levity），這是我最喜歡的詞彙之一，僅次於「機緣」（serendipity）。

跟天使型同事和老闆的相處之道

截至目前為止，本章主要是解決負面的問題，因為如果事情進展順利，你真的不需要學習如何跟已經相處融洽的人應對，但此處我想簡短談一下，如何為你自己建立成功的職場人際關係，以及避免自己成為惱人的同事和慣老闆。

同理心是所有一切的起點。擁有同理心表示，你不僅會關心對方的感受，還會設身處地，為他人著想。當你越有同理心，就越能理解他人，以這個原則行事，就越不會讓其他人討厭你。

惱人的同事之所以惱人，慣老闆之所以難以相處，最大的原因是因為他們缺乏同理心。如果他們心裡存有同理心，或許就不會表現出現在這樣的行為，因為他們會意識到自己的行為帶給周遭人們怎樣的感受，而且會在乎對方的感受。

因此，想在職場上成為親切友善的人，最好的做法是思考你的行為會給周遭人們帶來什麼樣的感受。我的意思不是要你當爛好人，還有在辦公室裡四處取悅他人，而是你應該體貼他人，為他人著想。

請努力成為那種具有外交手腕的人，這種類型的人遇到他人不認同自己的想法時，他們會以雙方都能接受的方式表達自己的反方意見。請努力成為那種樂於助人的人，這種類型的人十分樂意對同事、老闆伸出援手，或是幫助任何能從他們身上受益的人。請努力成為那種總是想辦法讓別人更好的人，而不只是讓自己變好。

與人相處和培養人際關係技能是值得你一生追求的課題，可能也是你在職場培養的技能之中最有價值的一個，因此，值得你投入時間學習人際應對的技巧，尤其是針對那些難以相處的對象，並且鍛鍊自身修為，讓自己更加親切友善。當事情變得嚴重，而你覺得無法再忍受時，此時你只要記得這句：輕鬆以對。

即知即行

- 在你目前的工作崗位上，誰有權力開除你？這個答案可能顯而易見，也可能無法一眼看出。請透過公司的組織圖，搞清楚權力結構。
- 請想想過往那些老闆決定但你不贊同的事情，以及你當時是怎麼處理的。你還能以其他不同的方式來處理這些情況嗎？
- 假裝你的工作發生在喜劇場景裡，劇中的角色有誰？你又是扮演什麼樣的角色？當事情變得沉重時，請假裝你和同事只是在一場有趣的表演裡扮演某些角色。

13

世界上沒有萬能的技術

我不知道你是否有信仰任何宗教，不論你是屬於哪一派，我十分確信你會同意我的觀點，許多歷史上最血腥和嚴峻的戰爭，某種程度上都因宗教而起。

我這麼說並不是要推翻宗教，或是從某些方面來談論宗教本身的好壞，而是要讓你敏銳地意識到堅持教條信仰往往會煽動人心。

這點在軟體開發界也是一樣。有些人對軟體開發和技術的虔誠，往往就像生命起源或崇高神祉存在的宗教信仰，那般地有煽動性。雖然我們不會因為有人偏好 iOS 勝過 Android 就殺了他，但我們內心確實有這種傾向，想剷除異己或是趁沒人看到的時候，偷偷給他們快速一拳。

如果你能讓自己不成為某種技術的崇尚者，我相信你的職業生涯能走得更遠大。本章會解釋箇中原因。

技術信仰

你或許也承認這是事實。你會偏好某些技術或程式語言，認為他們是最棒的，至少多數程式設計師都是如此。我們總是會熱衷於自己在做的事，這是人的天性，任何時候充滿激情與熱情，還會提出高度評論的意見。你看職業運動不就是如此。

技術信仰的問題在於，多數人崇尚特定技術只是因為自己會那個技術，與技術本身的好壞無關。人很自然會認為自己選擇的東西最好，所以經常會輕蔑任何與我們相反的意見。我們不可能了解所有的技術，並且站在最好、資訊最充足的基礎上決定哪個技術最好，所以往往會傾向於選擇自己所知道的技術，並且假設它是最好的，不然人生很難。

但我們內在這種自然的行為模式也具有破壞性和限制性，當我們基於自身的經驗獨斷地堅持某個信仰，往往只會和那些也抱著相同信仰的人在一起，斷開與其他人接觸，最終躲進和我們有相同想法的群體裡，一再地重複這些想法，最後停在這個點，不再成長，以為自己已經對技術瞭若指掌。

在我的職業生涯裡，有段時間我也是過度崇尚某些作業系統、程式語言，甚至是文字編輯器，後來我才逐漸意識到，我不必因為選擇一項技術，就認為這項技術最好而貶低其他技術。

所有技術都有其可取之處

並非所有的技術都很棒，但多數能被普遍採用的技術應該都算「優秀」。如果一個東西不好，就很難成功並且廣為人知或採用。當然，環境會隨時間改變，重要的是要了解，至少在歷史上的某個時刻，每項技術都曾經是優秀的技術或甚至是偉大的技術。

有了這個觀點可以幫助你了解，在許多情況下，不是只有一個好的或最好的解決方案；世界上當然也不只有一個好的和最好的程式語言、架構、作業系統⋯⋯，甚至是文字編輯器。你或許喜歡某個特定技術勝過其他技術，或許發現自己使用某個程式語言會比其他語言來得更有生產力，但也不必認為這些技術、這些程式語言就是最棒的。

轉念

我花了很長的時間才轉變自己的觀點，轉念相信沒有哪個技術是最好的。以前我用無數的時間爭論 Windows 就是比 Mac 作業系統好，我會大聲疾呼 C# 和其他靜態語言就是比像 Perl 或 Ruby 這些動態語言還來得優越。雖然有些慚愧，我以前甚至還譴責那些和我用不同技術的開發人員，覺得他們怎麼敢用那些連我都不屑使用的技術。

後來我第一次被要求擔任 Java 專案的團隊負責人，那次經驗讓我眼界大開。在那之前，我一直都是 .NET 開發人員，主要使用 C# 開發程式。（好吧，我沒說實話，在 .NET 問世之前，我是 C++ 的粉絲。）當時我無法忍受要使用 Java 開發程式，和 C# 相比，Java 是這麼不入流的技術，我怎麼能用 Java 寫程式？我當時甚至連 Lambda 表達式都不會用。

我最後還是接下了這個職位，因為這是個絕佳的機會，再說這是一份約聘工作，在怎麼不能接受，也只要忍受一年的時間而已。事實證明，這是我職業生涯裡做過最好的決定。使用我討厭的技術工作，讓我能從不同的角度來看所有的技術，原來 Java 沒那麼糟，我終於了解為何有些開發人員真的偏好 Java 勝過 C#。

帶 Java 專案那幾年，我學到更多東西，比過去職業生涯裡任何時期學得更多。我突然有了一個塞滿工具的巨大箱子，可以讓我解決任何問題，不像過去只能受限於使用幾項少數工具。

從那時起，我把面對 Java 時採用的開放心態，轉而用在其他程式語言上，甚至也開始使用動態語言，從各個語言所學的知識讓我成為更全方位的程式設計師。在作業系統與架構上，我也不再堅持己見，我會在評斷之前先去嘗試新東西。如果我沒有這樣的體驗，或許就沒機會寫這本書，也或者可能會改寫另一本書：談為何 C# 最好，其他語言都很糟。

不要畫地自限

本章真正的重點就是不要侷限自己的觀點，沒有哪個好理由需要你強烈堅持你所選的技術是最好的，因而犧牲或忽視所有其他技術。堅持這樣的觀點，最後吃虧的是自己。

另一方面，如果你願意以開放的心態去看所有技術，不再只堅持自己所知道的技術是最好的，你會發現有更多機會大門為你敞開。

即知即行

- 列出所有你偏好的技術，或是你覺得比其他技術優越的技術。
- 就清單裡的每項技術，想想它們吸引你的地方，以及你是用怎樣的比較基準，來判斷各項技術的優劣？你有實際用過這些技術的競爭對手嗎？
- 挑選一項你討厭的技術，找某個熱愛這項技術的人，開誠佈公地一起討論，了解為何他們會對這項技術如此狂熱的原因，並且進一步地，試著自己用用看這項技術。

如何離職創業？

長久以來，我的夢想就是有天能辭去工作，為自己工作。我覺得自己被困在公司這個體制下，如果能走出去自己創業，我知道自己能做得更好。問題是，「該如何辭去工作？」

當時，在我認識的人裡，沒有人成功從這個競爭激烈的環境下離開，所以我不知道自己要做什麼才能脫離這個環境。我只知道一件事，為老闆賣命我一點都不快樂。

你可能不想為自己工作，想繼續享受身為公司員工的好處，這沒有錯；但如果你跟我一樣，總是夢想著為自己工作，自己當老闆，就請繼續看下去。

聰明行事

想知道有什麼簡單的方法可以離職，然後為自己工作嗎？明天你只要走進老闆的辦公室，然後說你要離職，就這麼簡單，那就是你要做的事。但我希望你銀行裡已經有一筆存款，一旦這麼做，就要完全吃自己了。祝你好運。

以這樣的方式重獲自由，顯然不是太聰明。在你找不到其他辭去工作的方式，可能會這麼做，但這方式很容易讓人不耐煩，我知道，我也做過。你辭去工作的時候，身邊的積蓄可能只有幾個月的生活費，缺乏紮實的創業計畫，就一頭栽入創業的茫茫大海，或是獨立顧問的事業，但你值得冒這個險嗎？

這不是一幅很好的景象，但我還是要說，通常辭去工作幾個月後，就會失敗到血流成河。不僅銀行帳戶透支，信用卡債台高築，一切原本看似完美、美好的計畫突然就變成殘忍的現實。當有槍抵著你的頭，還要創業真的很難，那會讓你無法做出好的決策，因為恐懼擊垮了你。

我說這些不是要嚇你，不過如果你沒經過仔細思量，就要貿然跳下去創業，那我還真希望能嚇嚇你。相反地，我是希望我說這些能幫助你了解，如果你想離職去創業，需要先有詳實的計畫。在新事業上軌道之前，必須先找出方法獲得足夠的副業收入來支持自己創業。

如果我說，「沒有扎實的計畫，我不會貿然行事。」那我就是個偽君子。我曾經好幾次衝動創業，最後都以失敗坐收，但最後我學聰明了，我發現想要成功跳到新事業，唯一的方法就是，不辭職繼續上班，同時弄清楚我要如何開始建立新事業。只要能讓新事業成功，就算將來離職，少掉一大部分薪水，還是能順利轉換跑道。

在你考慮離職前，需要先準備扎實的計畫。不論你創業想做什麼，我強烈建議你先把這當成副業，等新事業能產生足夠的收入，支持你的生活，再全職去做你的新事業。我知道要等新事業成功才能離職，這樣的過程漫長又痛苦，不過這不光是考慮財務面的因素而已，以這樣的方式做事還有其他重要的考量。

小心地雷：我已經離職，而且沒有任何存款⋯現在我該怎麼辦？

唉。我希望你正在讀這一章的內容時，還沒把你的房子拿去二次貸款。如果你已經在這樣的情況下，離職又身無分文，最好還是趕快面對現實。

在這樣的情況下，我會建議你開始真正地努力工作，培養良好的生產力習慣，才能給自己成功的絕佳機會。還要盡可能減少許多開銷，或許連有線電視都要停掉、停止訂閱串流影音服務，盡可能創造你的跑道，讓你有資源撐下去。

但也要面對現實，仔細思考你能存活多久，還能做哪些事，盡可能延長時間，讓你有機會成功。你要設定停損點計畫，何時要放棄創業。如果創業失敗，就回頭找間公司上班當員工，以後要再創業有的是機會。只是要確保不會因為鉅額的卡債、房子抵押款或跟親朋好友借錢，讓這些債務斷送你整個未來。

還有，或許我的經驗能幫助你，讓你知道你不是唯一有這種處境的人。我曾經有兩次創業失敗的經驗，當時我並沒有聰明行事，最後不得不找間公司正常上班。

做好為自己工作的心理準備

為自己工作遠比想像還來得困難，或許更困難說不定。我們談過，在離職創業之前，重要的是先把新事業當作副業經營，這樣你才不會陷入經濟困境，但或許更重要的理由是，對於將來要為自己工作這件事，做好心理準備。

你每天通勤去辦公室上班，花你的時間讓別人致富，相形之下，花時間為自己工作是更輕鬆又愉悅的事。雖然為自己工作很值得，但同時也有很多工作要做，特別是在事業剛起步的階段。

為自己工作的麻煩在於，要等你離職之後，才能真正地知道究竟有多少工作量，但到那個時候就太遲了。這也是為何我會強烈建議你先不要辭職，一邊做現在的正職，一邊開始新的副業冒險，等新事業成功之後，再全職投入。把新事業當成副業，還能讓你了解為自己工作要投入多少時間。許多滿懷抱負的企業家不知道經營事業的困難有多高，事業運作上，要處理所有的開銷和非開發面的工作，需要處理多少額外的工作，這些他們都一無所知。

當你有正職工作，同時又發展新事業作為副業，能讓你感受一下長時間工作和經營新事業各是怎樣的感覺。還能避免引發胃潰瘍和少年白的風險，因為你不需要仰賴新事業的成功才能生存；如果新事業失敗了，還有一份全職工作的收入可以依靠。

如果你還是沒有被我說服，我還可以給你一個最可靠的理由，告訴你為何一定要這麼做：你的新事業很可能會失敗，特別是第一次創業。多數的新事業都會遭遇失敗，通常要不斷嘗試，屢敗屢戰，才能成功創業，找到能維持生計的事業。你想花掉多年積蓄，背水一戰？還是要給自己足夠的跑道時間，讓自己多試幾次，直到你終於找到能堅持下去的事業？

真正的工作時間

現在我要開誠佈公，誠實地告訴你，我以前還在公司上班時，雖然在多數公司裡我都是很棒的員工，但我白天上班時能工作的時間卻連一半都不到。

如果不是我開始做自己的事業，並且追蹤工作時間，根本沒發現這點。第一次創業時，我完全不敢相信，要度過白天工作這八個小時有多麼困難。以前在公司上班時，每個禮拜每天都要工作八到十小時，現在我為自己工作，為何每天坐下來工作八小時，會突然變得如此艱難？為什麼我以前在公司不用八小時就能完成工作？

我仔細計算了我的時間，才發現這個問題的答案。我設計了一個機制，記錄並且追蹤白天的工作時間，看看時間都用到哪去。這麼做之後，才發現白天實際工作的時間只有四小時左右，如果這是從別人口中說出，我還真不敢相信，但數字不會說謊，雖然我依舊難以相信。現在我比以前更努力，但我的產能卻只發揮自己潛能的一半。

我立刻感到好奇，在我還沒離職前，以前在公司正常上下班，一天之中實際上究竟能完成多少工作？我回想以前的工作情況，試著了解自己是怎麼利用白天的上班時間。

每天一開始我有八小時的工作時間。這八小時裡有一個小時是社交活動，不管是跟工作有關或是無關的社交活動。一般來說，一天之中會發生各種對話，通常會佔據一小片段的時間，總計一天下來平均會花掉一小時左右。雖然其中一些對話和工作有關，但我不認為這些能算是有生產力的工作。

現在我還有七小時。這七小時裡有兩小時要用在一般性的行政管理工作，例如，檢查與回覆電子郵件、閱讀電子布告欄和備忘錄，和出席一些沒有意義的會議，其實我真的不需要在那裏。

最後，我會給自己一小時的發懶時間。我們都會不時地檢查 Facebook 的訊息、回一些私人郵件等等。不可否認，每天零零星星加起來也要花掉一小時。

所以，我還剩多少時間？四小時。在每天八小時的工作時間裡，多數人可能只有四小時的工作時間，而我確信在某些日子，能工作的時間可能連四小時都不到。但還要考慮一項因素，在這四小時裡，我們在工作上的生產力有多高？

我很喜歡這麼想。現在有兩個情況，一個是悠閒地在街上慢跑，另一個是後面有一頭吃人的獅子追趕你，你為了保命而狂奔，想像一下這兩者的差異，就是你為老闆工作，和為自己工作的差異。當你為自己工作，往往會更努力工作，因為唯有工作才有收入。

考慮這點，當我們為老闆工作時，估計一天平均投入工作的時間可能只有一半。我了解以前在公司的正職工作，一天真正努力、有生產力的工作時間可能只有兩小時的時間。（有時候我還加班到十點。）

我告訴你這些的重點是什麼？有兩點，首先，我希望你明白，當你為自己工作，會比你為老闆工作還來得努力，理論上，就算你投入相同的工作時間，還是要對此有心理準備，習慣這種工作負擔。然而這也是真的，你為自己工作會更有動力，因為你對自己的事業更有熱情，但不要想說這熱情能持續多久，工作熱情往往會隨時間消散，難以捉莫。（想深入這個主題，推薦閱讀 Cal Newport 所著的《*So Good They Can't Ignore You*》。）

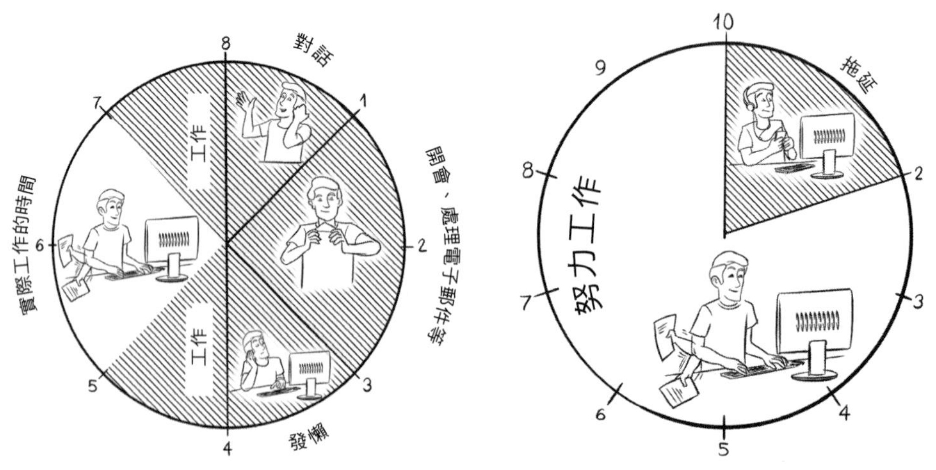

為老闆工作 vs. 為自己工作

第二個重點是，你必須意識到，為自己工作時一天的工作時間不一定是八小時。我第一次辭掉工作，全職做我的副業時，我發現為了完成工作，要再付出額外的八小時。因為我之前還在做正職時，每天晚上花三到四小時開發副業，所以我認為離職之後，一天只要八個小時的工作時間就夠了，但現在卻要兩倍的時間才能完成工作。我大錯特錯，這幾乎讓我沮喪到想放棄。

因此，在你辭去工作前，這一點很重要，要能實際預估自己能完成多少工作，提前訓練自己處理負擔更重的工作量。在目前的工作上，開始追蹤白天的工作時間，看看是否能長達六小時持續有生產力。此外，白天做正職工作，晚上開發自己的副業，也能讓你有心理準備，體驗每天全力工作八小時或更長的時間，是怎樣的感受。

自立

你下了決心，決定要獨立，你厭倦為「那個人」工作，但你該怎麼做才能自立？我無法提供通用的解決方案，但我在這裡舉個虛構的例子，說明軟體開發人員如何轉換成自由工作者。

Joe 做了十年的軟體開發人員。他喜歡自己的工作，但真的想成為自由工作者，為自己工作。他喜歡的想法是，有彈性、自由地選擇他的客戶，決定工作的內容和何時工作。

Joe 已經思考了一段時間，想著要不要跳下去做。他要做的第一件事就是削減每個月的費用，累積手邊的現金，讓他能在成功轉到自由工作者之前有更多喘息的空間，所以他存了一整年的生活費，讓他至少能安然度過創業的第一年。

Joe 認為在自由工作者的第一年，如果能賺到一半的生活費，就有足夠的積蓄度過第二年。如此才有足夠的時間讓他的新事業上軌道，或是明白這個事業不可行。（注意：Joe 不是存下一整年的薪水，而是一整年的生活費，他並不需要過得舒適，為了追求夢想，他願意作出犧牲。）

Joe 在做正職工作的同時，每週投入十五小時的時間發展他的自由工作事業。他每天有兩小時的時間做副業工作，花五小時開發並且宣傳新事業，十小時做按時收費的接案工作。Joe 計畫在離職前六個月開始做新事業，這樣能保障他有一些收入來源，離職時也不會感到太大的壓力。

Joe 事先計算著確切的離職日期，一年前就將這個日期標記在日曆上。當這天來臨，Joe 在離職前兩週遞出辭呈，開始追尋他的夢想。此時，他已經在財務面與精神面都做好準備，開始轉換到新事業。

小心地雷：危險的僱用合約

我必須提醒你，本章所提出的建議可能會讓你陷入麻煩。我看過一些非常惡劣的僱用合約，只要你在公司任職期間，你開發出來的任何東西都屬於公司。

由於你開發的副業，最終可能會成為你的全職工作，所以在開始進行之前，請先確認你獲得現在的職位時，是否同意過公司哪些條款。如果你與公司簽訂的雇用協議裡，有任何條款寫著你所生產的一切都屬於公司，可能需要和專業的法律人士諮詢，了解如何適當地處理這樣的情況。

既然我不是法律專業人士，所以我提出的也不是法律方面的建議，純屬我個人意見，認為你應該這麼做。首先，如果你的僱用合約裡，基本上有寫著，不論你利用自己的時間或上班時間，你所開發出來的一切都屬於公司所有，我建議你要求從僱用合約裡刪除這條，或者是找新工作。我認為不應該奴役員工，而且對我來說，這合約太惡劣。我可以理解公司會擔心，你用公司上班時間和公司的資源開發你自己的事業，但如果是你用自己下班時間開發的東西，我認為就不應該受到限制（當然，這只是我個人意見）。

如果你的僱用合約裡，有一條寫著，你在上班時間或利用公司資源創造出來的一切屬於公司，事情會更棘手，就沒那麼簡單。以我個人來說，我會在初期就了解自己在做什麼，仔細以文件記錄下我開發個人副業的工作時間，和我使用的資源。如果你有紀錄資料顯示，你是利用自己的時間和個人資源來開發這一切，應該不會有太大的問題。但即使在這樣的情況下，你還是要仔細考慮，多諮詢律師的意見，不會有任何損失。

底線就是，如果你認為這會造成你和雇主之間的問題，那可能就真的會有麻煩。你可以選擇隱藏你開發的副業，或者是公開，但不管哪種做法，本身都有風險。整體來說，我的建議是，仔細以文件記錄你花在副業開發上的工作情形，這樣才不會有所有權的問題。

即知即行

- 確實計算你每個月需要賺多少收入才能生存。你可能會很驚訝，發現目前的生活費還蠻高的，如果想快點獲得「自由」，就要找出方法，降低生活費，就不需要副業帶來很高的收入。
- 開始追蹤你每天的工作時間，了解你目前每天利用時間的情況如何，指出有多少時間是實際有生產力，能真正產生工作成果，有可能會被結果嚇到。

15

如何成為自由工作者？

想走出自己的路，創業的方法有成為自由工作者或獨立顧問。自由工作者不為特定客戶工作，反過來是由多位客戶雇用，收取固定費用或採每小時收費。

對許多軟體開發人員來說，成為自由工作者是非常有吸引力的想法，但很難起步。在我的職業生涯裡，為公司工作時，常想著要成為自由工作者，但我很掙扎，因為我不知道要如何轉換到這條路上。我知道很多開發人員成為自由工作者是靠接案維生，但我當時不知道他們是怎麼找到客戶和宣傳他們的服務。

本章提出的作法，是我希望當初創業時就能知道這些建議。我提出這些可行的務實計畫，希望能幫助你成為自由工作者；如果你已經是自由工作者，我也希望能幫助你提高業務量。

起步

上一章談過如何辭掉工作自己創業，如果你看過了，就會知道我強力推薦開始全職做新事業之前，先把新事業當副業經營。這種作法特別適用於自由工作者，因為一開始很難有穩定的收入。

自由接案的開發人員，最大的恐懼是沒有工作就沒有收入，看到自己沒有夠多的工作來填滿工作時間，或是為某個客戶完成一些工作後，必須出去找下一個客戶，這是非常大的壓力。最好的情況是，事先都排滿工作，或是工作滿到得推掉一些。

想達到這個階段，唯一的方法就是隨著時間逐步建立事業。維繫現有的客戶，長期保障未來的業務量，同時穩定增加新客戶。只是把自己的招牌掛出，就要期待這兩種顧客都上門，是很困難的事，必須耐心投入時間逐步培養這兩類的客戶。

詢問你認識的人

那要如何起步？如何找到第一個客戶？最好的方法是透過你認識的人找到第一個客戶。特別是你還在剛起步的階段，認識的人會更信任你。先不要離職，在社群網路上放消息，讓你的朋友和熟人知道，你開始兼差，想成為自由工作者，而你現在正在找案子。一定要讓大家具體知道，你能為客戶做什麼，和你能解決哪些問題。（此時專業力就能大大派上用場，請詳見第 8 章。）

所有你認識的人裡，有哪些人可能對你提供的服務有興趣，把這些人列出來，然後私下寄電子郵件給他們。告訴他們你能提供的服務內容，以及他們為何要僱用你的理由。機會越多，就越可能獲得工作。獲得工作主要就是數字遊戲，不要害怕這樣做會不會太擾人，反正就是定期發送電子郵件，持續讓人知道你的服務。你所投入的努力，一定會隨著時間獲得回報。

目標是要到達這樣的階段：分配給副業的工作時間要能填滿可以兼差的工作時間，直到你無法再承接其他工作，不得不主動回絕一些客戶。如果你經營副業時無法達到這個狀態，那就真的不能考慮把這個副業當全職工作做。想填滿一週四十小時的工作時間，遠比你兼差時的十到二十小時還要困難得多。

獲得客戶的最佳途徑

你可能會發現就只有朋友和熟人需要你的服務，更慘的可能是連他們都不需要。先別擔心，還有其他途徑可以獲得客戶，不是只能透過你認識的人。

很多自由工作者會在一些網站的工作版上宣傳他們服務，甚至是使用一些付費廣告來找客戶，但我要告訴你一個更簡單、負擔更低的方法，只是唯一的缺點是需要耐心，而且有點辛苦。

其實你真正需要專注的是所謂的「集客式行銷」（inbound marketing，本書第二部分會有更詳盡的探討），集客式行銷基本上就是讓潛在的客戶主動來找你，而不是你出去招攬客戶。主要做法就是免費提供有價值的內容。

我一直在重複這點，多數開發人員都應該經營部落格。部落格是很棒的集客式行銷工具，因為你能在部落格上發布文章，讓人們自動來看你的內容。一旦潛在客戶讀過你部落格上的文章，就有機會把他們直接轉變成你的顧客，例如，在部落格文章的最後或是透過網站引導，宣傳你所提供的諮詢服務，提供一些有價值的東西獲得這些潛在客戶的電子郵件。

利用電子郵件行銷產品或服務，是最好也最有效的方法。當你掌握一份潛在顧客的名單，這些人都是對你提供的東西有興趣，你可以慢慢給他們更多的資訊，說明你本身和你能為他們提供的服務，最終就能把他們轉變成顧客。

此外，這些方式也能進行集客式行銷，例如，免費提供網路研討會、寫書、在研討會演講、上 Podcast 節目、主持 Podcast 節目，和任何你能提供價值的內容（而且絕大部分是免費的），藉由這些途徑來宣傳你所提供的服務。

集客式行銷唯一的問題是，想要發揮成效必須花時間醞釀。你必須有足夠的內容，才能吸引到夠多的潛在顧客，才有機會填滿你的工作生產線。這也是支持我的想法的好理由，不要辭去正職，先開始嘗試新業務。長期來看，集客式行銷會帶給你更多業務量，更容易提高你的價碼，接下來我們要討論如何收費。

理想的集客式行銷

設定收費標準

現在你有一些客戶了，他們對你的服務有興趣，或許你也為他們做了一些工作，那你要跟他們收取多少費用？

除了獲得客戶以外，這是自由工作者面對的問題裡最困難的一項。多數自由工作者大大低估這兩者的金額：他們能向客戶收取的金額和需要向客戶收取的金額。

首先，你要向客戶收取多少費用？假設你現在的工作，時薪是每小時五十元美金，這在美國各地來說算是相當不錯的薪資，但成為自由工作者後，如果想維持跟之前一樣的生活水準，你不能收取這個時薪，讓我來解釋一下。

當你還是一家公司的員工時，除了每小時五十元美金的薪資，你還會有一些福利，可能是醫療補助和特休假。此外，在美國，如果你是自營業者，你必須付所謂的自營業稅（self-employment tax），沒錯，美國政府會因為你自行創業而收取額外的稅。（事實上，這也不完全正確。現在你的雇主會幫你付這個部分的稅，不過這不是這裡的重點。）總結以上所說，現在時薪五十元美金，成為自由工作者之後要相當於時薪六十五元美金。

現在我們來考慮一下經營一項事業的開銷。一般來說，當你是一家公司的員工，像電費、電腦設備、網路等等這些費用都是公司出，但成為自由工作者之後，這些費用都要自己負擔。若經營一項小事業，可能還要聘請會計師或記帳員，或者是衍生出來的一些法務費用，和其他相關費用。

最後是工作預定。當你是某家公司的員工時，通常一週會獲得四十小時的薪資，至少在美國是如此。實際上不需要擔心填滿所有的工作時間，因為不管你手上是否有工作，只要坐在辦公桌前，就有薪水可拿。但成為自由工作者就不是這麼回事了。自由工作者每年可能會有一些閒置時間，甚至是每週都有。你做的某些事不能向客戶收取費用，例如，檢查與回覆電子郵件、在電腦上安裝作業系統，或白天工作時需要做的任何事，這些都不能直接向顧客收費。

加上以上所說的成本，如果你想有跟以前當員工一樣的淨收入，自由工作者可能要賺時薪七十五到一百元美金。許多自由工作者剛開始創業時收取跟以前當員工一樣的時薪，或者只是稍微高一點的時薪，最後發現他們幾乎沒辦法獲得跟以前一樣的生活水準，他們原本不懂箇中原因，直到根據我說的這些把所有費用計算進去才了解問題出在哪。

根據一般的經驗法則，成為自由工作者後，每小時收取的費用必須是以前正職員工時薪的兩倍。不幸的是，你不能這樣設定你的收費標準。

✤ 公司員工的薪水 ✤

時薪五十元美金但不須扣除任何開銷，每小時實拿五十元美金。

✤ 自由工作者的收費 ✤

> 時薪一百元美金但要扣除自營業稅、設備與辦公室費用、會計師／記帳員費用和無法收費的時間，每小時才能實拿五十元美金。

你不能因為你需要賺這麼多錢，就隨意拋出一個報價，然後要客戶自動買單。反而是要看市場水準來決定你的收費，這也是我為何一直強調集客式行銷的重要。你在業界的名聲越大，就會有越多的客戶來找你，你所提供的服務就能收取越高的費用。

其實我的朋友 Brennan Dunn 開了一家名為「Double Your Freelancing」的公司，他給自由工作者的建議是：雖然大部分的人是基於其他人的收費來設定自己要收多少費用，但還是應該根據自己為客戶提供的價值來設定。

你還要了解收多少費用才能維生，但這點要由你自己來判斷，是要根據市場水準還是要更高。制定費率的重點不在於費用本身，而是你提供的工作內容對客戶來說是否值得。你可以將自己的工作視為商品，也可以視為一項能提高客戶獲利能力的服務。如果你決定將其視為商品，那就標個價，出去跟其他開發人員競標工作，許多開發人員預期的收入真的很低。在這種情況下，市場會推動買家去接受費用最低的自由工作者。

但如果你以能為客戶省下的費用，或增加客戶業績來行銷你的服務，就能根據服務帶給客戶的價值來收費，這也是我強調專業力的原因。

舉個例子。我提供的諮詢服務是，專精於建立自動化測試架構。當我和未來的客戶談這些服務時，我會說明建置自動化架構的成本是多少，以及發生錯誤要重新再來的重製成本有多昂貴。還會介紹我過去建置許多自動化架構的經驗，以及確實的做法。

我會向客戶說明，你花一小時三百元美金雇用我，會比你雇用一個沒寫過自動化架構的開發人員還要省更多。我會告訴客戶，我一個小時的諮詢服務，能節省他們二十小時，避免走到錯誤的開發方向。

我可沒說謊，我能以這樣的說法有效說服客戶，是因為這是事實。關鍵在於，服務所提供的價值完全值得客戶所付出的費用，甚至更高。這會讓客戶很容易決定要雇用我，而不是以更便宜的費用雇用一個說他們理論上能做什麼的人。

✤ 你認為哪種說法更有說服力？ ✤

> 「我可以幫你的業務設計新網站。我精通 HTML5、CSS 和網頁設計，成功為許多像你這樣的公司建置網站。」

還是

> 「你現在的網站有帶來最大的流量嗎？這些流量有轉變成顧客嗎？如果你們公司跟多數的小公司一樣，答案應該是沒有。但別擔心，我可以幫你創建一個一流的顧客面向網站，專門針對提高網站流量與顧客轉換率。我幫助過許多其他小公司提高兩倍甚至是三倍數量的客戶，我也能幫你達成這點。」

設定收費這部分，最後還有一項建議：如果沒有任何新客戶拒絕你的收費，或是說你收費太高，那就提高你的收費。持續提高你的收費，直到有客戶說太高為止。你可能會訝異於，客戶願意為你提供的服務付多高的費用。我認識一些自由工作者利用這項技巧讓他們的收費加倍：結合集客式行銷，並且根據他們能帶給客戶的價值調整他們的報價。

即知即行

- 在你認識的人裡，誰可能會利用你提供的服務，或是他們認識的其他人有可能利用你的服務，把這些人列出來。
- 製作電子郵件範本，寄給這份清單上的每個人。（記得說明你能提供的價值是什麼，而不是理論上你能做什麼。）
- 在社群網路上發布消息，把電子郵件範本寄給清單上一小部分的人，看看他們有什麼回應。收到他們的回饋後，調整你的電子郵件範本，再寄給更多人。

16

如何成為創業家？

軟體開發人員在創業之路上具有得天獨厚的優勢，成為創業家，不僅能自己提出概念或新想法，還能自己開發。正是這樣的原因，激勵許多軟體開發人員選擇成為創業家，把自己的想法創造出來。其他背景的創業家必須雇用員工來幫他把想法創造出來，而你知道的，開發客製化軟體的成本有多昂貴。

軟體開發人員不只能開發軟體產品，還能開發資訊類產品，像是介紹軟體開發方面的書或影片。

本章會告訴你創立第一個自製產品所需要的知識，開啟漫長而顛簸的創業之路，當然還是要警告你，你即將走上一條不輕鬆的道路。

尋找目標客戶

許多軟體開發人員第一次創業時，最常見的錯誤就是，還沒找到該產品的目標客戶，就先建立產品。雖然先建立產品似乎很合理，但你要避免落入這個陷阱，否則會有很大的風險，變成為一個根本不存在的問題建立解決方案。

包含本書在內，每個被創造出來的產品都是為了解決特定問題。當產品無法解決問題就沒有目的，既然沒有目的也就沒有顧客，這意味著也無法帶來金錢。某些產品是為非常特定的族群解決特定的問題，例如，某些軟體產品是幫助牙醫管理病人資訊，或一本書是幫助軟體開發人員學習如何使用 React JavaScript 函式庫來開發使用者介面。還有一些產品是解決一般性的問題，像是打發時間，電視節目秀或電視遊樂器遊戲這類的娛樂產品都落在這個範疇。但不論產品要解決的問題是什麼，都一定要在產品開發出來以前，明確找出具有這個問題的目標客戶。

如果你要開發一項產品，第一件事就是為鎖定的解決方案，找出需要它的特定族群。你可能只是提出一般性的概念：要為這些特定族群解決怎樣的問題，但通常要做點研究，找出哪些常見的問題還沒有被解決，或者是現有的解決方案不是很好。

到目標客戶聚集的地方，和他們參與的社群互動，了解有哪些常見的問題存在。互動過程中你不斷看到的痛點有哪些？

我開始注意到這樣的趨勢是因為常有軟體開發人員問我：如何在業界建立名聲，讓自己引人注目。許多開發人員造訪我的部落格，問我關於這些方面的問題，我從中發現軟體開發人員真正存在的問題是：學習如何行銷自己。（以我的情況，我的目標客戶是透過部落格和我接觸，直接告訴我他們的問題，所以會簡單得多，再次強調，這是另一個你該經營部落格的理由。）

於是，我決定開發一項產品來解決這個問題，因而誕生了這項課程「軟體開發人員如何行銷自己」（How to Market Yourself as a Software Developer，https://simpleprogrammer.com/ss-htm）。這項產品就是為了解決目標客戶的特定問題，甚至在我投入時間開發產品之前，就知道這項產品會成功。（我還有另一個方法可以提前分辨產品是否能取得成功，稍後再談這個部分。）

然而，許多軟體開發人員的做法是反過來，他們沒有先針對目標客戶開發產品，是先有產品，才四處去尋找會使用這個產品的客戶。當你採用這樣的方法，就要承擔很大的風險，因為要從答案開始反推回問題會困難得多。

我建立這項課程時，是我的目標客戶先告訴我他們有這樣的問題，我才去開發這套課程。這種出發點是最棒的方式，而且後續在銷售產品時會更輕鬆。與其去找產品的目標客戶，不如自己創建出目標客戶。第二部分「自我行銷」會更深入這個部分，但如果你利用第二部分所提出的技巧提高自己的知名度，創造出一群粉絲圍繞你和你所產出的內容，就會發現你已經擁有一群客戶，渴望任何你創建的產品。

許多名人就是以這樣的技巧販售他們所開發的產品。這些名人已經建立起一群目標客戶，知道目標客戶的需求與問題，所以當他們發布針對該客群的產品，自然就能獲得成功。以美國社交名媛 Kylie Jenner 為例，年僅 21 歲的她就已經成為史上最年輕的白手起家億萬富豪！她不僅實績驚人，而且擁有非常厲害的商業頭腦。她的公司會成長如此快速、產品如此熱銷，你覺得箇中原因是什麼，真的是因為她所開發的美妝產品為她帶來成功嗎？還是因為她已經在社群媒體和電視實境秀累積了一大票死忠客戶？

如果你希望自己的產品也能取得這樣的成功（雖然可能達不到名人這麼大的規模），請先建立成功的部落格，並且利用其他媒體，像是 Podcast 節目、參與演講、影片和更多其他方式，建立你的目標客戶。一旦你有一群追隨你的粉絲，就可以賣產品給他們。你會買這本書，有可能是因為你已經關注我的部落格一段時間，或因為關注我其他的工作而發現這本書，也或者是聽過我主持的 Podcast 節目。這些媒體都是幫我建立目標客戶的力量。

測試市場

確立產品的目標客戶，以及你要為他們解決的問題之後，在你著手開發產品之前，還有一個步驟——你應該透過市場測試來驗證產品，看看你未來的顧客實際上是否願意付費購買你的產品。

記得我剛提過的嗎？我還有另一個方法可以在實際開發產品「軟體開發人員如何行銷自己」這項課程前，先驗證產品是否有機會取得成功。這個小秘密是：我在還沒開發產品之前，就要使用者付費。

你可能會想問我如何做到這點？很簡單，我只是要求他們付費。當我思考要開發怎樣的產品時，我也決定要在投入數個月做相關工作之前，先向目標客戶說明我要開發怎樣的產品，如果我的目標客戶願意在開發完成之前付費，我會給他們很大的折扣。某種程度上，這聽起來很瘋狂，但在投入所有時間開發產品之前，想知道是否真的有人願意為我所規劃的產品付費，這是很不錯的驗證方式。如果我能讓開發人員在產品發布前三個月或更久之前，就為這個產品付費，那就能知道產品真正釋出時，銷售上應該不成問題。

所以你要做的就是：設置簡單的銷售網頁，說明你正在開發產品，即將要解決怎樣的問題，產品的內容是什麼，以及產品實際生產出來的時間。還要給有興趣的預購者打折，等產品一上市，他們立刻就能拿到。此外，提供保證退款的機制，這些可能購買產品的顧客知道，如果你的產品沒有上市，或者是他們不滿意，都可以拿回他們的錢。

但如果只有很少的人預購，該怎麼辦？嗯，在這個點上，你可以決定更改產品或是你提供的內容，因為你並沒有真正地解決的問題。你也可以簡單地把錢退還給這幾個少數的預購者，並且向他們道歉，告訴他們有興趣購買的人不多，發生這樣的情況當然不是很開心，但總比你花了三個月或更長的時間開發出產品，卻發現沒人要買來得好。

以我的產品來說，我開放預購網頁的第一天，就有七個人預購這項課程。這給我足夠的信心，知道我繼續開發這項課程，不會浪費我的時間。而且我還有一群對產品有興趣的顧客，可以在我建立產品時要求他們的回饋，幫助我改善產品。

從小處著手

我一直不斷反覆地說，不要離職，不要貿然跳入追尋創業的道路。現在我還要再囉嗦地告訴你一次：先從小處著手。太多新興創業者第一個產品就挑了非常激進的目標，然後不顧一切追尋他們的新夢想。

你必須了解一點，第一次創業可能會以失敗告終，而且很可能會失敗第二次、第三次，要經歷多次失敗，才能看到真正的成功。如果你把自己所有的一切都投入一項大事業，把整個未來都賭在這項事業的成功上，最後可能會讓自己陷入沒有資源再起的窘境，甚至是無力東山再起，千萬不要這樣做，請先從小處著手，把第一個產品當成副業經營。

你會希望盡可能縮短學習曲線，所以要盡可能縮短採取行動與看到結果這兩者之間的時間。大型產品的問題在於，要投入很久的時間，以及相當程度的努力建立產品，才能看到實際的成果。

開始著手

或許本章的內容聽起來很棒，但你不知道該從何處著手。別擔心，我第一次開發產品時，也是一樣的情形。要怎麼找出我能開發什麼產品，以及我要如何銷售產品，完全沒有頭緒。

我不會騙你說這很簡單，雖然有很多地方要學，但真的要開始著手其實也不難。今日在網路上銷售東西也比以往來得簡單，而且有一大堆資源可以幫你。

我讀了幾本這方面的好書，幫助我開始創業。推薦你看 Ramit Sethi 的部落格（http://www.iwillteachyoutoberich.com/），他是這方面的專家，幫助許多人成功創業。

推薦你閱讀 Eric Ries 所著的《精實創業》（The Lean Startup），能了解如何創立小事業，如何開始起步。

然而，最大的學習還是來自於嘗試與失敗，某種程度來說，你必須去做你認為正確的事，找出為何不可行的原因，然後試試其他不同的想法。多數創造出成功產品的創業家也是如此。

即知即行

- 經過調查，提出可以為哪些目標客戶創立未來的產品。
- 挑選其中一種客戶，找出這些客戶聚集的地方，不管是在網路上還是其他場所。加入他們的社群，傾聽他們的問題。看看是否能挑出一到兩個產品領域，解決他們擁有的痛苦。
- 確認有沒有其他人已經解決這個問題，你不會想進入有太多競爭者的市場。

啟動新創事業

許多軟體開發人最心動的夢想之一莫過於自己創業，新創事業能得到很大的報酬，但相對風險也高。我知道許多軟體開發人員為了創業，投入好幾年的人生，最終不僅失敗，處境還比創業之前慘澹。

但如果你有不錯的想法，重要的是，有熱情和驅動力敦促你持續下去，就會發現，從無到有開始創立自己的公司，值得去冒這個風險。

本章會確實探討新創事業實際上究竟要做什麼，你要如何開始著手，成為創辦人（指創立新創事業的人）可能帶給你哪些可能的風險和報酬。

新創事業的基本概念

新創事業就是設立一家新公司，嘗試找出成功的商業模式並且拓展業務，最終成為能夠獲利的中型或大型公司。如果你今天開始設立一家公司，基本上就是新創事業。

理論上，任何新公司都能稱為新創事業，但一般會分成兩類。第一種是公司設立的意圖就是為了獲得外部投資者的資金，以幫助公司快速成長，這種新創事業是大家最常聽到的新創公司。許多成功的大型技術公司剛開始創業，也都是拿投資人的資金讓公司成長，才因此獲得成功。絕大多數和新創事業有關的術語和討論文章也都是針對這類公司。

另一類新創事業是獨資創業，這類公司的資金完全來自於創辦人；如果你是獨資創業，就不會從投資者那取得資金，也就不會在乎公司要成長得很大。這類公司通常最後會比有投資者資助的公司來得小，但失敗的可能性也較低，因為公司的開銷低，而且創辦人擁有公司大部分的股權，所以對公司的控制權更高。

由於本書已有其他章節談過如何獨資創業，所以本章談的新創事業主要是針對如何獲得外部投資，讓公司成長。因此，接下來的內容裡談到新創事業就是指有意獲得外部投資的公司。

成王敗寇

絕大多數的新創事業，目標都是要讓公司做大。拿外部資金的理由，不外乎是要擴展公司規模，讓公司快速成長。多數新創公司的創辦人都有所謂的退出策略，典型的退出策略是公司成長到一定規模後，尋求公司被收購的機會，讓創辦人和投資者都得到鉅額的回報，並且完全降低公司未來的風險。

開始一項新創事業時，思考未來真的很重要。就算你創辦一家公司的意圖是要永續經營，還是必須明白多數投資者投資你的新創事業，最終都是要套現獲利，看到他們的投資有所回報。

然而，公司被併購並非獲得不錯回報的唯一途徑。另一個常見的退出策略是公開發行，讓公司上市上櫃，就能向社會大眾出售公司股票，出售這些股票也能為創辦人與投資者帶來巨大的報酬。

不論整體的退出策略為何，重點是要理解新創公司拿外部投資人的錢，目標通常就是要在創業這條路上的某個點讓投資者獲得巨大的報酬。保守的人通常不會創立這類型的公司，因為新創公司通常就是要傾全力奮力一搏。

可想而知，在這種心態下，可能會有巨大的報酬，但隨之而來的風險也很大。因此，多數新創事業都以失敗告終。有調查估計獲得外部投資的新創公司，百分之七十五最終都以失敗坐收。不知道你看到這個數據有什麼感覺，我認為相當可怕，所以你在開始創業之前，真的要謹慎考慮，投入數年的人生並且瘋狂工作，最終卻落得公司關門大吉的下場，除了艱苦工作的人生經驗外，沒有任何事能證明你曾經辛苦過。

典型新創事業的生命週期

投入創業已成為整體社會的次文化，市面上也有大量的書籍說明這部分的運作方式，本章短短的篇幅之中，當然沒辦法包含這麼多的內容，因此這一節的重點會放在循序漸進說明新創公司的典型運作方式，給你最好的概念。

創立新創事業的人通常會對自己創立的公司有想法，一般會以某個智慧財產起家，使較大型的競爭者很難簡單地模仿你正在做的事。好的新創事業項目是新技術、有專利或能以某種方式保護自己不被他人模仿的東西，不好的項目像是開餐廳，或其他缺乏獨特性、易於被他人模仿的東西。好的新創事業有潛力能擴展公司規模，成為大型公司，想想 Twitter、Dropbox、Facebook 等成功的新創公司。

一旦你有了想法，就必須決定要個人創業，還是找共同創辦人一起合作。這兩種做法各有利弊，但一般來說，至少要有兩位創辦人，特別是如果你想走創業加速計畫這條路，就至少要有一位共同創辦人，接下來我們會談這個部分。

創業加速計畫

新創事業想獲得外部協助，申請創業加速計畫是不錯的管道。這個計畫是提供新創公司小額資金，幫助公司起步，資助者以資金換取公司股份。最熱門的創業加速計畫是 Y Combinator，這家創投公司幫助許多知名的新創公司起步，像是 Dropbox。

創業加速計畫的申請過程通常很漫長，但值得新創公司投入努力。創業加速計畫是非常密集的計畫，通常會持續好幾個月，用意在於幫助新創事業度過剛起步的階段。多數創業加速計畫是由成功的企業家所運作，他們已經創立自己的事業，可以提供優質的諮詢和指導給這些剛開始創業的公司。創業加速計畫還能幫助新創公司準備說服投資人投資他們的想法，計畫裡通常會為新創公司安排展示時間，讓新創公司會有機會向潛在投資人介紹他們的想法。

就我個人的觀點來看，如果沒有接受創業加速計畫的幫助，我不會開始創業。現在的創業環境競爭太激烈，加入創業加速計畫的優勢遠勝過完全由個人獨資創業。事實上，我也曾是一家新創事業的共同創辦人，公司也接受了好幾個創業加速計畫，但經過仔細考慮之後，我決定退出公司，因為我當時決定自己還不想經歷嚴峻的創業生活。

獲得資金

不論你是否獲得創業加速計畫的資助，新創公司的第一個主要里程碑，就是要獲得第一輪資金，這攸關新創事業實際上能否存活下去。第一輪資金通常稱為種子資金，一般來說，天使投資者會在非常早期就投資這些新創公司。天使投資者通常是個人投資者，投資剛開始發展的新創事業。這項投資的風險很高，但也能帶來很高的報酬。當然，天使投資者不會白白投資新創公司，他們通常會要求一部分的公司股份。

小心地雷：我要如何處理股份？

股份是新創公司的命脈，以公司股份交換資金時要非常小心。沒有股權，你投入的所有辛苦就無法獲得報酬，也無法提供投資者回報。你要轉讓多少股份給誰，這些都要仔細考慮。

許多新創事業的創辦人把股份轉讓給在公司無所事事的共同創辦人，然後發現自己處於可怕的處境，這些人對公司毫無貢獻，反而一直榨取公司資源，消耗公司寶貴的資產。

因此，決定股權分配時一定要非常小心，明白自己放棄公司股權，實際上是放棄什麼。轉讓公司股權是不可避免的事，公司經營過程中難免會放掉一些，只是要確定你這麼做之前，已經過深思熟慮。

新創事業獲得種子資金，就算是起步了。其實你應該在這之前就已經開始創業，只是獲得種子資金後，就能雇用一些員工，開始擴展公司規模。預期多數新創公司在這個階段都無法獲利，事實上，許多公司在這個階段為了建立商業模式和改善模式的可行性，不僅會燒完最初的種子資金，還很可能會陷入無底深淵。

種子資金燒完後，如果認為想法還是可行，此時，就要進行更嚴肅的投資。種子期後的第一輪融資，通常稱為 A 輪融資。創投公司通常會加入這一輪的融資，所以當你聽到「募資簡報」，意味著該公司要說服創投公司，希望能獲得一大筆資金讓公司繼續成長。創投通常會以大筆資金來交換新創公司大量的股權，如果經過 A 輪融資後，創投擁有公司的股權比你還多，也不用太驚訝，特別是在公司有多位共同創辦人的情況下更為明顯。

完成 A 輪融資後，多數新創公司還會再有好幾輪的融資，因為最初資金已經耗盡，還需要資金奮力讓公司獲利和擴展公司規模。基本上會持續這個循環，獲得更多資金，直到公司不再需要資金為止，搖身一變為成功且獲利的公司，或是被併購為止。

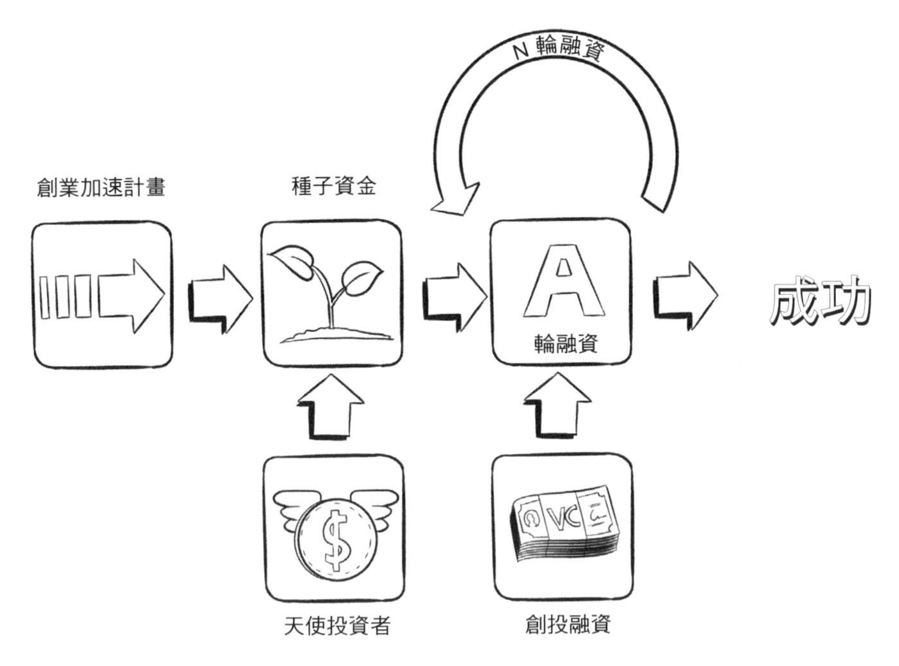

新創公司的各個募資階段

這當然是簡化過的流程，不過本章的重點在於，讓你對創立新創事業的流程有清楚的概念。

即知即行

- 選一或兩家你最喜歡的新創公司，調查他們成立的歷史，注意他們是如何起家，以及如何獲得資金。
- 這些公司成立之初只有一位創辦人，還是多位創辦人？
- 這些創辦人還成功創立過其他公司嗎？
- 這些公司何時獲得融資？融資的金額有多少？
- 這些新創公司有加入創業加速計畫嗎？

18

遠距工作

現在有越來越多的軟體開發團隊允許開發人員在家遠距工作，有些團隊甚至完全虛擬，連實體辦公室都沒有。如果你決定成為獨立顧問或創業家，可能會發現自己也是在這種情況下，獨自在家工作。

雖然遠距工作像是美夢成真，但穿著睡衣工作的真相並不如你所想的那麼吸引人。在家工作必須面對許多的掙扎與挑戰，透過本章，你能對在家工作有更清楚的概念，知道如何處理像孤立、孤獨感和自我激勵這類的問題。

隱士的挑戰

我第一次獲得在家遠距工作的機會時，興奮得激動不已。我無法想像能有比這更好的工作方式，早上起床我晃過客廳，坐在自己漂亮舒適的椅子上。雖然我仍然認為在家遠距工作是件很棒的事，但很快地我就發現許多之前沒預料到的挑戰。

挑戰一：時間管理

首先，在家遠距工作時最明顯的問題便是：時間管理。當你在家工作，雖然沒有辦公室環境裡那些會讓你分心的事，但如果你想在 Facebook 上掛一整天，也不會有人從你後面偷窺；快遞人員敲門送來包裹，你會想

「嗯，或許我該吃些點心」；孩子或另一半進來問你問題，或說「耽誤你一分鐘就好」。等你意識到這整個情況，一整天的時間就這樣過了，沒有任何工作產出。

許多在家工作的新手處理時間管理的方式，就是利用零碎的時間工作，或是在他們能工作的時候完成工作。他們覺得自己能享受白天美好的時光，在晚上完成工作，但這樣的想法是個災難，因為當夜晚來臨，又會有其他的事物讓你分心，或者是因為太累而無法坐在電腦前工作。

想真正解決這個問題就要仔細做到時間管理，不論你想在什麼時間工作，都要設定每週的行程表，並且堅持下去。行程表的安排要越規律越好，我的朋友和家人常常笑我，都已經在家遠距工作和自己創業，我的行程表卻是朝九晚五，但這樣的行程表能確保我不分心，認真看待我的工作。我們無法確實相信自己能不分心，或是能明智地管理自己的時間，所以必須事先規劃，否則會不斷地屈服於誘惑。相信我，我真的瞭解這點，我就經歷過一大堆失敗的經驗。

挑戰二：自我激勵

現在我們要來解決自我激勵的問題。如果你苦於自律和自我控制，或許要重新考慮在家工作這件事，除了時間管理，自我激勵算是在家工作者面對的頭號「殺手」。這個狀況和時間管理很接近，但就算你能有效管理時間，遲早都會發生不想工作的情況。

當你在辦公室裡遇到不想工作的情緒，只要想到可能會被解僱，立刻就會打消這個念頭。如果在上班時間，老闆看到你趴在桌上睡覺或玩手機遊戲，可能會給你一個紙箱，叫你東西收一收滾出公司大門。但是當你在家工作時，沒有人監督你在做什麼，當工作動機消散時，你要負責保持讓自己有動力、有紀律，持續工作。（想進一步了解動機，請參見 Daniel Pink 所著的《**動機，單純的力量**》。）

就像我說過的，如果你缺乏紀律，我真的會認為這是你無法在家工作的原因。我可以教你所有激勵自己的技巧，但是看電視、玩電視遊樂器遊戲或一整天瀏覽 Facebook 等等，這些誘惑實在太大，所以如果你確實有紀律方面的問題，請繼續閱讀本章內容。其實只要你願意好好完成工作，就能處理自我激勵的問題。

當你覺得失去所有動力，時程表和例行工作表就顯得非常重要，能讓你精神上有所依賴。我們已經談過這個部分，在此就不再贅述，但你一定要設定某種時程表或例行工作表。當你覺得不想工作時，透過這些方式規定你要在某個時間內工作，可以幫助你有足夠的動力完成工作。習慣的效果也是一樣，如果可以的話，就培養例行工作的習慣。習慣能幫助你越過動力低潮期，很多時候我晚上累到不想刷牙，但習慣會強迫我刷了牙再睡。

你應該盡可能把工作環境裡會讓你分心和產生誘惑的因素移除，如果電視就在你旁邊，當你無聊時，就會出現很大的誘惑引誘你打開電視。永遠不要依賴你自己的意志力去抵擋誘惑，這個教訓適用於人生的各個領域。相反地，把誘惑從生活裡移除，會簡單得多。（第六部分「健身」會進一步談這個部分。）

如果真的完全感覺不到動力，我總是會用一個非常簡單的解決方案，不要跟別人說，其實我現在也正在用這個方法：坐下來，計時十五分鐘，開始工作。在這十五分鐘內，你一定要工作，不能讓自己分心，盡力專注在手上的工作任務。十五分鐘純粹且專注的工作時間，你或許會開始覺得比較容易堅持下去。事實證明，如果我們長時間專注在某件事情上，最終就能完成我們正在做的事，找回持續下去的動力，我稱此為動機。

挑戰三：孤獨感

剛開始在家工作時會讓人很放鬆，沒有人打擾你，坐下來就是做自己的工作，但實際上自己一個人面對孤獨也是非常真實的事。我第一次開始在家工作，有件事讓我有非常明顯的感受，我在辦公室裡，一天之中實際上浪費了多少時間在閒聊上。我開始在家工作後，學會專注，能在短時間內完成更多工作。

但過了一段時間後，這種和平與安寧會變得讓人有點不安。你可能會發現自己出神地望著窗外，看看有沒有活著的生物經過，「喔，有個人在遛狗，或許我該出去跟她說話。」(別忘了先穿上你的褲子，這可不是我個人的經驗喔。) 好吧，我這麼說或許點誇張，但一整天都獨自坐在桌前，一個個禮拜過去，最終會對你造成不好的影響。

多數在家工作的軟體開發人員從未預料，他們會因為缺乏社交互動而變得孤獨，畢竟，當我們在群體裡往往會想著要過著隱居的生活。相信我，如果你經過一年左右，生活裡還沒找到某種社交互動，或許會覺得自己要瘋了。

想想監獄裡懲罰粗暴的囚犯時，最糟糕的方式就是將他們與他人隔離。對任何人來說，「單獨隔離」一或兩天，這是相當糟的懲罰，因為人類屬於社群型生物。

所以該如何治療孤獨感？我的回答很簡單，就是走出去！每週一定要安排一些活動，讓你離開房子，有機會接觸其他人類（配偶和小孩不算）。試著加入當地的軟體開發人員同好會，每週或每個月定期聚會；也可以轉換一下場景，到咖啡店去工作，像我每週會去健身房三次，當然也推薦這樣的活動。我也會參加研討會和其他的網聚活動，在這些場合有機會能遇到願意聽我講些程式宅話題的同好，把積壓好幾個月的感覺一股腦地宣洩出來。

你還可以利用一些資源，幫助你降低離群索居帶來的影響，Skype 或 Google Hangouts 都能讓你有機會和同事交談，甚至利用視訊的方式面對面互動。

如果你能克服這三項挑戰，就是成功的遠距工作者，但如果無法克服這些挑戰，可能要考慮在家工作是否適合你。有些遠距工作者無法處理這些問題，他們的解決方案是利用所謂的共同工作空間。你可以把這些空間想成是小型的辦公室，只是裡面的成員是遠距工作者和創業者，這有點像在一般辦公室環境裡工作的感覺，只是你身邊的同事實際上並不是和你一起工作的人。

小心地雷：我想在家遠距工作，但苦於找不到這樣的職務

有很長一段時間，我一直試著找可以在家遠距工作的職務，但也是找不到，這樣的職缺真的不容易遇到，而且競爭非常激烈。如果你想找遠距工作但還沒找到，我有兩個建議。

第一、問目前的工作是否允許你採遠距工作的方式。或許可以開始嘗試看看，問公司可否每週有一到兩天讓你在家工作，找個好理由支持你，像是可以專注完成更多工作。如果公司提供你這樣的機會，一定要真正展現出你在家工作會更有生產力。

第二、你可以開始追蹤一些允許遠距工作的公司，或者是公司裡的團隊完全散布各地的公司，開始跟這些公司建立一些關係，雖然這會花點時間，但如果你鎖定特定公司，知道他們允許遠距工作，就能提高你獲得這些公司工作的機會。認識已經在這些公司裡工作的開發人員，和人事經理聊聊，表達你對公司的興趣，當職缺開放時，立刻應徵。

即知即行

- 誠實地自我評估。了解這三項挑戰後，你會怎麼處理時間管理、自我激勵和孤獨感這三項問題？
- 如果你現在是在家工作或是有此規劃，提出你每週堅持的時程表，決定哪些天要工作，和一天之中的工作時間。

Section 2

自我行銷

行銷的概念就是引人注目。

—行銷大師・Seth Godin

在軟體開發業裡，「行銷」二字經常有著負面的評價。因為很多行銷人員以不誠實的手段推廣產品或服務，只想快速從市場撈一票，似乎每天都在兜售新的騙局，心中只想著如何達成自己的最大利益，使得軟體開發人員多半不太喜歡行銷人員。

其實行銷本身並不是件壞事。能否成功為你行銷的對象帶來好處，取決於你採取的行銷方式。行銷的目的在於吸引人們的注意，讓他們注意到你個人或你的產品。好的行銷能將人們的需求或想望結合能實現他們期望的產品或服務。行銷追求的目標是，先提供價值，才要求回報。

第一部分的章節裡我們已經談過，要先把自己的職業生涯視為一項事業，然而不論什麼事業，想要成功當然都需要某種程度的行銷。接下來在第二部分的章節裡，我會導入自我行銷的快速課程，讓你能從中確實學到何謂行銷，怎樣的行銷方式才不會引發人們的反感，不會讓人覺得「你在騙他們」，反而能認同你帶給他們真正具體的價值，進而能讓他們更常回流。

19

自我行銷的基礎知識

你是否曾在夜店聽過某個樂團的現場演出，聽起來不輸給原唱，就算沒原唱來得精彩，至少演出水準也不差。你有想過為何這些樂團只能窩在這小小的夜店唱歌，其他天分似乎沒比他們高多少的樂團，卻能不斷巡迴世界演出，賣出一張又一張暢銷的白金唱片。

顯然兩邊的樂團都很有天分，但只有天分往往不夠，人生終究只能到此為止。偉大音樂家和超級巨星兩者之間的差異，不過在於行銷。行銷才能讓天分發揮乘效，行銷的能力越好，才能越放大你的天分，這也是為何行銷對軟體開發人員來說會如此關鍵的原因，學行銷這項關鍵技能非常重要。

何謂自我行銷？

行銷的核心是把產品 / 服務和需要該產品 / 服務的人連結在一起，所以行銷自己就是把你和那些對你提供的能力有需求的人連結在一起。即使行銷一詞經常有負面評價，但只要你能以正確的方式行銷自己，這沒什麼不好。

想行銷自己，正確的方式是提供價值給他人，後續在第 23 章深入探討這點。成功行銷自己的關鍵，就是讓其他人喜歡你，想跟你一起工作，也就是提供價值給他人。請想想 Scott Hanselman 這樣的神人他是怎麼做的，Scott 就是透過他的部落格、演講和 Podcast 節目，提供相當多有價值的知識給開發人員。在深入細節之前，先從實踐的角度來談談行銷自己的全貌，軟體開發人員該如何行銷自己。

不論你有沒有意識到，其實你無時無刻、隨時隨地都在行銷自己，任何時候你想說服他人接受你的想法，就是在把你的想法賣給他們，如同前面第 4 章「培養人際關係技能」所談過的概念，我們知道，如何包裝想法比想法本身的價值還重要。

當你應徵工作時，你的履歷基本上就是個廣告，用於行銷你自己所提供的服務。即使是你自己在社群媒體或部落格（如果有的話）寫的文章，也是在傳達某種行銷訊息，關於你自己和你所提供的想法。

問題在於，雖然我們無時無刻都在行銷自己，但多數人都是無意識的行為，只是放任它偶然發生，以為這取決於機會，任由他人和大環境來定義我們個人的價值和我們所傳達的訊息。

行銷自己其實是在學習，如何控制你發出的訊息和你扮演的形象，並且擴大訊息散播的範圍。行銷自己是帶有目的性地選擇你要如何表現自己，藉此管理自己的職業生涯，積極地把你的表現推給他人，讓他們對你說的內容有興趣，進而有興趣雇用你，或者是跟你購買產品或服務。

請思考看看，要如何企畫一個票房大片的廣告宣傳活動。通常會有一些最重要的訊息，透過各種不同的廣告媒體來傳達，電影預告片則會將要傳達的訊息，描繪成具體且清晰的圖，透過各種廣告管道來放大訊息的宣傳效果。

自我行銷的重要性

本章一開始所提到的例子，談到在夜店演出的樂團或許跟有名的搖滾樂隊一樣有天分，但這兩者的成功程度，卻存在著懸殊的差異，我認為兩者整體的差異，主要歸因於行銷。比起只能在夜店演出的樂團，超人氣的搖滾樂團通常都很會行銷自己。

我們無法確切得知，在夜店的樂團是否就沒有好好行銷自己，但假設他們的天分非常接近，也不考慮幸運這種不可控的因素，行銷就是他們唯一能控制的一項因素。雖然自我行銷不能保證你一定會取得成功，但這是你能控制的因素裡非常重要的一項。

在其他領域裡也能發現相同的模式。就拿專業主廚來說吧，許多主廚的天分程度很高，而且廚藝異常優秀，但絕大多數卻不為人知；然而一些知名主廚，像 Gordon Ramsay 或 Rachel Ray 卻能賺到數百萬美金，不是因為這些知名主廚有多聰明，而是他們知道如何正確地行銷自己，充分發揮自己的天賦。

不要以為軟體開發領域就不吃這套。就算你是世界上最有天分的軟體開發人員，但如果沒有人知道你的存在，那你就只是個路人。當然，你一定能找到工作，但除非你知道如何行銷自己的技能，否則永遠也無法發揮你全部的潛能。

你很可能會在職業生涯中的某個點，發現自己的技能已經和許多頂尖開發人員一樣厲害。其實許多軟體開發人員只要磨練個十年，通常都能在其職業生涯裡達到這個水準，只是一旦到達這個點，如果無法從人群中脫穎而出，就很難再進入下個階段，因為到了這個階段，個人天分已經不是那麼重要，你就是得和所有其他有類似技能的軟體開發人員一起競爭。

想讓自己脫穎而出，就要學習如何行銷自己，才能與眾不同，像知名的搖滾明星或主廚那樣，賺取更高的收入，擁有更多其他人沒有的機會。

小心地雷：我沒有任何專長，沒有值得行銷的地方

千萬不要只是因為你認為自己不是專家，就不開始行銷自己。事實上，試著找出方法行銷自己，可以推動你成為軟體開發中特定領域的專家，或讓自己精通這方面的知識。

幾乎每個開發人員都能提供自身的知識。跟其他軟體開發人員比起來，你可能有獨特的觀點或不同的背景，或許其他軟體工程師、客戶跟你的興趣或愛好一樣，只要你行銷得當，即使是剛入門的新手或業餘玩家也能稱得上是你的優勢，很多人想跟比他們厲害的人學習，想具有跟那個人一樣的水準。

重點是，別把不是專家當作不去行銷自己的藉口，不論你的職業生涯現在發展到哪個階段，都能從控制與塑造個人品牌和散播個人想法中受益。

如何自我行銷？

希望我已經說服你，認同自我行銷是很重要的事，但你現在可能在想，實際上該如何進行，才能成為軟體開發界裡的 Gordon Ramsay 呢？

我不會故意假裝行銷自己這件事很簡單，成功可不是一夕之間就能達成的事，至少對長久的成功來說確實無法一蹴可幾，但其實所有開發人員都有能力做到，只要你願意嘗試，就會發現真的不難。本章先簡要列出所有的關鍵觀念，後續幾章再作更深入的說明。

自我行銷要先發展個人品牌，一些能展現自我的東西，不需要把自己完全攤在陽光下，但要有意識地決定你想做什麼，想呈現怎樣的形象給這個世界。當有人常常見到你或你創造出來的東西，你也會想營造出一種親切感，此時，打造個人品牌就能助你一臂之力。

一旦個人品牌發展到某種程度，你知道自己想傳達怎樣的訊息時，就要開始找出傳達訊息的方法，有許多不同媒介都能用來傳達訊息，但我會推薦軟體開發人員利用部落格，這是效果最顯著的方法。我認為部落格就像是你在網路上的家，在這裡，你能完全控制自己的訊息，不會受到其他平台或規定的干擾。

我採用了一位創業家朋友 Pat Flynn 所說的策略，我一直都很關心他的動態，而且十分尊敬他。Pat Flynn 稱他所提出的策略為「無所不在」。這個策略的核心概念是，不論你身在何處，都要努力行銷自己。你的目標聽眾只要四處張望，就有機會能看到你，你會出現在他們 Twitter 的最新動態上，在 Podcast 上聽到你主持的節目，還有在線上影片裡看到你。不管他們看哪裡，都無法脫離你的勢力範圍。

各種自我行銷的管道：

- 部落格文章：透過自己的部落格文章，或是在其他人的部落格上發表貼文。
- Podcast 節目：開設自己的 Podcast 節目，或接受其他 Podcast 節目的訪問。

- 線上影片：製作主題影片或錄製操作畫面的教學影片，發布在像 YouTube 這樣的網站上。
- 雜誌文章：為軟體開發的雜誌寫專欄。
- 書籍：像我這樣跟出版社合作寫一本書，或者獨立出版自己寫的書。
- 程式研習營：多數的程式研習營都會讓大家有發表的機會。
- 研討會：這是你拓展人際網路最棒的方法，如果你能在這些研討會活動中發表演說，更能為自己加分。

自我行銷這項策略要花時間持續去做，你寫的每篇部落格貼文、接受訪問的每個 Podcast 節目，以及你寫的每本書和每篇文章，都會隨著時間累積，貢獻在你的行銷力道上，提高個人品牌的辨識度。最終你會成為自己所處領域的權威，建立起一些粉絲，名聲會轉化成更大、更好的機會，最終成就出更成功的職業生涯。

記得我之前提過，後續會更深入探討這個主題，這裡我要強調，一切都取決於你帶給他人價值的能力。要讓人們跟隨你，聽你說話，主要機制就是帶給人們價值，解決他們的問題，甚至是提供他們娛樂。如果你試圖自我推廣，卻沒有帶給他人價值，不僅無法達成目的，還會讓大家離你遠去。

備註：即使你採取正確的做法來行銷自己，任何形式的自我行銷一定還是會引來酸民。雖然你必須學習如何應付這樣的情況，但好消息是我提供的彩蛋章節會教你如何應付酸民們的惡意批評（https://simpleprogrammer.com/softskillsbonus）。

即知即行

- 如果你還沒開設部落格，請考慮開始建一個吧。思考看看，你會想專注在哪種主題上？
- 為你新建立的部落格，提出至少二十篇的文章。
- 現在就規畫一個時程表，開始真正經營你的部落格，創造一些內容。
- 試著開設自己的 YouTube 頻道，如何？如果這個想法聽起來很吸引你，請將以上三項訣竅應用在你新開設的 YouTube 頻道上。
- 身為軟體開發人員的你要行銷自己，請列出所有你能採取的做法。

打造個人品牌

環顧身邊，處處充斥著品牌，不論你身在何處，望眼所見，盡是百事可樂、麥當勞、星巴克、HP、微軟等等知名品牌。

品牌涉及的不只是企業形象，多數人還會把品牌和企業 LOGO 聯想在一起，看到金色拱橋就想起知名的速食連鎖店麥當勞，但品牌又不只是 LOGO 而已，它還代表著承諾，和消費者對企業提供內容的期望。

本章將談到品牌的組成要素，說明如何打造品牌，讓你所投入的行銷努力有目共睹。

何謂品牌？

想想你身邊周遭存在的熱門品牌，拿星巴克來說，這是多數人都認識的知名連鎖咖啡店，乍看之下，星巴克似乎只是個大家十分熟悉的企業 LOGO，事實上，它所代表的意義遠超過這些。星巴克的 LOGO 只是品牌的視覺印記，但不代表品牌本身。

走進星巴克，你看到了什麼？聽到了什麼？預期店裡是怎樣的燈光？期待建築物裡是怎樣的布置與擺設？或許你現在正閉上眼睛，想像星巴克店裡的樣貌帶給你怎樣的感受。

到星巴克櫃檯點飲料時，你的感受如何？你對咖啡師的形象有怎樣的預期？期待咖啡師怎麼稱呼你，還有會問你哪些問題？你熟悉星巴克的菜單嗎？你會預期飲料的價格和品質嗎？

你看，品牌所代表的涵義遠超過一個表象的 LOGO。品牌代表著消費者對你提供的產品或服務的期望，LOGO 只是品牌的視覺象徵，品牌的要素不只有視覺元素，還有該品牌帶給消費者的感受，以及消費者與該品牌互動時，對該品牌的期望。品牌還代表承諾：承諾以消費者期望的方式，提供消費者所期望的價值。

品牌的組成要素

組成品牌的四項要素有：核心訊息、視覺設計、一致性和曝光量，需要這四項要素才能成功建立品牌。接著來看這四項要素，就能了解如何運用這些概念，打造自己的品牌。

首先，也是最重要的組成要素就是核心訊息，這是你想傳達給他人的想法，和品牌想營造出的感受，沒有核心訊息的品牌就喪失其存在的目的。打造個人品牌時，首先要產生能代表個人品牌的核心訊息；你的品牌代表什麼？你這個人是什麼？例如，我的品牌「Simple Programmer」，成立宗旨是簡化複雜性，我想傳達的訊息是，拆解並簡化複雜的觀念，讓所有人都能了解。

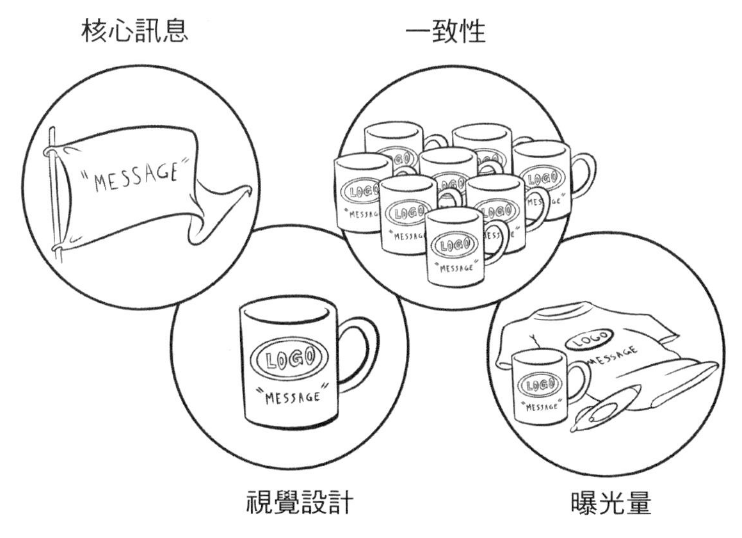

組成品牌的四項要素

第二個組成要素是視覺設計。雖然視覺不代表品牌本身，但對品牌來說相當重要。品牌顯然都需要設計一個 LOGO，以簡單的視覺方式來表示品牌，好的品牌會讓視覺效果無所不在。一組代表品牌的顏色和樣式，有助於品牌識別，和宣傳它所代表的核心訊息。

即使你的品牌就是自己的名字，也可以為它創建出一個 LOGO。其實日常生活中經常可以看到某些人用他們自己的名字作為 LOGO，只要搜尋「個人品牌 LOGO」（personal branding logo），就可以找到為數眾多的出色例子，從中獲得設計靈感。

接著是一致性。有了很棒的核心訊息和視覺設計後，如果缺乏一致性，將永遠無法發展出品牌的期待性，更糟的是，還會持續背離品牌成立的宗旨。想像一下，現在你進入一家麥當勞，每個地方都放著不同的菜單，每份菜單的價格都不一樣，這會讓麥當勞的品牌喪失一大部分的價值。當你走進麥當勞，你會預期自己將擁有某些體驗，如果體驗不斷改變，每次的感受都不一致，品牌就會開始喪失其自身建立起來的意義。

許多嘗試建立個人品牌的開發人員就是犯了缺乏一致性的錯誤，不是表現出來的核心訊息不一致，就是在傳達訊息的方式和時機上缺乏一致性。你的表現越一致，就越能成功打造個人品牌，盡可能將訊息宗旨傳達給更多人了解，他們也更能記住你的訊息。

組成品牌的最後一項要素：曝光量。就算每件事都做對了，但某個人只接觸了你的品牌一次，對你也不會有太大的幫助。你的 LOGO 或許很棒也很吸睛，但如果有人就只是看了一次，能帶給你什麼好處？品牌的重點就是要建立起一套期望，如此一來，當某個人再次看到你的 LOGO 或聽到你的名字，才能立刻記起你是誰，還有你代表什麼。

你必須積極努力，盡可能宣傳自己的訊息與名字，透過部落格、寫文章、演講、製作影片、Podcast 節目或利用任何能曝光自己名字的媒介。宣傳個人品牌的機會越多，曝光度就越高，越有可能讓某人記住你的品牌，記住你是誰。

打造個人品牌

開始創建個人品牌時，第一步是定義個人訊息。定義個人訊息，就是決定你想表達什麼。你不可能討好全部的人，所以必須侷限你的目標族群，找出你的利基點，這和先前第 8 章探討專業時所提到的概念一樣，基本上，要選小一點的市場，看是要針對你的目標族群，還是符合品牌特定領域的族群。

軟體開發人員裡，我最喜歡舉 Marcie Robillard 的例子，也有人叫她「DataGrid 女孩」。Marcie 選擇 ASP.NET 的 Datagrid 控制項作為她的利基點，並且將自己的品牌命名為「DataGrid 女孩」。在 Marcie 的情況裡，Datagrid 控制項就是一個侷限且專注的利基點，為她帶來很好的效果，並且因此獲得無數的演講邀約，也常上一些 Podcast 節目，像是 .NET Rocks，我相信，你只要搜尋 ASP.NET Datagrid 這個主題，其中有大量的搜尋結果肯定是圍繞著 Marcie。

選擇某個利基點作為主題，藉此建立你的品牌，主題當然是越具體越好，如果能專注在侷限的主題上，不僅可以直接把訊息傳達給主要族群，也能更輕鬆建立品牌識別度。

決定利基點不是件容易的事，你可以根據自己對什麼有熱情來選擇，但這可能會隨時間改變。最好的決策方法，通常是從純策略的觀點來看，你具有什麼優勢，是否能透過特定的利基點來發展這項優勢。花點時間想想，但之後若有必要，也要勇敢改變自己的利基點。

✣ 打造個人品牌的步驟 ✣

- 定義核心訊息
- 選擇利基點
- 建立宣傳標語
- 建立電梯簡報
- 發展視覺要素

找出利基點後，就可以開始運用核心訊息。首先要有宣傳標語來代表你的品牌，用一、兩句話來表達品牌的核心價值，例如，我的宣傳標語就是「讓複雜的事變簡單」，某個人只要讀到這句標語，很快就能明白我在做什麼。

接著，結合電梯簡報的技巧。所謂電梯簡報，就是在短短的搭電梯時間內，快速說明你在做什麼以及你是誰，在有限的時間內將這樣的內容傳達給對方。在晚宴場合或實際上搭電梯的時候，當有人問你是做什麼的，想想此時你要跟對方說些什麼。

透過建立電梯簡報的方式，想想你能提供怎樣的價值給他人，你的獨特定義是什麼？他人對你有什麼期望？電梯簡報的內容必須清楚溝通，你是做什麼的和你能帶來的獨特價值。

提前準備好你的電梯簡報，能確保你想傳達的核心訊息和個人品牌投入努力的方向一致，當你和他人聊起自己的個人品牌，不論你用什麼媒介來推廣，永遠都能傳達相同的訊息。

唯有找出品牌的核心價值，才能建立品牌的視覺設計。你創立的視覺設計，要能代表品牌到目前為止所定義的一切，這些視覺設計要能幫助你傳達訊息，並且代表品牌的視覺象徵。

雖然不需要花大錢為品牌做視覺設計，但我也不建議你自己設計，除非你剛好具有圖形設計的技能。我為好幾個不同的產品和服務創立了品牌，其中有幾個品牌也做了 LOGO，推薦幾個我個人很喜歡的服務，例如，Fiverr（http://simpleprogrammer.com/ss-fiverr），每個 LOGO 的設計費只要五美金，這真的令我非常驚訝，在這個網站上，竟然能以不高的預算找到設計人才。你還可以利用外包服務的網站，像是 UpWork，雇用自由工作者來幫你設計，我利用這兩個服務平台，在有限的預算內，搞定了 LOGO 和其他我需要的設計工作。

大致上就是這樣。如果你在前期先花時間建立清晰且具有一致性的品牌，局限於深思熟慮後的核心訊息，就能讓自己一路遙遙領先。但就像我說過的，只有核心訊息和視覺設計是不夠的，還需要一致性和曝光量，才能讓品牌具有真正的影響力。後續幾章會分別來看，如何增加品牌的一致性，透過一些媒介，像是部落格、社群網路、參與演講等等來傳遞品牌的訊息。

即知即行

- 列出一些你熟悉的熱門品牌，挑選其中一、兩個進行深入研究。確認品牌想傳達的訊息是什麼，找出品牌使用的 LOGO 和其他傳遞品牌的視覺元素。
- 利用腦力激盪的方式，為你的個人品牌列出一些利基點。先提出至少十到十五個想法，再將清單裡的項目縮小為二到三個，最後選擇其中一個作為建立個人品牌的利基點。

21

打造超人氣部落格

軟體開發人員用來行銷自己的最佳媒介就是部落格，我堅信每位個軟體開發人員都應該投資時間打造自己的部落格，只要是在乎自己職業生涯的人都該這麼做。

在現實生活中你就只能遇到這麼多人，所以需要其他方法來行銷你自己和拓展人際網路。想想過去幾年你在科技產業遇到多少人，可能有數百人或甚至一千人，但成功的部落格能把你介紹給成千上萬的人認識。

透過部落格行銷自己、曝光自己，算是便宜又輕鬆的方式，因此極具價值。成功的部落格一天能吸引數百甚至是數千人造訪，這能為你帶來許多機會，從工作到顧問諮詢，甚至是銷售產品給目標使用者。

老實說，我個人職業生涯裡經歷過的成功，絕大部分都要歸功於我的部落格。如果沒有建立部落格，找出方法讓它成功，這本書可能就沒機會問世。

部落格的重要性

應徵工作時，履歷一般只有兩頁，面試通常也就是聊一或兩個小時，很難透過簡短的履歷和面試時間，評估軟體工程師所具有的技能，因此許多雇主很難判斷應徵者是否適合一項職務。

想像一下，如果有位軟體開發人員本身有部落格而且定期更新，會發生什麼？部落格可能會包含大量開發人員自身的資訊，包含他寫過的程式碼範例、在各種軟體開發方面做技術上的深入分析，比起所有其他方式，我認為部落格更能了解一位軟體開發人員。

多數人應該會覺得這是建立與維護部落格的唯一理由，但我覺得不僅於此！部落格不只能幫助你找到更好的工作，還能幫助你成為更好的軟體開發人員與溝通者，帶來各種你從未想過的機會。

想想一些知名的開發者，像是 Scott Hanselman、Uncle Bob Martin 和 Kent Beck，他們都有自己的部落格。

如果你是自由工作者，或是對自由工作有興趣（請參見第 15 章），你會發現比起自己出去找客戶，成功的部落格能為你帶來許多客戶。直接來找你的客戶更願意付較高的價碼，而且不用花太多力氣，就能說服他們僱用你。

如果部落格流量夠多，還能利用這個平台賣你自己的產品（請參見第 16 章）；要是部落格的訪客流量穩定，更可以圍繞這些訪客的興趣開發產品，將流量轉變成顧客數。

不要忘了，成功的部落格還能建立業界名聲。許多知名的軟體開發人員就是因為部落格的成功而聲名大噪，Jeff Atwood 就是一個很好的例子，他是 Stack Overflow 和 Stack Exchange 的創辦人之一，他的部落格「Coding Horror」極為成功，人氣很高，後來他創辦 Stack Overflow 時，部落格所累積的會員讓 Stack Overflow 一舉成功，部落格本身也為他打開一扇大門，讓他有機會和 Joel Spolsky（他也是一位成功的部落客）成為合作夥伴。

即使你對部落格能帶給你的財務好處有所質疑，但有一項不容忽視的無形好處，就是改善你的溝通技巧。寫部落格能組織你的想法，並且將之付諸文字，是很難培養卻很有價值的一項技能。定期寫作能幫助你磨練這項技能，成為更好的工作者，讓你在生活中的許多面向上受益。再加上，如果你強迫自己定期寫部落格，就能持續強迫自己更新技能，在專業領域中保持領先的地位。

軟體開發人員學習如何撰寫部落格，其實也有助於寫出更好的程式碼，因為能更輕鬆地表達出你的意圖，幫助你傳達自己的想法，讓這些想法更有吸引力。

建立部落格

現在你確信自己需要部落格了嗎？很好，那下個問題就是如何開始。

現在這個時代只要利用免費的服務，建一個部落格相當容易，像是 Wordpress 或 Google Blogger 這類的服務，只需五分鐘就能建立部落格，不過在你前往註冊這些服務前，請先考慮這幾點。

利用免費的服務建立部落格是最便宜和最輕鬆的方式，但不見得是最佳途徑。免費服務的一項問題是，通常不太能控制部落格的主題和配置，或許可以做一些客製化，但可能無法在部落格裡置入付費廣告、購物車或其他功能。這些功能考量現在對你來說可能不重要，但等到你的部落格有人氣了，或許就會想要這些免費服務沒有的功能。

幸運的是，現在也有輕鬆的方案可以代替完全免費的主機平台，有許多主機代管服務，每個月只要付八到十美金，就能讓你輕鬆地利用熱門的 Wordpress.org 軟體（http://simpleprogrammer.com/ss-wordpress）架設一個部落格。（順帶一提，我強烈建議用 Wordpress.org 軟體來建立部落格，是因為這套軟體使用廣泛，而且擁有巨大的生態系統，可以找到外掛來延伸你的部落格和主題，如果選擇 Wordpress.org，很容易就能客製化部落格外觀。）付費的主機代管服務，能以相當便宜的價格，提供你更多的彈性。

你一開始會想用免費的 Wordpress.com 服務來建立你的部落格（這跟 Wordpress.org 不一樣，Wordpress.org 是真正的軟體，可以在付費主機代管服務上架設部落格。）初期利用 Wordpress.com 建立部落格是不錯的做法，但最終你會想客製化部落格，增加外掛功能，讓你能加上廣告，由於後續要搬到付費主機上會有點麻煩，最好是先從便宜的付費主機服務開始。

如果你選擇付費主機這條路，目前許多主機服務都能讓你一鍵安裝 Wordpress.org 軟體，幾分鐘內就能運行部落格，這不會比免費的主機服務更難，但你能根據自己的需要客製化部落格。

你也可以在私人虛擬主機（virtual private server，簡稱 VPS）上架設部落格，VPS 基本上是提供完整的雲端作業系統環境，讓你可以自己安裝部落格，就支付費用來說，這是最便宜的選項，但也是最困難的做法。我自己的部落格「Simple Programmer」（http://simpleprogrammer.com）目前就架設在 VPS 上，但如果你剛起步，我不建議你這麼做。

如果你決定使用免費的主機，我會提醒你注意一點：確保你註冊的是自己的網域名稱，免費主機服務提供的部落格網址，通常是他們網域名稱的一部分。由於部落格大部分的流量最後可能都是來自於像 Google 這類的搜尋引擎，所以應該要註冊自己的網域名稱，付費讓自己的部落格使用而不是用免費主機提供的預設名稱。

Google 指派所謂的網頁排名給網路上的某些網站和網域時，主要是根據有多少網站連到該網域名稱。就算你將來把部落格轉換到付費主機上，仍舊會想持續累積搜尋引擎的關聯性或網頁排名，所以一定要確定你開始建立部落格時，有自己的網域名稱。（這個議題也可以之後再處理，現在不值得花時間處理這些麻煩事，先開始做正確的事會容易得多。）

✣ 建立部落格的步驟 ✣

- 決定架設部落格的主機：免費、付費或虛擬主機。
- 安裝部落格軟體。
- 設定任何主題或客製化內容。
- 開始撰寫部落格文章！

成功的關鍵

好吧，現在你有部落格了，也寫了一些文章，然後呢？如果沒有人來閱讀你的文章，有部落格也沒用，所以要找出如何導入流量的方法，畢竟，打造超人氣部落格不就是本章的重點嗎？

部落客要成功，有很大部分的原因是取決於一件事，這也是唯一的一點：持續性。我和許多成功的部落客聊過，他們的共同點就是：經常維護部落格。一些最成功的部落客每天都會投入時間維護部落格，而且已經持續多年。

不用擔心，你不必每天都寫部落格文章（雖然你剛起步，第一年就算是每週寫二或三篇文章也不會影響太大。），重點是定期維護，而且長期穩定地持續更新。維護的頻率會決定你成功的速度，強烈建議每週至少維護部落格一次，以這樣的頻率，一年可以增加五十二篇文章。如同之前提過的，這點非常關鍵，因為部落格很大一部分的流量，更可能是主要流量，是來自於像 Google 這類的搜尋引擎。更新越多文章，就會有越多來自於網路的搜尋流量（只要你的文章實際上是有適當的內容，而不是一堆單字。）

不幸的是，只有持之以恆還不足以成為超人氣部落格，雖然我十分確信，如果你能每天寫一篇貼文，持續多年下來一定不難實現，但我認為另一個重點是確保文章內容的品質。我認為應該重視部落格文章內容品質的原因有二，第一，或許也是最重要的，你的內容品質越高，人們越可能回流到你的部落格，或成為你的 RSS 訂閱戶和透過電子郵件訂閱部落格。當你能提供人們越有價值的內容，就越能成功累積部落格的粉絲數。

另一個重要的原因是內容品質會提供你外部連結的分享機會。絕大多數的搜尋引擎在判斷網頁品質時，主要是根據有多少其他網頁連結到這個網頁。內容的品質越高，越可能有社群媒體和其他網站分享你的文章連結。越多網站連結到你的文章，那篇文章就會有越多的搜尋流量，實際上就是寫些人們想讀和分享的文章，一切就是這麼簡單明瞭。

在你被這一切壓得喘不過氣而備感壓力之前，請先不用擔心，你不需要寫出完美的文章。剛開始一切可能會很糟，但只要你努力嘗試產出好文章，不是隨意把腦海裡冒出來的想法，隨便寫到網頁上，也不管格式、內容編排或錯字，慢慢地就會變好。關鍵就是每週發布高品質的內容，一切就會隨著時間越來越好。

有價值的文章內容沒有固定形式，就算只是分享你的經驗或有趣的故事，或許就能幫助造訪你部落格的訪客，或者是帶給他們一些娛樂。

如果你能做到這兩件事：持續寫作和產出高品質的文章，成功擁有超人氣部落格的可能性就很高。你問我怎麼知道？因為我常常跟軟體開發人員演講，不論我在哪裡演講，每次我問台下的聽眾們，有部落格而且每週都持續更新的人請舉手，幸運的話，大概會在一百個人的演講場合裡，看到一個人舉手。你看！只是持續地寫出好內容，就能讓你輕鬆地位居開發人員裡的那百分之一，至少是在行銷自己這方面。

小心地雷：我真的不知道要寫什麼

許多立志要寫部落格的人，不是從來沒開始，就是開始之後，很快地就退出了，他們的問題通常在於不知道要寫什麼，或是發現沒有故事可說。

戰勝這個問題的最佳方法，就是先花時間腦力激盪出許多不同的想法，紀錄可能的部落格主題，維持一份清單，這樣你隨時都能從清單裡選擇文章主題。

還有不需擔心寫作技巧要多突出，或者是別人怎麼想。有時你只是必須寫出一篇文章，你知道這未必會有很高的點擊率，就是要寫些東西放在部落格上。我寫過的文章裡，有許多連自己都覺得很糟，但事實證明，其中有幾篇卻變成我部落格裡最熱門的文章。

有個技巧能幫助你思考寫作主題，就是跟他人聊聊這個主題，甚至是爭論。我發現自己寫過的文章裡，最好的內容都是以前跟別人對話時的討論內容。此外，打電話給朋友，開始辯論一個主題，你也會發現值得寫出好幾頁的內容。

當然，還有些其他方法可以讓你的部落格成功，接著我們要談這幾個技巧。

導入更多流量

剛開始寫部落格時，很難導入流量。從搜尋引擎來的流量不是太多，不可能所有的人都連結你的網站，此時該怎麼做？

一開始我會推薦一個策略，就是開始到別人的部落格去留言。找找其他跟你一樣也有寫類似主題部落格的開發人員，在他們的部落格寫些有意義的評論，就有機會連結回你的部落格。（通常為了評論而註冊帳號時，個人資料就會包含部落格連結，可能甚至不需要直接做這件事。）

要讓這個策略有效，需要投入一些努力，如果這些部落客欣賞你有想法的評論，還能幫助你與其建立關係。（不要留下只有部落格連結的「垃圾」評論，這不會為你的對話增加任何價值。）每天試著在不同部落格留下幾個評論，隨著時間，就會慢慢發現，之前留言的部落格，那邊的訪客會過來你的部落格看看，因而增加流量。評論的品質越高，大家就會越有興趣來你的部落格，看看更多你想表達的事。（你也可以針對其他人的部落格文章做出回應，將此寫成部落格文章，這種策略能有效獲得流量，特別是這些部落格會反過來分享你的連結。）

當然也有一些讓部落格在初期獲得流量的方法，像是在社群網路上分享你的部落格連結，把部落格連結放在簽名檔下方，以及任何線上個人檔案裡。雖然無法產生如你預期的流量，但還是值得去做。

你還要讓其他人能輕鬆分享你的文章，幫你散播出去。如果你是用 Wordpress.org，可以找到許多外掛，讓你在文章新增分享按鈕，Wordpress.org 軟體甚至內建幾個分享功能，可以在部落格文章下方放上行為觸發設計，請讀者分享你的文章，或是訂閱你的部落格。

最後，如果你夠勇敢，認為你的內容夠好或夠爭議，可以提交自己的文章或讓其他人幫你提交到社群新聞網站，像是 Reddit 或 Hacker News。請注意一點：許多掛在這些網站上的讀者十分尖酸刻薄，我曾經寫過一篇文章，並且分享在 Hacker News 上，被文章下方憤怒的流言攻擊到體無完膚，那些留言者就只是想酸別人，所以你必須臉皮厚一點，才能忍受這些酸言酸語。但如果你有一篇文章能在這些網站上得到熱烈的迴響，一天就能獲得數萬的點閱數和許多人分享你的文章連結，整體來看，被酸也值得了。

成功沒有保證書

好吧，我很想說，只要你照本章的內容去做，就一定會成功，但不幸的是，我沒辦法，我只能說依照本章給你的建議，成功的機會比較大。要讓部落格成功，還是要有那麼點運氣和機緣，但至少有一點是肯定的，幾乎所有成功的部落格，無一不是持續撰寫高品質的文章。

請記住一點，這只是自我行銷的途徑之一，我之所以會推薦這項做法，因為我覺得寫部落格的進入門檻最低，而且就自我行銷來說，這是最實用的技巧。不過，你還可以選擇採用 YouTube、Podcast 節目、演講、出版書籍、撰寫文章等其他形式的媒介，其實我們下一章就要談 YouTube。

即知即行

- 你最喜歡的開發者部落格是？對於一些你造訪過的部落格，看看你是否能找出這些部落格更新文章的頻率，和每篇文章的平均長度。
- 如果你還沒有自己的部落格，請建立一個。今天馬上註冊，然後建立第一篇部落格文章。提出自己的時程表，未來持續撰寫部落格文章。
- 承諾維護部落格至少一年的時間，想獲得成果，就必須投入時間與決心，絕大多數的部落格都要一年後，才能產生吸引力與獲得廣大的支持。
- 建立部落格文章的主題清單，每次有新想法，就加到這個清單裡，當你需要寫文章時，手中自然就有大量的想法。

22

利用 YouTube 頻道打造個人品牌

雖然我推薦大部分軟體開發人員在行銷自己時，最好的做法是建立自己的部落格，但如果你有興趣挑戰看看，現在甚至有更有效、更個人化的方法，讓你脫穎而出，真正地抓住眾人的目光。

你看，任何人都可以創自己的部落格，寫下自己的想法，可是要製作成功的影片和分享個人知識的教學影片，就需要一套特別的技能和更高一層的投入。

本章接下來會聊到幾個部分，為何在累積粉絲數和自我行銷上，YouTube 頻道和影片通常不錯的選擇。我還會給你一些特別的建議，告訴你如何決定建立什麼樣的頻道以及如何著手。最後，我會分享一些我個人的最佳秘訣，教你怎樣快速創造內容和改善你在攝影機鏡頭前的儀態，幫助你快速累積粉絲數，為自己建立名聲。

為何 YouTube 頻道和影片是打造個人品牌的利器？

在我們開始討論怎麼做之前，先談談為什麼要採用這項手段。

身為軟體開發人員的你，有很多方法可以行銷自己。上一章已經聊過部落格這項做法，雖然在自我行銷上，我推薦部落格是不可或缺的手段，但就像我說過的，在某些情況下，我認為影片的效果甚至更好。

最大的理由是建立人與人之間的連結。影片提供一個讓你跟目標族群建立連結的管道，其他媒體甚至無法建立如此緊密的連結。某個人在影片中看到你，就像是在電視上看到你一樣。實際上，你成為他們心中的名人，這種明星效應對於建立品牌非常有效。

影片還能展現你擁有更棒的才華，實際展示你的程式能力，表達更多個人特色。就算只是一個教學影片，你也可以透過聲音語調和你呈現在螢幕上的內容，將大量的人格特質融入影片之中。

最後一個理由是，影片創作很難。既然如此，為什麼會說影片是很好的行銷手段？這是因為做進入門檻高的事一定會有好處，意味著競爭者也少。由於製作影片的人少，你更能抓住眾人的眼光，從中脫穎而出。而且，上鏡頭很可怕，學習如何創作和編輯影片也不是容易的事，需要投入大量的時間。這表示如果你願意專注去做這些事，就能享受到少數人成功涉足這個領域的好處。

所以，如果你有興趣挑戰看看，讓我們繼續深入！

選擇特定的利基點

建立 YouTub 頻道時，第一件應該考慮的事情是思考你希望服務的特定利基族群。建立一個包山包海的頻道，分享所有你知道跟軟體開發有關的資訊，確實是很吸引人的做法，但選擇一個非常特定的利基點（而且越具體越好），然後專注經營，會取得更大的成功。

檢視你在 YouTube 平台上訂閱的一些頻道，然後思考看看。我知道有些頻道只要一有影片更新，我就會去看，主要是因為頻道的內容很特定而且是我有興趣的主題。

因此，你應該試著選擇一個利基點而且要夠小，讓你有合理的機會成為特定利基世界裡的第一名。此處我不會另外花時間討論利基點，因為我已經在本書的其他章節裡討論過，但我會說這一點對 YouTube 頻道經營更為重要，原因跟 YouTube 平台演算法的運作方式有關。

YouTube 過去的做法是以使用者搜尋為主，但現在 YouTube 影片觀看數是來自於推薦內容。這表示當某個使用者觀看影片時，YouTube 會很神地將使用者最感興趣的其他影片展示在他們面前。YouTube 演算法的執行方式是透過一套複雜的機器學習算法，將某些頻道和影片內容進行分類，辨識出哪些類型的視聽者會想看某種類型的內容。

因此，對 YouTube 平台來說，很重要的一點是將影片內容分類得越具體越好，如此一來，它才能將你的影片推薦給最想看到這個影片的人。

你可以創作的頻道類型

挑選出一個利基點是好的開始，但還不夠。知道你的內容和什麼主題有關以後，下一步就是決定你要創作什麼樣的內容。

你可以在 YouTube 頻道上創作許多不同類型的影片。有些人喜歡以時事為主題，在鏡頭前露臉，侃侃而談他們對該主題的想法，這類影片多半會經過編輯；有些人則以記者報導的形式，傳達和利基點有關的最新消息。還有其他人是創作影片教學頻道，提供不同系列的影片，專注於說明某一個特定語言或技術的程式寫法，或是藉由實例說明如何解決某些技術問題。

你甚至可以創作一個頻道，以幽默詼諧的方式談論程式設計，或者只是採訪其他有名的開發人員。還有一種方法是混和多種模式，將多種影片類型結合在一起。

重點是花時間思考你想創作哪種類型的頻道和內容，以便於制定適合的計畫來產出你要的內容，有助於維持內容的一致性。

開始經營你的 YouTube 頻道

現在你已經知道你的頻道希望服務哪些目標族群，以及你打算創作的內容，就可以開始著手進行。

第一件要做的事就是為頻道取個好名字，最棒的頻道名稱是那些能清楚描述頻道內容的名字。建議你頻道名稱不要取得太譁眾取寵或油腔滑調，最好是挑簡單好記，而且讓可能訂閱頻道的人精準知道他們能在你的頻道上看到什麼樣的內容。

接下來應該要為新頻道建立 LOGO 和品牌，創造出一致的外觀和氛圍。此外，頻道還需要某種封面藝術，可能是每個影片一開始要放的一組介紹片頭。

有了前面講的這些基礎知識後，該找幾個想法來充實影片內容，並且開始錄製。剛開始不要想太多，這點真的很重要，反而只要提出一個大致的想法，就開始動手創作內容。我指導過許多開發人員，他們都想建立 YouTube 頻道卻從未真的動手去做，原因在於他們擔心一切都要做到完美無缺，而且對創作影片感到不安，這都很正常。在接下來兩節的內容裡，我會告訴你一些訣竅，幫助你成功步上軌道。

建立內容生產線

要確保頻道取得成功，不可或缺的一點就是擁有內容生產線。當內容生產線就位，就能以相當快的速度產出高品質的內容。

大部分的 Youtube 創作者剛起步時，其實沒有規劃他們要創作什麼內容以及要怎麼做。這是個很大的錯誤，因為會浪費大量的時間，導致效率低落。

建立內容生產線時，第一步是製作一份很棒的清單，把你想的內容創意全部列出來。剛開始請試著提出 30 個左右的影片主題，不需要明確的影片標題，因為這份有大量影片創意的列表，目的在於協助你創作影片時，可以快速抓到一個想法，不用浪費大量時間來決定接下來應該創作哪種影片。

另一個重點是將影片製作時從頭到尾的運作流程，整理成一份實際執行的計畫。顯然，初次創作影片時，你不知道流程怎麼運作，但隨著你開始創作影片，請將創作的過程寫下來，然後將其系統化。這一步可以讓你確認創作過程中沒有漏掉任何重要的步驟，幫助你提高創作影片的速度，因而提升你的影片產量。最終你還可以聘請其他人來協助你完成影片創作過程中的部分工作，不需要全部自己來。

創作一部影片的基本流程如下：

- 挑選你要錄製的影片主題。
- 寫下影片的腳本或簡短列出大綱。
- 錄製影片。
- 編輯影片。
- 將完成的影片上傳到 YouTube 平台。
- 寫下影片標題、內容說明和標籤。
- 安排影片釋出的時間。
- 在社群媒體上分享你釋出的影片。

實際上的工作流程會更詳細、更具體。

在鏡頭前表現出色

最後我要以這個議題來總結這一章：拍攝影片的技巧，這是阻止許多人進一步成為 Youtube 創作者的最大問題。

你可能認為拍攝影片很簡單，不過就是打開攝影機，然後開始錄下自己的表現，但事實不然。現實情況是，在鏡頭前表現出色並不是多數人與生俱來的才能。其實大部分的人錄製第一個影片時……呃，真的都很糟。

相信我，你可以去我的頻道「Bulldog Mindset」上看看那些最舊的影片，就會看到我當時緊張到胡言亂語、聲調尖銳而且在螢幕上毫無表現力可言。

那麼我是如何提升自己拍攝影片的技巧呢？嗯，答案很簡單：我創作了很多影片。我持續錄製影片和編輯這些影片，然後又錄製更多影片，直到我開始能在鏡頭前自在表現為止。我不會期待一切要完美呈現，允許自己發佈一些內容，就算不是很好也沒關係，因為我知道只要持續下去就會越來越好。

如果你願意採用這個方法，我向你保證，你的攝影技巧真的會隨著時間成長，甚至能開始在影片中看到你的人格特質。喔，最後我再簡短介紹一個訣竅：所有影片內容一定都能「編輯」，所以不用擔心會需要重頭開始拍攝影片。你只要順其自然把影片拍完，然後在後製作業時刪掉錯誤的部分。那麼，祝你好運，呃，加油？

其他有用的訣竅

你可能會很好奇，你還需要知道什麼才能開始使用 YouTube 平台，以及需要哪種設備。讓我們先從設備談起。

老實說，今天你只要利用智慧型手機的相機，輕而易舉就能應付這個情況，甚至不需要外接麥克風。沒錯，我是認真的。以前我只有使用手機內建的相機，就拍了一大堆影片，大家還問我影片畫質怎麼這麼好。現在我確實設置了昂貴的攝像機、打燈的設備和麥克風，但真的沒有必要，而且剛起步的你一定也沒有這些設備。如果你要錄下螢幕或教學，只需要螢幕錄影軟體，我最喜歡用的錄影軟體是 Camtasia。

還需要什麼知識？說真的，在 YouTube 的狂野世界中，任何事都可能會發生，但多學點知識又沒差。我有一位朋友 Sean Cannell，在他經營的頻道「Think Media」上有幾個有用的影片，可以幫助你開始使用 YouTube。此外，他還有一本相關著作《*YouTube Secrets*》，值得各位一讀。但說真的，我建議大家直接跳進去開始做，只要你開始製作影片，就會搞清楚自己需要知道什麼；真的，這是最好的學習方式。

即知即行

- 如果你要建立自己的 YouTube 頻道，請先花點時間思考和研究特定利基點。提出你的頻道名稱、決定你要服務的目標族群、包含的影片主題，以及你要製作的影片類型。
- 請建立自己的頻道，並且上傳影片。是的，我知道這似乎是一大步，但這是最好的起步方法，直接做下去就對了。所以，請挑選一個主題去錄製影片，然後試試看吧！

23

幫助他人提升價值的重要性

一個人的價值，遠勝過他的成就。

—物理學家•愛因斯坦

先前我們已經聊過你能做哪些事情來行銷自己，這一章我們要談談你需要產出什麼樣的內容。

你可以盡一切力量行銷自己，但如果你所做的一切只是為了自身利益，而非帶給他人價值，就稱不上成功。你可以寫部落格文章，在社群媒體上分享貼文，在活動上演講，但如果你所說的與傳達的事無法幫助他人，每個人終將無視於你。

大家都只對自己的事有興趣，沒人會想聽你說自己成功的故事，而且他們為何要幫助你實現更多的成功；但大家都會想聽你說，如何能幫助他們成功。若你希望投入的行銷力道能發揮成效，最主要的方法就是幫助他人也能取得成功。

美國知名的勵志作家與演說家 Zig Ziglar 曾對此做了最佳詮釋，他說，「如果你幫助夠多的人實現他們的目標，你也能達成自己的想望。」這也是你行銷自己時，應該利用的主要策略，會比任何其他技巧來得有效。

提供他人想要的價值

要提供人們想要的價值，就必須先知道他們想要什麼，但要找出人們要什麼並不容易，因為就算你直接問他們……他們也不會跟你說實話，其實人們不是故意要說謊，事實的真相是他們也不知道自己要什麼。人們心裡有個模糊的想法，就像新娘在找一件完美的結婚禮服一樣，唯有看到才知道這是他們要的。

你得自己找出人們想要什麼，必須讀懂他們所釋放的暗示，從中了解他們對哪方面有興趣，然後找出方法提供那方面的價值給他們。如果你已經在做類似的事，那就容易多了，但如果你還沒做過，就必須走出去，看看大家對什麼有興趣。網路論壇上，大家都在討論哪些主題？是否跟你的利基點有關？在整個產業裡，你看到什麼趨勢？或許更重要的是，你要如何幫助人們解決他們的恐懼？

你撰寫的文章內容，應該針對你事前調查所識別出的領域，致力於提供這方面的價值。你可能對某方面的架構或技術特別有興趣，但如果你的目標族群對此感到索然無味，你所提供的價值就毫無意義。然而，如果你的部落格貼文或所撰寫的文章正中下懷，很快就會發現人們對這些主題有興趣。若能輔以適當的方法，利用產出的文章內容來解決人們真正的需求，或他們所關心的事務，就能為他人創造真正的價值，提供他們想要的價值。

免費提供百分之九十的價值

雖然有些人對我免費提供的內容不屑一顧，但我每週還是會產出三篇部落格文章、一部 YouTube 影片、兩集 Podcast 節目和其他內容等，這些全都完全免費。我堅信你所提供的內容，應該要有百分之九十的部分是完全免費。為你努力產出的內容收費，這個做法並沒有錯，但你會發現最成功的部落格，他們提供人們可信賴的價值，而且絕大部分都是免費的。

比起付費內容，免費的內容更加能分享給他人。如果你寫部落格文章、產出影片或主持 Podcast 節目，並且免費提供這些內容，比起收費產品，人們更能分享與散播這些內容。分享免費的內容，就跟推播連結或傳送電子郵件一樣簡單，與收費模式相比，免費內容能讓你擁有更大量的訂閱者。

當你免費提供內容，就是人們不需要先投資任何金錢，就有機會能先看看內容的價值如何，你可能沒有銷售任何東西的計畫，但如果有閃過這個念頭的話，當人們了解你所提供的免費內容品質很高，通常就能輕鬆說服他們購買你所銷售的東西。另外也可能是出於謝意，他們有天會想透過支持你所開發的產品，來回報你的付出。

免費做白工看起來似乎是浪費時間，但你必須想這就是投資未來。今日你為他人創造價值，並且免費提供，藉由這樣的方式行銷自己，就是為自己建立名聲。讓別人知道你為他人提供價值，就是為自己的未來創造機會，你很難說建立這樣的名聲，它的價值有多少，但肯定能從各個方面受益。名聲能幫助你找到更好、薪水更高的工作、更多客戶，或者讓產品上市更成功。

成功的捷徑

每開始做一件事，不論是撰寫部落格文章、錄製操作畫面或者是從事其他活動，都應該以為他人創造價值為出發點。我寫這本書時，心裡會不斷地思考，我寫的這些內容要如何幫助讀者，如何傳達有用的資訊給讀者？如何提供價值給讀者？

人很容易落入一個陷阱，高談自己的豐功偉業，試圖證明自己有多厲害，但你會發現解決他人的問題，才能真正幫助他人，成為真正成功的人。只是跟別人炫耀你是世界上最厲害的 Android 開發人員，並沒有實質意義，如果你能幫助一位正在開發 Android 應用程式的人，解決他所面對的問題，他才會認為你是很棒的 Android 開發人員。

不論你透過什麼媒介行銷自己，都應該抱持這樣的態度。前面幾章我們聊過寫部落格和開始經營 YouTube 頻道，接下來幾章會談談如何利用各種不同的媒介行銷自己，但如果你不知道如何解決目標族群的問題和提供價值給他們，就無法讓他們認同你，自然也就無法在任何媒介上取得成功。

提供更多自身價值給他人

你或許會懷疑這種利他主義的動機是否能獲得成功，但事實證明，一些最有生產力的人也是最能幫助他人的人。為什麼？我個人認為這綜合了許多因素，你幫助越多人，就能接觸越多的問題與狀況，自然也就累積越多的連結。總是幫助別人解決問題的人，常常能利用這些實務經驗，反過來輕鬆地解決自身的問題，就算是陷入進退兩難的情況，通常也會有人回過頭來幫你。

不是只有我這麼認為，我曾讀過一篇有趣的文章，內容是說一位三十一歲的 Wharton 學院教授，他的生產力很高又熱心助人，在他的專業領域——組織心理學中，他也是最多產的教授，他完成的某些研究顯示幫助別人實際上就是在幫助自己獲得成功。（http://simpleprogrammer.com/ss-giving-secret）

即知即行

- 你認為怎樣的內容最有價值？哪個部落客的文章是你每週都會閱讀的？或有哪個 Podcast 節目的內容很有價值，你一集都不想錯過？
- 針對你的目標族群或利基點，你能提供的最大價值是什麼？你認為什麼樣的內容，對你想吸引的目標族群最有價值？

24

利用社群網路發展個人品牌

社群媒體已成為今日人們生活中佔比很大的活動，Facebook、Twitter、IG 和其他像 LinkedIn 這樣的網站，都是連結人際關係和分享資訊的重要媒介。軟體開發人員想行銷自己，就需要在這些社群網站上具有某種程度的存在感，透過分享的內容和分享的方式，管理自己營造出來的個人形象。

近年來，社群媒體專家不斷大量強調，社群媒體對品牌與行銷的重要性，我雖然認同這點，但我認為並沒有某些人宣稱的效果那麼好。不管怎樣，如果你想有最大的曝光度，並且吸引你的目標族群一同參與，就需要了解如何運用社群媒體來推廣個人品牌，

本章會幫助你發展社群媒體策略，帶你看每個主流網站，說明你能利用那些方式在社群媒體上傳播訊息。

拓展你的人際網路

利用社群媒體的第一步，就是要有一些粉絲，或者說基本上就是要有人加入你的人際網路。就算你拿著擴音器，站在街角努力大喊著你的理念，沒有人願意停下來聽你說也是無濟於事。

有許多不同的策略都能幫助你建立社群網路，一般來說，要怎麼做還是取決於各別網路本身的特性，但所有的社群網站裡，最簡單的方法就是加入他人的社群網路，或是邀請他們加入你的社群網路。聽起來似乎是簡單明瞭的事，但很多開發人員總是坐在那，等著別人來加他們或與他們互動。記住，你要展現對他人有興趣，他們才會對你更有興趣。

在某些地方放上你在社群網站上的個人檔案連結，像是線上的個人簡介、部落格文章的下方，甚至是電子郵件的簽名檔，都可以增加一些支持者。讓人們能輕鬆地與你建立連結，他們就會主動去做。還有不要害怕詢問。在部落格文章的下方加上行為觸發設計，詢問人們要不要關注你的 Twitter，這不會造成任何傷害，不是什麼壞事，儘管去做。

要建立大型的人際網路需要花時間累積，所以不用急於一時。有些檯面下的服務，宣稱能幫你在幾天內增加粉絲人數，雖然花錢買粉絲人數很吸引人，但在大部分的情況下，這只是浪費錢買一些假帳號來關注你或加入你的社群網路，這些假帳號沒有任何價值，因為他們背後並不是真正的群眾。

有效利用社群媒體

利用社群媒體的策略，主要著重於建立支持者和炒熱支持者的氣氛。你希望讓人們從跟隨者變成粉絲，這樣他們才會更積極參與你的內容，分享你的內容給他人，主動推廣你，進而讓你在業界建立名聲，但該怎麼做呢？

再次強調，這還是要歸結於價值的議題。如果你透過社群網路分享有價值的內容，持續提供價值給他人，就能獲得他人的尊重與誠信。但如果你發布的內容都是些不正確、令人反感的內容，或者只跟你自身有關的事，像每天早上吃什麼樣的蛋，這種內容就可能讓他人轉身離去。

那該放怎樣的文章在社群網路上，才能增加他人的價值呢？最簡單的答案就是，任何你覺得有用或有趣的事。如果你覺得某篇文章有價值，有很高的機率，別人也會這麼覺得。如果能確保你提供內容的標準相當高，人們就可能會認為你是優秀的資訊管理者，特別是跟特定利基點有關的資訊，他們就會願意多花點時間看看你在社群媒體上說些什麼，更可能分享你的貼文。

每個禮拜我都會提供一些有用的內容給在社群網路上跟隨我的粉絲，我認為這些資訊能讓他們受益。通常包含一些部落格貼文、新聞文章、勵志名言、軟體開發相關的技巧和訣竅，以及一些能挑戰追隨者們的問題，激發他們參與對話。

透過社群媒體分享的內容：

- 部落格文章：放一些熱門文章或分享你自己的貼文。
- 新聞文章：可能的話，放一些跟利基點有關的有趣文章，或跟一般軟體開發相關的文章。
- 勵志名言：有名的勵志名言，特別是能激勵人心的話語，這些通常都很熱門。
- 技巧與訣竅：任何你本身具有的特別知識，別人都可能會感激你分享的心得。
- 幽默：幽默很好，但必須確定這不會引發反感和真的有趣。
- 參與討論的問題：這個方法很棒，可以讓你的目標族群參與討論，並且與他們互動。
- 推廣自己的產品 / 服務：放這些推廣訊息時，必須最小限度地露出，而且最好是跟其他產品 / 服務一起分享。

顯然你應該放部落格的新文章或其他自創的內容，但如果有販售書籍或其他產品、提供顧問諮詢服務，就應該要仔細思考後再把廣告放上你的社群媒體，就像你應該免費提供百分之九十的內容一樣，這些內容要對你的追隨者有價值，而不全都是廣告。

保持活躍度

社群媒體的一大挑戰是保持活躍度。如果沒有持續活躍於社群媒體帳號上，就不會有太大的效果，但是要管理 Twitter、Facebook、IG、LinkedIn 等其他社群網路，同時還要完成該做的工作，確實是沉重的負擔。

你不可能在所有社群媒體上都極度活躍，並且參與所有的平台活動，除非你願意每天投入大量的時間在這些活動上，所以最有可能的做法是，選擇一或兩個你最想參與的平台持續經營。

以我個人的觀點，我並不喜歡在社群媒體上花太多時間。我覺得這些平台很容易就會耗掉一整天的時間，所以我會盡可能避免花時間在社群媒體上，但我還是要保持活躍度，該怎麼做呢？

現在我利用 Buffer 這項工具來協助我，不過還有很多其他的工具，也有提供相同的功能。Buffer 提供的功能，是讓我可以一次同時安排所有社群媒體的文章。每週的第一天我會確認一份記錄各個貼文的清單，這些是我想更新在社群媒體頻道上的文章，我會組合出各種不同類型的內容，安排所有內容在本週的不同時間裡發布。如果那個禮拜我發現一些有趣的東西，也可能會隨時新增更多的內容分享給支持者，但每個禮拜，我每天會在每個社群網站上至少發布兩部分的內容。此外，不論我何時更新了部落格文章或 YouTube 影片，發布的內容會自動分享到我所有的社群網站上。

我強烈建議你採用一些類似的方法，來管理自己的社群網路，這樣才不用每天花那麼多時間管理這些社群網站的內容。現在我每週大約利用一小時或更少的時間，就能相當有效地維護我的社群媒體，保持我在這些社群網站上的活躍度。

網路與帳號

軟體開發人員想行銷自己，就要在所有主要的社群網站上突顯自己的存在感，特別是偏向技術相關或專注於職涯發展的社群網路。你或許還會想建立特別的網頁或個人檔案，直接代表你的個人品牌，但如果想同時維護個人與職場專用帳號，可是會讓人累到喘不過氣來。

我會推薦大家一定要有 Twitter 帳號，因為許多開發人員都會使用 Twitter，這是個很棒的管道，有機會認識平常無法接觸到的人。你在 Twitter 發文時，可以標記某人，即使這是相當有名的人也沒關係，因為 Twitter 回文不花什麼力氣，所以有相當高的機會，這些名人會回覆你的推文。如果換成電子郵件，這些名人可能會忽視你的郵件，但回覆一個推文只要短短幾秒。我還發現 Twitter 有個很棒的地方，就是用來分享部落格文章與技術相關的新聞，由於推文的字數有限，更能幫助對話簡短，而且切中要點。

另一個推薦給各位的平台是 LinkedIn。顯然你應該要在 LinkedIn 上建立個人簡介，因為這個平台是真正提供給專業人士的社群網路，你可以在 LinkedIn 上建立線上版的個人履歷，和其他專業人士建立連結。這也是一個很棒的社群網站，你的專業內容像是部落格文章，能在這裡吸引到更適合的族群。你還可以利用 LinkedIn 提供的群組功能，跟一些人建立關係，像是對你所瞄準的特定利基點有直接興趣的人，或者是已經參與其中的人。

LinkedIn 最沒被充分利用的功能，可能是邀請已經和你建立連結的人為你的專業能力背書，你一定要善用這項很棒的功能。你寫在 LinkedIn 個人簡介上的每份職務，都一定要邀請你的前同事或主管為你背書，這麼做可能會讓你覺得不安，但有人願意推薦你的 LinkedIn 個人簡介，別人看待你的態度會有很大的差異，背書提供的是社會推薦，這股強大的力量能塑造出你的形象。回想你最近在 Amazon 的購物經驗，有沒有看其他消費者的評論，和尋找他人強烈推薦的產品呢？我現在購物時就會這樣，而我知道許多人也都採用相同的方式。

Facebook 和 IG 就沒像 Twitter 和 LinkedIn 那樣重要，但我還是會建議你也在這兩個平台申請帳號。不管哪個平台，你都可以申請個人帳號，或者是為你的事業或個人品牌申請粉絲團帳號，建立基本的簡介資訊。在 Facebook 上可以找到有用的社團，藉此跟你的目標族群建立關係，讓你能直接分享內容給那些對特定程式語言或技術有興趣的人。

即知即行

- 你現在使用社群媒體的情況如何？看看你的社群媒體動態，如果他人只有讀你放在社群媒體上的內容，會對你和你的品牌產生怎樣的印象。
- 提出社群媒體計畫。決定你想在每個社群網站上分享的內容有哪些，制定每週分享這些內容的策略，注意你分享的內容裡，哪種類型最熱門。

25

演講、培訓與簡報

想跟人們建立關係並且行銷自己，最有效的方法就是透過演講或提供某些培訓。雖然這類媒介的規模可能比不上其他媒介，但能站在目標聽眾面前，並且直接跟他們聊聊，是最有影響力的做法。

至少對我來說，沒有什麼能比踏上舞台發表演講或簡報，來得更令人振奮。能直接與目標聽眾進行互動，是非常有用的作法，而且可以根據聽眾的回饋循環做調整，這是其他媒介無法做到的事。

就算你沒打算躍上舞台，在研討會上發表演講，選擇在工作場合簡報，對你的職涯也很有幫助，這能創造出很棒的機會，展示你能有效率地表達出你的想法，影響你的同事，甚至是你的老闆。

唯一的問題是，要開口演講不是件容易的事，你會懷疑要怎麼開始，當你沒有任何經驗時，甚至還會害怕走上舞台。站在群眾面前演講並不容易，特別是你以前從來沒有經驗時，要踏出這一步更是倍覺艱難。

本章會說明演講和培訓對職業生涯的重要性，提供一些實務經驗給你，讓你知道如何踏出第一步或是讓你現有的經驗更上一層樓。

演講的影響力

你看過搖滾音樂會或樂團的現場演出嗎？你為何要去現場聽？你也可以買專輯在家聽啊，用耳機聽 CD 音質的專輯，搞不好音質更好。去現場看戲劇演出或舞台劇也是一樣的道理，為何不改成看電影？

這種感覺很難形容，當你參加現場活動時，能獲得個人情感的連結，這是你在家聆聽或觀賞錄好的影音無法獲得的體驗。現場演講能比許多其他媒介帶來更大的衝擊，即使演講的內容相同。

人們在現場聽你演講，更可能記住你，覺得和你有個人情感上的連結。去聽喜歡樂隊的演唱會，我們會記得這些時光，但我們不會記得自己在哪些時候聽過他們的專輯。

演講是一種互動媒介，或者說至少你可以讓它是。在活動場合演講時，你可以直接回答聽眾的問題，讓他們參與你的簡報內容。這種互動方式能快速建立大量的信任，創造出能為你推廣訊息的粉絲。我寫這一章的內容時，剛好有開發人員發了一則推文，他曾經聽過我的一場演講，演講內容是談「行銷自己」。聽過我的演講後，現在只要是在他能力範圍內，有機會就會推薦我和我的部落格給他人參考。如果他沒有親自來聽我的演講，就無法和我建立相同的情感連結。

許多知名的軟體開發人員，你或許也認識他們，都是藉由演說讓自己的職業生涯更上一層樓。我的朋友 John Papa 就是箇中佼佼者，他剛開始只做一些小型的演講，現在已經能巡迴世界到處演講，侃侃而談各項技術。成為知名的演講者後，他為自己創造出更多機會。

踏出演講的第一步

或許我已經說服你相信演說的重要性，也說服你值得去做，但你現在心裡可能有些疑惑，究竟要怎麼開始，因為這部分有點棘手。

我先說，如果你從未演講過，也尚未在業界建立名聲，是不可能在正式的大會上演講，而且你也不需要從一場大會的演講開始，最好從小型場合的演講開始，逐漸完善你在公開場合演講的技能。想在公開場合流暢地演講是需要時間累積能力，需要好好地進行一些練習。

開始練習的最佳場合，就是在職場進行簡報，絕大多數的公司都很樂意見到員工提出各種主題，特別是簡報的主題直接與你正在進行的工作相關。簡報一些團隊正在用的技術，或是提供某些領域的培訓內容，讓團隊能派得上用場。你甚至不需要把自己視為專家，就是簡單分享你所了解的內容，誠摯地幫助團隊。（事實上，你應該發現自己幾乎一直在用這個方式，太多人一直追逐名聲，要別人視其為專家，而不是誠實與謙遜，所以讓你的聽眾了解你是個實實在在的人，也有缺點與弱點，才能與他們建立長期的信賴感，覺得這個人似乎不是個蠢蛋。）

想練習公開演講，另一個容易的途徑是程式研習營和使用者同好會。絕大多數的都會區，通常都有軟體開發人員組成許多不同的同好會。在你住的附近找到同好會參加多半不難，加入同好會一段時間後，你可以問發起人是否能讓你發表特定主題的分享會，大部分的同好會都願意讓新人來發表意見，所以只要你的主題有趣，通常都能有發表的機會，在一小群寬容的聽眾面前演講，是絕佳的練習機會。此外，這還是能在當地公司與人資面前行銷自己的不錯途徑。

除了使用者同好會，每年世界各地舉辦的程式研習營也是不錯的選擇。多數程式研習營都會讓具有任何程度經驗的人，有機會就他們所選擇的主題進行演講。利用這樣的機會，每年至少在一個程式研習營發表演講。在這些活動場合演講，通常都不會有太大的壓力，因為這些活動都是免費參加，盡可以輕鬆面對，如果真的搞砸了，也不是什麼大不了的事。

等你累積一些演講經驗後，就能投稿給開發者大會。這個領域的競爭就相當激烈了，一些活動往往會有「耆老」（good-old boys）系統來審核演講者的資格，可是一旦你能打進這個圈子，每年都能找到許多演講機會，而且多數的活動會完全補助你的車馬費和其他費用。（許多我認識的軟體開發人員在世界各地旅行，到各地活動去演講，他們或許沒有收取演講費，但能去到他們以前沒有機會去的地方，藉此拓展聽眾。如果你是自由工作者，這些大型活動的場合是你挖掘商機的好地方。）

小心地雷：我很怕在公開場合演講

沒有關係，很多人都會害怕。害怕在公開場合演講，是人們常見的恐懼之一，問題在於要如何克服它？你可以加入某些組織，像是 Toastmasters（http://www.toastmasters.org/），他們會在令人安心的氛圍下，幫助你克服在公開場合演講的恐懼。你也可以先從一些小地方開始，開會的時候站起來說話，或是對你很熟的小型團隊做簡報，等你越來越自在之後，就能逐漸開始到一些更令人緊張的活動場合演講。

你必須記住一點，人類本身非常善於適應環境，練習的次數多了，你就會習慣，就能適應。跳傘兵第一次跳出飛機時，也是極度害怕，可是等他們成功跳傘多次後，恐懼終究會離他們遠去。只要你持續在公開場合演講，恐懼就會隨著你的適應而逐漸消失。

培訓

不管是現場授課或是事先錄製好的課程內容，從事培訓課程都是另外一條能建立個人名聲的絕佳途徑，甚至還能賺點微薄的收入。我藉由製作線上課程的內容，獲得相當大的成功，不只獲得線上課程公司付給我的課程講師費，還有成為業界專家的名聲。

過去一般人很少能獲得講師的工作或者是授課的機會，現今幾乎所有人都能拼湊出某些形式的線上培訓課程。當然，你還是能以傳統課堂的方式進行，但對多數志不在此的開發人員來說，利用線上影片培訓自己是更簡單、更具經濟規模的方案。

有個很棒的進入點，就是簡單地錄製螢幕畫面，再把影片免費分享在像 YouTube 這樣的網站上。錄製螢幕就是在你教學或展示如何做某件事的同時，錄下操作過程的螢幕畫面。如果你能利用錄下來的螢幕畫面，向其他開發人員清楚說明一項觀念，就能成為精通某項領域的專家，輕鬆建立你的名聲。名聲能轉化成更好的工作，還有正在找這類專長的特約客戶。

即使一開始提供的培訓課程是免費的，這也是推廣自己的好方法，最終你可能會想為你所產出的內容開始收費，如果你的培訓影片內容要收費，有幾種方法可以選擇。

首先是專門為開發人員提供培訓的公司，例如，Pluralsight。我製作的線上培訓影片，絕大部分是和 Pluralsight 合作，但也有其他公司提供一樣的服務，他們也會付費請你製作培訓課程的內容，以支付權利金的方式，給你一部分的營收。（事實上，許多出版社也都有負責發行影音內容的部門。）這跟寫書很像，當你為這類的公司製作課程內容時，通常就是委由你來產出內容，該公司負責行銷與銷售課程，因為你的課程是他們現有服務內容的一部分。一般來說，這類網站會有一些甄試流程，所以不保證你的課程一定會被接受，但試試又何妨。

如果你想完全自己來，不靠任何公司，可以自己產出課程內容然後直接銷售。我成功利用這樣的方式，在我的網站直接銷售培訓課程「軟體開發人員如何行銷自己」（https://simpleprogrammer.com/ss-htm）。唯一的困難是，你必須自己做行銷，找出提供課程內容給購買者的方法，以及接受他們付款的管道。

另外有一種折衷的方式，就是線上教育公司，例如，Udemy 讓任何人都能在他們的平台上發布課程內容，但是他們會拿走大部分的利潤，你還要自己負責行銷以及拉顧客，我認識幾個開發人員是利用這個平台取得成功。

即知即行

- 列出幾個你所在地區的使用者同好會，還有你有機會發表演講的程式研習營，挑選其中一個活動場合，對你能自在談論的主題進行演講。
- 找出網路上一些針對軟體開發人員的免費與付費培訓課程，做個筆記，看看是否能發現那些成功講師做了哪些事。
- 試著以錄製螢幕的方式，建立簡短的培訓課程，並且發布在像 YouTube 這樣的網站上。
- 列出你能演講的主題。

26

撰寫文章，進而出版書籍

如果你想在寫作上取得成功，就必須與讀者交流。希望正在閱讀本書的你，能感受到我正嘗試與你交流。我可以用與眾不同的方式來開始這一章，但我沒有選擇這麼做，因為我想直接與你交流，建立更強的關係。

如果我的方法正確，正讀著這段文字的你，會開始感受到，像是我們正面對面聊天，而非我一股腦自顧自地在說。文字所代表的意涵不只有表面的資訊，文字還是一塊強大的畫布，能把你的聲音帶給另外一個人，所以當你閱讀我寫的文字，有時會覺得比我直接跟你說話還要真實。透過文字把你的聲音傳達給讀者，聲音越有趣，就越能抓住讀者的注意，在閱讀的路上不斷給讀者一些價值，他們會和你交流，你就能贏得他們的支持。

書籍與文章的重要性

你聽過這樣的對話嗎？「他寫了關於這個主題的書。」書籍對作者來說特別有影響力，一個人會因為寫了一本書，而被視為具有某種程度的誠信，所以合理來看，如果你想在業界被視為有誠信的人，就應該寫本書；同樣地，也可以寫篇雜誌文章，發表在軟體開發雜誌上。多數人都會認為，如果有個人寫了特定主題的書或是發表主題相關的文章，他就是那方面的專家。如果你想行銷自己，能被他人視為專家，絕對不會有什麼壞處。

寫書除了能讓你的名字印在書背上，還有其背後的影響力。書籍這項工具能有目的和專注地傳遞你的訊息，當某人坐下來閱讀一本書，這本書就能獲得他們長時間的關注，因為讀完一本書少說要十到十五個小時，你很難找到其他媒介，能讓一個人投入大量的時間去聆聽你的訊息，但是透過書籍，就能向讀者傳達完整、未經省略的內容。

雖然雜誌文章無法讓你提供像書這麼大量的內容給讀者，還是能讓讀者投入相當的時間了解你想傳遞的訊息。一般來說，會比部落格文章的影響力大，而且流通率也相當高。

書籍和雜誌不是賺錢的途徑

絕大多數的軟體開發人員都會對寫書的理由感到困惑，以為絕大多數的書籍與雜誌作者，都能藉由寫作賺一大筆錢，然而，一個簡單的事實是，寫書不是為了賺錢，寫書是為了提升個人名聲。

現在出版市場上很少有書能大賣，就算有，作者也只能拿到一小部分的營收。多數雜誌只會付給作者一點稿費，儘管作者花了很長的時間撰寫與編輯一篇文章，所以不要指望能靠寫書或雜誌文章直接致富，除非你碰巧運氣很好，完美地寫出了一本暢銷書。

但你只是無法直接獲得報酬，不代表出版書籍就不是件有利可圖的事。如同之前提到的，寫書或雜誌文章的真正好處是，廣泛宣傳你的理念與建立名聲。出版業扮演的是品質守門員的角色，如果你的球能通過守門員，傳到另外一方讀者的手上，就會發現有各種其他有利可圖的機會等在那，那些是已經出版的內容間接為你帶來的機會。

已經出版過書籍的作者更容易獲得研討會的演講邀約，建立自己為特定主題權威這樣的形象，進而帶來更多的客戶與更好的工作待遇。

說來好笑，當我重新編修這本書的內容，並且出版第二版時，這本書比我當初想的還要成功，賺到的錢也超乎預期，我甚至還自費出版了另一本書《軟體開發人員職涯發展成功手冊》（The Complete Software Developer's Career Guide），現在每個月能為我賺取一萬元美金的利潤。所以……在一般情況下，我說的確實是事實，但「如果」你已經擁有一大票粉絲，而且知道如何以正確的方式行銷自己的書籍，那麼出版書籍也能為你帶來相當可觀的利潤，這也是你應該投入資源建立目標族群的原因。

傳統出版

我必須承認，這是我第一次循傳統方式出版書籍。我跟許多其他已經有出版經驗的作者聊過，知道要出版一本書並非易事，特別是萬事起頭難，要出版第一本書更覺艱辛。沒有太多出版社願意冒風險跟一個沒沒無聞的作者合作，很大的風險是這個作者可能無法完成一本書，因為這確實不是件容易達成的任務。

想要有出版書籍的機會，最好的方法是先清楚定義書籍的主題，你知道這個主題有市場，而且你能證明你所擁有的知識在該領域裡稱得上是專家。如果你已經為自己的品牌創立了利基點，就更能輕鬆做到這點，因為你開創出一小範圍的專業知識，而其中還沒有太多競爭者角逐這塊市場。書籍的主題越專注、越精確，就越容易提供自己的專業知識，但相對地，市場中潛在的讀者數可能也越少，所以必須在這兩者間取得平衡點，才能吸引出版商為你出版著作。

你要先蒐集一些情報，在市場上先打開一點知名度。我推薦從部落格開始，把你寫的文章投稿到小型雜誌上，逐步累積經驗，在你所屬的專業領域裡建立經歷與名聲，慢慢就能朝向更大型的出版之路。書籍和雜誌的出版商喜歡本身已經有相當粉絲數的作者，這意味著能保障這本書的銷量，你可以證明自己擁有多少粉絲數，提升出版商對你的興趣。

最後，你要準備扎實的提案（或是雜誌的摘要），清楚寫下並且列出你想出版書籍的目的、目標讀者、你認為這本書能成功的原因，並且提出證明，說明你是寫這本書的最佳人選。提案內容寫得越好，出版社或雜誌接受的機率就越高。

小心地雷：我不善長寫作

我也不擅長寫作，但我還是在寫書。在我整個求學歷程裡，最弱的科目永遠是英文，但像數學、科學甚至是歷史，這些科目我都能名列前茅，唯有英文就只能稱得上中等，或甚至還略低於班上的平均分數。我從來沒想過自己能像現在這樣，職涯裡有一大部分的時間花在寫作上。

究竟我做了什麼？我想只是因為每天寫作的關係，當然，大部分的原因是起始於寫部落格文章。一開始我的文章很糟，後來才逐漸改善，雖然我的文筆還追不上大文豪海明威，但至少現在多數的時間裡，我能有效地利用文字，傳達我的觀點與想法。

重點是不要擔心自己不擅長寫作，這不重要，重要的是你要開始寫作，而且堅持下去，隨著時間自然就能改善你的寫作技巧。

自費出版

傳統出版並不是唯一出版著作的途徑，有越來越多的作家以自費出版的方式成功，特別是已經擁有廣大讀者的人。我前幾本書也都是自己自費出版，靠自己銷售，賣得還算不錯。我沒有資源，也沒有大型出版商幫我發行，相對地我也沒有出版社要負擔的那些開銷，銷售書籍的利潤幾乎都歸我所有。

如果你想在寫作方面起步，自費出版是很棒的作法，因為你可以完全靠自己來處理，而且也很容易做到。在與出版商簽約之前，這個方法可以讓你試水溫，看看你的想法是否真的能寫成一本書，否則一旦簽約後，就必須遵守交稿的最後期限。

現在有很多服務都能幫助你自費出版書籍，在自費出版程式設計書籍這方面，熱門的服務之一是 Leanpub。Leanpub 提供簡化過的格式語言 Markdown，讓作者用於書籍寫作上，負責把書排版得美美的、上架販售，並且協助作者向讀者收取費用，每本書只會收取售價裡相當少的比例做為服務費。

你還可以透過「Amazon 電子書平台 Kindle 出版計畫」（Amazon with the Kindle Direct Publishing）銷售你的著作，甚至是使用像 Smashwords 或 BookBaby 這類的服務，將你的著作發行到多個市場上，這些服務甚至還會幫你轉成電子書格式。

我有兩位好友都是自己自費出版書籍，每年銷售書籍的收入從一萬到兩萬美金不等，這是個不錯的副業收入，也是提高知名度和建立誠信的絕佳途徑，當然傳統的出版方式還是佔有舉足輕重的影響力。

即知即行

- 瀏覽 Amazon 的暢銷書榜，看看軟體開發這個分類裡，哪些書賣得最好。
- 試著先寫一些短篇文章，例如，寫雜誌專欄，再著手進行書籍寫作。找幾個發行量少的軟體開發雜誌試試水溫，向他們提交文章摘要。（你可以到書店翻翻雜誌，或是上網搜尋軟體開發雜誌。）

Section 3

學習

當一個人把學校所學忘光之後，還能留下來的東西就是教育的成果。

—著名物理學家·愛因斯坦

軟體開發業界一直在不斷進化中，每天似乎都會有新的技術冒出來，昨天才剛學會的新技術今天就顯得落後。

世界變化的腳步如此之快，是否擁有學習新事物的能力就顯得極為重要。軟體開發人員如果依舊停滯在過去的技術，疏於更新自己的能力，沒有隨業界趨勢發展新技能，很快就會落後，錯失未來的機會，最後只能負責維護舊有系統。如果你想逃離這個命運，就要學會如何自學。

本章目標是教你如何自主學習，帶你看一套我發展的十步驟學習法，我用這套流程快速學習新技術，在一年之內，創建三十個以上開發者面向的完整訓練課程。此外，我也會給你一些實用的建議：尋找個人的心靈導師、教學相長以及釋放出內在潛能，讓自己像海綿一樣吸收資訊。

27

建立自主學習的能力

進入學校接受好的教育並沒有錯，但如果在畢業之後就停止接受教育，會漸漸讓人生處於劣勢。說真的，如果你一直都依賴某個人來教你知識，而從未建立自主學習的能力，會大幅限制你提升進階技能與知識的機會。

軟體開發人員必須擁有的重要技能之一，就是自主學習的能力。想在每天都有新技術引進的世界生存，自主學習是一項關鍵能力，一般公司會預期網頁開發人員至少要會三種程式語言，有的公司甚至會要求初階職務也要具備這樣的能力。

如果你想成為全方位的軟體開發人員，就必須擁有自主學習的能力。不幸的是，學校不會訓練這樣的能力。當然，你可以輕易地反駁我說，學校這樣的教育系統其設計目的本來就是針對團體而非個人，但學習方法的核心就是教育自己的能力。

剖析學習流程

你曾思考過自己的學習方法嗎？學習某件事的真正含意是什麼？事實上，我們幾乎很少意識到自己會傾向於學習個人有興趣的事物。當某人告訴我們一個令人興奮的故事，雖然我們通常不會筆記下來，或者試著把發生的事確實記錄下來，但多數的人其實都具有這種能力，只花一點點力氣就能重複說出聽到的故事內容。

做其他的事也是一樣。如果我示範某件事給你看，你可能會忘記，但如果換成是你自己動手做某件事，通常就能記住該怎麼做，如果你還進一步把自己嘗試學習的某件事實際教給他人，那麼你不僅能記住，還會有更深的理解。這顛覆了一個說法，每個人的學習方式不同又怎樣，不過是個神話，我們往往都能透過做中學和教導他人，得到最佳的學習效果。比起其他學習方式，主動學習的效果更好。

> 教育的終極目標是坐而言，不如起而行。
>
> —英國思想家 • Herbert Spencer

換個說法，就算你能讀遍所有教你如何正確騎腳踏車的書，甚至是看別人騎腳踏車的影片，我還能教你腳踏車運轉的機械原理，但如果你從未騎過腳踏車，第一次騎車時還是會跌倒。你可能對腳踏車聊若指掌，可能知道了很多騎腳踏車的機械原理，還有哪種腳踏車最棒，但除非你實際付諸行動，否則永遠無法學會騎腳踏車。

那為什麼還有這麼多軟體開發人員會隨手撿起一本程式語言或架構的技術書籍，以為從頭到尾讀一遍，就能吸收書裡的所有資訊？利用這樣的方式學習一項主題，充其量只是累積你對這個主題的所有資訊，但你還是沒能真正學會它。

自主學習

如果你想學會某件事，應該怎麼做？這麼說吧，要讓自己最終能獲得最好的學習效果，就是採取行動，強化學習，然後把你所學到的知識再教給他人，進而深化自己的理解。自主學習所投入的精力要專注在實際參與而且盡早去做。

學習某件事物的最佳方式是，在你甚至都還不知道自己在做什麼之前，就跳下去開始做。如果在著手實踐之前對一項主題有足夠的知識，能挖掘出自己內心更強大的創造力與好奇心。當我們積極參與一件事物時，往往能吸收更多資訊，發展出更多有意義的問題。

「玩」是最有力的學習機制，聽起來似乎有點怪，但應該也不需要大驚小怪。這點在動物界是稀鬆平常的事，隨處可見。小動物們通常就是玩，透過玩樂從中學習生存必備的重要技能。有看過小貓咪學習獵捕老鼠嗎？其實人類也是，我們透過玩、透過積極參與某件事物，從中學習各項知識，就算我們完全不知道自己在做什麼。

再舉一個例子，當我還是孩子的時候，我曾經對一個卡牌交易遊戲相當熱衷，叫做魔法風雲會（Magic the Gathering），我對這個遊戲很有興趣，每次都能玩上好幾個小時。這遊戲最讓我著迷的地方是，遊戲策略需要結合智慧、運氣與創意，才能打敗對手。

還有一個重點是，我幾乎把遊戲裡數千張卡牌全都記下來了。你只要說出一張卡牌的名字，我就能告訴你這張卡確實的作用以及它的屬性。（我現在或許都還說得出大部分卡牌的資訊呢。）你覺得我是坐下來，試著努力把數千張卡的資料都背下來嗎？不，我當然不需要這麼做。我就只是玩，盡情地享受其中的樂趣，是探索與好奇心幫助我學習了這麼多資訊，卻不花什麼力氣。

利用探索能力這麼強大的工具，不只能激勵你，還能大幅提升學習的步調。在閱讀書裡的某個主題之前，你只要先大致略讀一下內容，就直接切入主題，開始玩。別擔心是否知道自己在做什麼，只要盡情享受樂趣，看看自己會因為實驗和探索引發出哪些方面的問題。

等你玩過之後，就會知道自己有哪些方面的問題，再回過頭去閱讀書裡的內容。當你重看這些參考資料，此時你會以更大的求知慾接近它們，恨不得能全數吸收與消化這些內容。唯有當你找出問題，而且想知道答案時，你才會有想法，知道什麼是重要的。

然後再把所學到的知識，重新入投入實踐之中，看看你學到的新工具是否適合你正參與的事，並且解決你的問題。探索新領域，揭開需要解決的新問題。重複這個循環，一次又一次，一步步深入你想了解的知識，解決你在實踐過程中所發現的問題。透過這樣的方式獲得資訊，對你來說才有意義，而非流於紙上談兵。

最後，綜合你對該事物的所有理解，把你所學到的知識教給他人。這時你心裡會有滿滿爆炸多的想法，迫不及待想跟所有聽你說話的人分享你的新發現，因為你是真正地為自己所發現的知識感到興奮，這就是玩的力量。教別人這件事可以簡單到只是跟你的另一半說你學了什麼，或者是寫篇部落格文章。關鍵是把頭腦裡所知道的資訊，用你自己的話反芻、組織，然後表達給他人了解。

這就是我發展的十步驟學習法背後的關鍵概念，我會在接下來幾章的內容裡正式介紹幾個初步的步驟，幫助你安排自己的學習計畫。關鍵的指導原則是做中學，透過玩、實驗來學習，然後把你所學教給他人，這個簡單的流程能讓大家自然而然地學習，某種程度上能擺脫「被動學習」的桎梏，是最簡單且純粹的學習方法。

即知即行

- 記憶中你上一次自主學習的事情是什麼？你採取了怎樣的學習流程？
- 你上一次真正對一項嗜好或其他興趣感到興奮，是多久以前的事？你對這項嗜好或興趣的了解程度有多高？你有特別投入努力來學習，還是從玩樂中自然學會的？

28

十步驟學習法

過去幾年來，我一直都承受著巨大的壓力，敦促自己快速學習新技術、程式語言、系統架構等等能力。當然，會造成這種壓力其實是我自己的問題，因為我經常會跳進一項很難、自己又全然不懂的事物，若不考慮壓力來源，這強迫我發展出一套重複自主學習的系統。

接下來幾章裡會介紹我發展的十步驟系統，這套系統讓我能快速學習任何事。首先來談這套系統確切的發展原理與運作方式。

系統背後的想法

在職涯初期，我的學習方法主要是找跟學習主題有關的書籍，然後從頭讀到尾，把整本書讀完後才來實作我所學到的知識。我發現這樣的學習流程步調很慢，經常必須回頭去確認書裡的內容，不斷彌補我在主題上存在的知識落差。

當我時間很多，而且心裡沒有規劃真正具體目標時，這方法還不錯，我最終還是能學會我想學的事物，而且把整本書從頭到尾讀一遍也不難，就只是花時間而已。但當我開始有更多因素需要快速學習時，就發現原本採用的方法沒有效。我常常沒時間讀完一整本書，還發現書裡大部分的資料只能做為參考，無法提供真正的學習。

對學習的急切性迫使我尋找更好的方式，讓我能在有限的時間內，自主學習所需要的資訊。有時我甚至只有一星期或不到一星期的學習時間，必須針對某個主題吸收足夠的資訊，讓我能教導他人。我發現在時間有限的情況下，會自然而然地清楚定義確實需要學習的事物是什麼，尋找最好的資源，讓我能獲得真正需要的資訊，同時也忽略任何不符合目標的資料。

只要知道以下三個關鍵，就能學習一項新技術。

- **如何開始**：不管要學習什麼，都要了解一開始需要哪些基本資訊？
- **主題的廣度**：要學習的事物範圍有多大以及該如何進行？雖然一開始不需要知道每件事的細節，但如果能適當了解自己會什麼以及可能要學什麼，都有助於日後找到更多細節的資訊。
- **基礎知識**：除了初始階段的基本資訊，在使用一項特定技術時，還需要知道有哪些基本的使用案例和最常用到的知識。哪些百分之二十的知識，就足以應付日常工作裡百分之八十的應用。

利用這三項原則，不需要在前期了解每個細節，也能有效學習一項新技術。只要知道怎麼開始、要做什麼以及相關基礎知識，日後自然而然就會跟著學習的步調，了解其他需要知道的資訊。在學習前期就嘗試了解每項細節，只是浪費時間，因為真正重要的資訊都會混雜在所有其他小細節裡。這項新方法幫助我能專注在重要的事情上，如果真的需要更多細節資訊，可以之後再找參考資料來彌補知識上不足的部分。想想曾經有多少次你好不容易閱讀完一整本技術書籍，卻發現真正能用到的只有書裡涵蓋的一小部分內容？

我利用這項技巧在非常短、只有幾週的時間內，就學會了程式語言 Go。我盡可能專注於學習撰寫 Go 的程式碼，概略了解這個程式語言的範圍有多大，以及有哪些可用的函式庫。我想先獲得程式語言 Go 的全貌，了解這個程式語言能做什麼，最後再學習基礎知識。日後若有需要深入某個基礎知識時，再來擴展相關的細節知識。

十步驟學習法的系統原理

事實證明，要實踐這三個原則並不若看起來那樣簡單。學會「如何開始一項新技術」是個挑戰，通常也很難找出一項技術裡有哪些百分之二十的知識，可以適用於百分之八十的應用範圍裡。此外，也很難就一項技術的廣度找到精闢的描述，這類資訊通常會分散在整本書的各個章節裡，或是在好幾本不同的書裡。

為了解決這些問題，我需要在學習前做點研究，確保我能找到自己需要的資訊，並且以對學習進度最有意義的方式來組織這些資訊。

十步驟流程的基本想法是，一開始先對你要學習的事物有基本的了解，只要了解你不知道的部分就夠了。然後利用這些資訊定義你的學習範圍，還有成功的面貌。具備這些基礎知識後，再來尋找資源幫助你學習想了解的知識，當然，資源並不只限於書籍。最後，建立自己的學習計畫，針對你要學習的主題，建立課程計畫，過濾蒐集來的資料，只保留能幫助你達成目標的最佳資訊。

一旦你累積這些知識後，知道要學什麼以及怎麼學，就能設定學習計劃裡的每個航點，在朝著目標前進的同時，應用 LDLT 流程「學習／實踐／學習／教導」（learn, do, learn, teach，簡稱 LDLT），讓自己更深入了解與主題相關的知識。

十步驟流程的前半部是研究，這部分的流程只要進行一次，至於最終學習計劃裡的每個模組，則需要重複步驟七到十。你最後一定會看到這項技巧的效果，因為它會強迫你清楚定義前期要學習的目標，不斷地推動你往目標的方向前進，以實際行動來取代閱讀或聽講座。

利用這項技巧，我能在幾天內完整學習一項程式語言，其他數千位利用過十步驟視訊課程的開發人員，也都獲得類似的成果（http://simpleprogrammer.com/ss-10steps）。

這是快速學習的唯一方法嗎？還是系統裡有什麼魔法？都不是。這只是一項務實的方法，之所以能快速學習，是因為我們把學習內容的量降低到最低，只學最重要的部分，然後強迫自己從實踐的自我探索中學習，強化教導他人的力量。在接下來的幾個章節裡，我們會實際走一遍整個流程裡的各個步驟，你可以自由地調整你所看到的系統，丟掉你不喜歡或認為沒效率的部分，只保留對你有用的步驟。最終，你必須找出對自己最有效的自主學習法，而你未來將會仰賴這個方法提升自我。

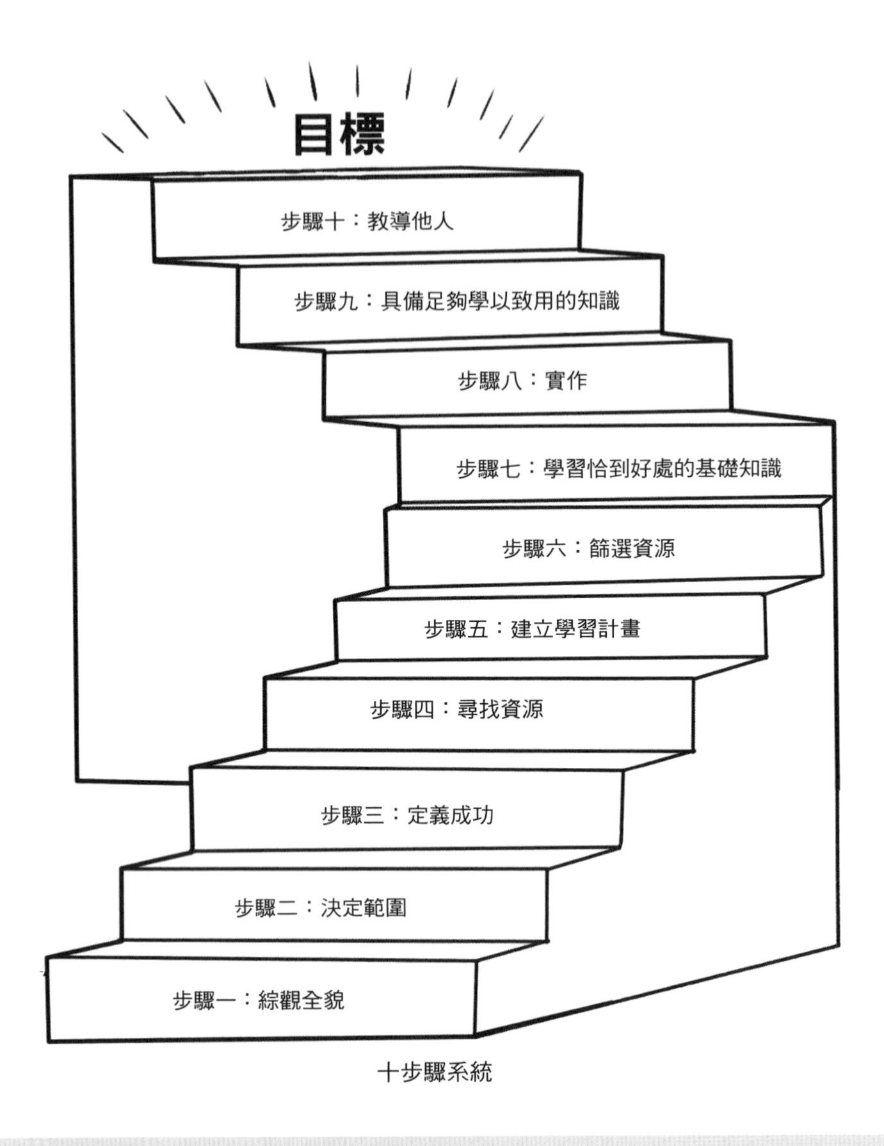

十步驟系統

即知即行

找個你熟知的技術，看看是否能定義以下問題：

- 你如何開始學習這項技術。
- 這項技術的廣度。
- 利用你知道的百分之二十的技術知識，有效應用在百分之八十的用途上。

29

十步驟學習法：步驟一到六

在十步驟學習法的流程裡，前六個步驟是專注於進行足夠日後學習使用的前期研究，確保你真的了解自己的學習企圖，知道該怎麼去完成自己的學習計畫，以及選出最佳資源，幫助你達成自己的目標和建立學習計畫。

不管你要學習什麼主題，這六個步驟都只要完成一次，在第五步驟建立學習計畫後，其中的每個模組才需要各自重複步驟七到十。雖然步驟一到六只要進行一次，卻是整個流程裡最重要的部分，這會決定你未來學習計劃的成敗。這六個步驟的過程就是在做你之後實際學習主題時需要的準備工作，基礎越扎實，你就越容易達成目標。

步驟一：綜觀全貌

學習是很棘手的事，因為剛開始學習某項事物時，很難充分地知道你真正要學的是什麼。美國前國防部長 Donald Rumsfeld 說過，「不知其所不知」，簡單地說，就是你不知道的事當然無從了解。

多數開發人員開始閱讀一本書時，甚至無從得知自己到底「不知道什麼」。這種學習方法的問題是，把這些「不知其所不知」留待後續再來探索，非常有可能會學到錯誤的事物，或者是自己完全無法理解的方法。因此，非常重要的是，在投入學習前，至少要對一項主題有些微的了解，這樣你才能找出自己確實需要學習什麼，進而決定最佳的實踐方法。

第一步要做的就是對你嘗試學習的主題先綜觀全貌，居高臨下來看這個主題，你看到了什麼？能不能找到剛好夠用的資訊，來幫助你了解自己不懂的部分是哪些？你所不了解的範圍究竟有多大？

假設你想學數位攝影，你可能會先在網路上搜尋關於數位攝影這個主題的每項資訊，快速瀏覽一些部落格貼文和文章，或許就能有些不錯的概念，了解這個主題有多大，再經過數小時的調查後，你還能知道有哪些子主題。

針對你想學的主題，進行基本的研究，就算是完成第一步驟。利用網路查詢，應該就能完成大部分的研究，如果你手邊恰巧有跟學習主題相關的書籍，還可以閱讀序章，大概瀏覽一下書籍的章節內容，但不要花太多時間在這個步驟上，記住，這個步驟的目標並不是實踐主題，只要綜觀全貌即可，重點是了解這個主題有哪些內容，範圍有多大。

步驟二：決定範圍

現在你對這個主題所包含的內容，以及範圍有多大，至少有某種程度以上的概念。在所有專案裡，決定專案範圍是很重要的事，這樣才能知道專案有多大，據此作好相應的準備工作，學習也是一樣。

繼續前面提到學習數位攝影的例子，在這個步驟，你要找出主題的內容究竟有多大，以及如何把一個大主題拆解成更小的子主題。在合理的時間範圍內，你當然不可能學會數位攝影的所有內容，所以必須決定要專注在哪些領域和範圍。或許你會說想拍人物照，那麼這就是你的範圍。

學習上常見的失敗原因是，著手處理的事物太大，因而變得無法負荷。像學習「物理」這樣的說法就不實際，這個主題太大，無法聚焦，你無法在合理的時間內，或許終其一生都不可能去了解物理這個領域的全部內容。因此，你必須決定學習的範圍，根據前一個步驟所獲得的資訊，把焦點縮小到更小的領域，更能掌控的範圍。

讓我們來看幾個例子，說明如何拆解一項大主題，聚焦在更小的子主題上。

大主題 vs. 範圍適當的子主題：

- 程式語言 C#：學習程式語言 C# 的基本語法，目標是建立一個簡單的單機應用程式。
- 攝影：學習數位攝影，目標是拍攝人物照。
- Linux 系統：學習安裝與設定 Ubuntu Linux，和基本功能的使用方法。

要注意一點，這些例子是把一個廣泛的大主題，例如，程式語言 C# 縮小到一個特定的焦點。也就是為一個幾乎沒有界線範圍的主題，定義一個有焦點的範圍。你應該還注意到了，在這個步驟裡，表格欄位「範圍適當的子主題」說明了學習的理由。例如，你想學攝影，特別是數位攝影，目的是拍攝人物照。從學習的理由為出發點，可以幫助你定義範圍，因為人通常是因為某個特定的理由才想要學習某件事。

第二步驟是根據第一步驟收集到的資訊，提出適當的學習範圍。利用學習一項主題的理由，幫助你決定學習的範圍應該要多大。

你可能會因為學習主題領域裡其他更多不同的子主題，就企圖擴大學習範圍，降低聚焦的程度，但請努力抵擋誘惑，儘可能專注在你的焦點上，一次只學習一件事。你永遠都能回過頭來學習原本主題分支出去的其他子主題，但現在，請選一個縮小範圍後的重點，然後學習它。

最後一個注意事項：利用時間表來幫助你決定範圍。如果你只有一週的學習時間，就要實際一點，想想你能在這個時程內學會什麼。如果你有好幾個月的時間，當然就能進行較大的主題。把主題的範圍縮小到適當的大小，以符合整體的學習因素和可用的時程。

步驟三：定義成功

在投入大量努力前，重要的是先定義成功。不先定義成功的面貌，就很難瞄準目標，也很難知道你是否實際命中目標。嘗試學習任何事之前，應該在心裡對成功有個清楚的面貌。當你知道目標是什麼，就更容易從目標反推，決定達成目標需要採取的步驟。

再舉學習數位攝影的例子，你可能會決定成功的準則包含學習使用數位相機的所有功能、說出這些功能是什麼，還有了解這些功能的原理和使用時機。

第三步驟的目標是提出一個言簡意賅的敘述，定義投入學習後所能獲得的成功面貌。根據不同的學習主題，敘述可能會各自不同，但要確保有一組特定的成功準則，能充分評估你所投入的努力是否符合學習目標。

好的成功準則要具體，不能模擬兩可，也就是不能模糊地敘述你想完成什麼，要列出具體的結果，或是一旦達成目標，應該能具備完成哪些事的能力。

以下舉幾個範例來說明模糊和具體的成功準則。

模糊的成功準則：

- 我能用數位相機拍出好照片。
- 我能學會程式語言 C# 的基礎。
- 我能利用 HTML 建立網頁。

具體的成功準則：

- 我會用數位相機裡的所有功能，並且能介紹每項功能及其使用的原理與時機。
- 我能利用程式語言 C# 的所有主要功能，建立一個小型的應用程式。
- 我能利用 HTML5 在網路建立自己的個人網頁，顯示我的履歷和作品。

成功準則主要取決於你想從學習經驗裡獲得什麼，重點是確保你能在流程結束後，評估自己的學習成果是否符合目標。具體的成功準則還會給你努力的方向，讓你保持在努力的正軌上。

步驟四：尋找資源

還記得你在學校時，曾為特定主題寫報告的事嗎？如果你寫完一整篇報告，卻只提供一個參考書目，就表示你所有的資訊都只來自於一本書，你認為這會發生什麼事？那篇報告應該會得到一個大大的「不及格」吧。既然如此，那為什麼現在還有那麼多人在學習一項主題時，仍舊只讀一本書，或是所有的研究只使用一項資源。

回到數位攝影的例子，你可能會從相機的操作手冊開始，但不會就此打住，你或許會搜尋許多專注於數位攝影的網站，甚至是自己使用的相機品牌的網站。你還可以在 Amazon 上搜尋與數位攝影相關的書籍，甚至是詢問專家的建議。

與其只讀一本書，請試著多收集各種不同的資源來幫助你學習。除了書籍，還存在許多不同形式的資源。說真的，今日拜網際網路普及所賜，你可以找到各種不同的內容，幾乎所有你想學的主題都可以找到許多學習資源。

這個步驟是為你要學習的主題，盡可能尋找更多的資源。進行這個步驟時，請先不要擔心品質的問題。這有點類似腦力激盪的步驟，你可以稍後再過濾資源，選擇其中最好的部分，但現在只要盡可能蒐集各種不同的資源。

蒐集資源時，最好的進行方法就是利用電腦來搜尋跟主題相關的資訊。我通常會先在 Amazon 搜尋，看看有多少這方面的相關書籍，然後再從 Google 搜尋看看是否能找到相關影片、部落格文章、Podcast 節目或其他有用的內容。你甚至也可以用老派一點的方法，去圖書館找資料。重點是要找各種不同的資源，你不會希望單一來源的觀點造成你認知上的偏差，要想辦法盡可能接收更多資訊。

✤ 各種資源 ✤

- 書籍
- 部落格貼文
- 線上影片

- 在你想學習的主題領域裡，具有豐富知識的專家人士
- Podcast 節目
- 程式碼
- 範例專案
- 線上文件

步驟五：建立學習計畫

你發現了嗎？大部分的書都會分成好幾個章節，再隨著這些章節發展書本內容，因此，好的技術書籍會在每一章為後續章節奠定基礎。

現在你有一些資源，透過這些資源，就能對你該學什麼，還有學習的順序有點概念。

回到數位攝影的例子，你現在應該有不錯的概念，知道自己會想學哪些子主題。瀏覽手邊的數位攝影資料，找出方法把一項主題分解成更小的部分。

大部分的主題在學習時，都會以自然而然的方式進展。從 A 開始學習，進展到 B，最終是 Z。東學一點，西學一點，對學習來說價值不大。你需要找到正確的路徑，在最短的時間內，帶領你從 A 到 Z，完成過程中的所有主要里程碑。

在這個步驟，你要建立自己的學習路徑。想像你正針對一個主題，寫一本書的大綱。其實等你完成一本書的目錄表後，就會發現學習路徑和這很像。基本上，最終目的是希望個人能專注學習一系列的模組，直到達成目標。

對於你想學的主題，建立學習計畫的好方法，就是看看別人怎麼教。我進行這個步驟時，通常會拿幾本書的目錄來參考，這些書就是我們在步驟四挑選出來的資源。假設有五本書的作者都以同一套模組和順序來分解內容，我有可能就會以類似的方法來制定學習計畫。

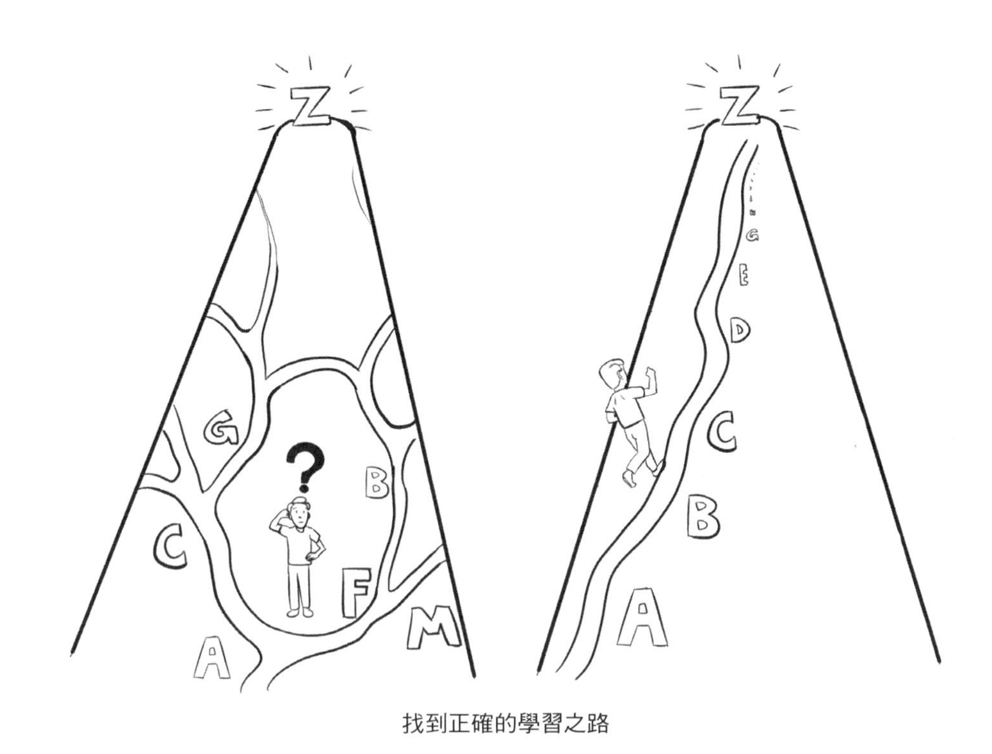

找到正確的學習之路

但並不是說把一本書的目錄複製過來，就可以說是學習計畫。很多書所涵蓋的內容之廣，根本超出你達成目標所需的知識，也有一些書的內容編排不當，所以在檢視蒐集而來的資源時，更能全盤了解整體學習要包含哪些內容以及納入內容的順序。

步驟六：篩選資源

好啦，你已經知道要學什麼和學習的順序，現在該來決定要用哪些資源完成工作。步驟四已經把你能找到的所有跟主題相關的資源都彙整在一起，步驟五利用這些資源提出個人的學習計畫，現在該篩選這些資源，留下少數最有價值的部分，幫助你達成目標。

此時，你手邊或許已經有大量的書籍、部落格貼文和其他資源，準備幫助你學習數位攝影，但問題是不可能所有的資源都能用到，大多數的資料都很重複，而且不是所有資料都適合你的學習計畫。

針對一項主題，一次讀個十本書和五十篇部落格文章，並不是個實際的做法，就算你真的做到了，其中應該會有一大部分的資訊都是重複的。所以，重要的是先縮小你的資源量，只保留能幫助你達成目標的最佳資源清單。

換個方式來思考步驟六：假設你是學校籃球隊的教練，現在你要精簡隊伍。雖然你希望每個人都能上場打球，但顯然不太可能，必須精簡球隊人數，才能便於管理。

這個步驟的重點就是，瀏覽所有你在步驟四蒐集到的資源，找出哪些資源的內容最有助於你的學習計畫，並且看看評論，決定哪些資源的品質最高。我在購買書籍時，會看 Amazon 上的讀者評論，藉此縮小範圍到一、兩本我認為最實用、最划算的書。

完成第六步驟後，接下來就準備移到學習計畫的第一個模組。針對學習計畫裡的每個模組，重複步驟七到十，直到實現目的為止。

即知即行

- 選一項你想學習的主題，實際執行一次本章列出的前六個步驟。你可能會想從某個小任務開始，藉以習慣這個流程，這都沒有關係，但就是要選個主題出來。如果你只是閱讀這些步驟，而不實際執行，我想對你並不會有太大的幫助。

30

十步驟學習法：步驟七到十

本章內容來到流程裡比較有趣的部分。我們要針對學習計劃裡的每個模組，重複進行步驟七到十。這四個步驟的目標是利用「學習／實踐／學習／教導」（learn, do, learn, teach，簡稱 LDLT），實際學習我們篩選過的資料。一開始只要學夠用的基礎知識即可，接著從實做中學習，從自主探尋中蒐集問題，然後再學習足夠應用的知識，最後，將所學到的知識教給他人，彌補自身學習上的知識落差，透過深入理解，凝聚腦海裡的各種想法。

步驟七：學習恰到好處的基礎知識

多數人會犯兩個常見的學習錯誤，我自己也不例外。第一個問題是，在知道得太少的情況下就躍躍欲試，也就是太快行動。第二個問題是，事前準備工作做得過多，也就是太晚投入。因此，必須在這兩者間取得平衡，要學習夠用的基礎知識，讓自己能盡早開始實作，又不能多到沒有探索知識的機會，如此才能獲得最好的學習效果。

第七步驟是針對你學習的主題，只學剛好夠用的資訊，讓你能盡快開始下個步驟的實作。就技術方面來說，例如，學習程式語言或架構，這個步驟包含學習建立基本的程式「Hello, world!」，或是安裝、設定開發環境。對攝影來說，可能是恰如其分地學習光線模組，再自己實驗各種光線來源與其效果。

這個步驟的關鍵是不要讓自己在學習之路上走得太遠。你很容易就會得意忘形，瘋狂地開始消化所有跟學習模組有關的資源，避免這個誘惑你才能獲得最大的成功，專注於學習最小量的知識，只要足夠能讓你開始下一步驟的實驗即可。你可以略讀、閱讀章節摘要或導論，藉以收集足夠的資訊，讓你對要做的事有基本概念。

你曾買過遊樂器遊戲嗎？在把遊戲片放入主機裡，開始進行遊戲前，不是會先快速瀏覽一下操作手冊嗎？這就是你在這個步驟要做的事。等玩了一下遊戲後，你可能會再回過頭去閱讀完整的操作手冊，但現在你只要學基本知識，然後直接開始玩遊戲。

步驟八：實作

這個步驟既有趣又令人害怕。有趣的地方正如這個步驟所言：玩，令人害怕的地方是，這個步驟完全沒有極限，沒有規則。在這個步驟裡，你可以做任何你想做的事，由你自己來決定進行這個步驟的最好做法。

剛開始可能會覺得這個步驟不是很重要，但讓我們想想其他的替代方案——多數人的學習方式。大部分的人在學習一項主題時，會透過閱讀書籍或觀看影片的方式，嘗試在前期先吸收很多資訊，然後再採取行動。這種方法的問題是，在閱讀與主題相關的資料時，他們不知道什麼才是重要的，只是依循別人已經規畫好的路徑。

假設你正在學習光源如何影響數位攝影。在這個步驟裡，你會用相機測試各種不同程度的光源，也可能會外出，開始學習調整光圈或在不同條件的環境下拍攝，不需要知道你正在做什麼，只要做就對了。你將從探索中學習，挖掘出大量的問題。

請考慮一下我建議的做法，就是先不要讀任何資料，直接開始玩，自己做實驗。透過這樣的方法，做中學。當你在玩的時候，腦海裡會自然而然形成問題：這是怎麼運作的？如果我這麼做，會發生什麼？我要怎麼解決這個問題？這些問題會引導你找出實際上什麼才是重要的。當你回頭去找問題的答案，這些你學到的知識不僅更有價值，還會記得更多，因為你學習的都是對你重要的事物。

步驟八是把你在步驟七所學到的知識，實際付諸行動。無須擔心成果，盡情探索就對了。如果你要學新技術或新的程式語言，這個步驟就是建立一個小專案，然後測試，寫下你在實作過程中遇到但不知道答案的問題，然後在下一步驟裡，尋找這些問題的答案。

步驟九：學習足夠學以致用的知識

好奇心是學習的關鍵，特別是對自主學習來說。小孩子會有一段快速學習的時期，主要是受到好奇心所驅動。我們想知道這世界是如何運作，所以我們會問問題，然後尋找答案，幫助我們了解自己所居住的世界。不幸的是，當我們長大後，多數人的好奇心往往會消失殆盡，開始把這世界上的事視為理所當然。結果，我們的學習速度變慢，教育變得無聊而不再迷人。

因此，這個步驟的目標是，重新激起你的好奇心，把好學的心帶回來。在步驟八，你就是玩，提出一些自己無法找出答案的問題，現在該來回答這些問題了。在這個步驟裡，你要瀏覽所有先前蒐集的資源，更深入學習計畫裡的模組。

再回到數位攝影的例子，如果你正在玩相機的光圈，此時你應該會有一些實作過程中引發出來的問題，而你想嘗試透過閱讀這個主題的相關資料來尋找答案。你可能會瀏覽手邊的資源，查詢和光線有關的所有資料，或是為其他你在實作過程中提出的問題尋求答案。

閱讀文字、觀看影片、與他人對話，或者是投入任何其他努力，都需要利用你所選擇的資源，藉此找出你在步驟八提出問題的答案。這樣你才有機會能真正地深入這個主題，盡情地學習。

不要害怕回頭去投入更多的努力，隨著探索問題的答案，你會學到更多與主題有關的新知識。透過閱讀與實驗，觀看與實作，盡可能花時間徹底理解你正在學習的主題。

但請記住一點，你不需要完全消化所蒐集來的每項資源，只要閱讀或看跟你目前學習有關的部分即可。就算你把一本書從頭讀到尾，也不會拿到金色獎勵貼紙。利用資源幫助你自主學習，解決實作過程中所提出的問題。

最後，別忘了你在步驟三所定義的成功準則。試著把你的學習計畫與最終目標綁在一起。你所掌握的每個模組，會以某種方式推動你向前，朝向最後的目的地。

步驟十：教導他人

> 告訴我，我會遺忘。教我的話，我會記住。唯有讓我參與其中，才是真正的學習。
>
> —美國政治家 Benjamin Franklin

多數人害怕教導別人，我曾經也是。如果要你想想自己所知道的知識或你認為自己已經了解的事，是否值得教給別人，你很容易懷疑自己是否有這樣的能力。但如果你想深入學習並且真正了解一項主題，教導他人這項主題的知識是不二法則。

在現實生活裡，其實你只要比別人超前一步，就能教他們。事實上，專家因為超出學生的程度太多，無法體會學生的感受，反而很難與學生產生共鳴。由於他們不記得初學者的面貌，最終會忽略掉一些他們認為簡單的細節。

假設你想把自己學會的關於光線如何影響數位攝影的知識，傳授給某個人，你可以創建一個簡單的 YouTube 影片，用範例說明不同光線來源下，對拍攝的數位照片有什麼影響。你甚至可以更簡單一點，像是跟朋友或同事解釋光線如何影響數位攝影，我相信會有一大票的人對這個話題有興趣。

在這個步驟裡，我會要求你走出舒適圈，去教別人你所學會的知識。要確定你已經學會某件事物，這是唯一的方法，也是很棒的方式，當你跟其他人解釋時，無形中就能補足你自身學習的落差。這個流程會真正地引發你在自己的內心裡，剖析與理解你正在學習的主題，而且你也會以其他人能理解的方式來組織這些資訊。開始教學工作後，我在職涯、專業發展與自身理解上都有大幅的躍進。

有各種不同的方法可以把你所學會的知識教給他人，你可以寫部落格文章或製作 YouTube 影片，甚至是跟另一半說你學會了什麼。重點是實際花點時間，把你所學會的知識從腦海裡拿出來，以別人可以理解的方式重新組織。實際走一次這樣的流程，你會發現很多你自以為已經了解的事，其實並沒有真正地理解。透過教導他人的過程，你還會開始把自己以前沒看過的東西連結起來，簡化腦海裡的資訊，嘗試濃縮與重現這些資訊。

這聽起來很誘人，無論你要學習什麼，都不要省略這個步驟，因為這個步驟極為重要，能讓你記住資訊，讓你的發展超越主題表層的理解。

✤ 教導他人的方法 ✤

- 寫部落格文章
- 製作 YouTube 影片或教學
- 簡報
- 和朋友或另一伴對話
- 在線上論壇回答問題

總結

付出努力才能學會如何教育自己，這將讓你從人生的課程中獲得無數的獎勵。十步驟學習法的流程並不是一個魔法方程式，不會讓你在短時間內變得更聰明，但透過我們多數人與生俱來的好奇心，它能在你一頭栽入，投入過多學習前，安排研究一項主題的流程。

如果流程裡的步驟對你沒效，或你覺得沒必要進行這些形式上的步驟，可以完全捨棄它們。步驟本身並不重要，學習流程背後的觀念才是真正重要的事。重點是要發展出一套系統，讓你可以教育自己，也就是一套你能持續運用，獲得成果的系統。

此外，我還要再提一點。雖然本書已經完整列出十步驟學習法的流程，而且毫無保留地告訴你所有的細節，但是如果你希望有實例讓你跟著一起做，可以參考我製作的影片版課程：http://simpleprogrammer.com/ss-10steps。這項課程有搭配練習手冊，你可以利用手冊來追蹤你的進度。

即知即行

- 就第 29 章裡建立的學習計畫，針對計畫裡的每個模組重複步驟七到十，完成學習實驗。
- 先不要省略流程裡的任何步驟，思考如何讓這個流程適用於你的學習計畫，然後修改它。

31

尋找心靈導師

幾乎所有精采的電影或故事裡都會有一位英雄經歷「自我生命成長的旅程」，在這個過程中總有一位心靈導師會帶領他，傳授給他繼續前進所需要的智慧，導師會挑戰英雄，讓他有所成長。

能遇到一位心靈導師是軟體開發職涯裡最巨大的資產，因為好的導師能讓你受益於他所擁有的經驗，而不需像前人一樣經歷嚴峻的考驗。你可以從導師失敗與成功的經驗裡學到很多東西，他已經預先為你在前方開闢了道路，比起自己摸索，好的導師更可以幫助你快速學會一項技術。

就像生活裡大多數的事情一樣，想尋到一位心靈導師並不容易，雖然你不用跟星際大戰裡的角色一樣，需要開著 X 翼戰機到 Dagobah 星球去尋找尤達大師，但你還是得做一些努力。本章會分享一些訣竅，告訴你該尋找怎樣的心靈導師，怎麼尋找心靈導師，如何確信一位心靈導師值得你投資，從而達成真正雙贏的局面。

導師的素質

心靈導師的存在形式，各式各樣。矛盾的是，如果從一個人的人生經歷來判斷，往往會誤以為那個人具有幫助我們的能力。一些職業運動隊伍裡最成功的教練因為不運動而喪失生命，一些知名的訓練家從未踏足健身房，而一些激勵演說家過著與他們宣稱的理念完全背道而馳的生活——他們就是表裡不一而已。

但這也不是說你就要去找那些最瘋狂、惡搞、失敗的人，哀求成為他們的學生。只是，不應該因為一個人成就平凡或外表不出眾，就對他們的能力打折扣，最好的心靈導師常是那些深陷泥淖的人。

如果你想看這種例子，就去匿名戒酒團體（Alcoholics Anonymous，簡稱AA）的聚會，或者甚至是當地的教會。這些地方經常可以找到許多心靈導師，那些歷經慘痛失敗的人不僅克服了自身的困境，還學會幫助他人度過相同的難關。

那麼，你想找怎樣的心靈導師呢？我認為你應該找個這樣的心靈導師，他自己已經成功完成你想做的事，或者是幫助別人完成你想做的事。如果他是靠自己的力量完成，那很棒，但更有力的判斷指標是他幫助別人完成。一個越有能力為他人帶來好的影響，幫助他人達成目標的人，就越有能力幫助你完成相同的事。

要把我們對一個人的想法或他們所說的話，跟他們所達成的成就分開，然而，說的比做得容易。當我們尋求別人的幫助時，就必須假設我們不知道何謂最好的，不然我們也不需要他人的幫助。這意味著不管我們提出怎樣的分析都有可能是錯的，我們必須相信自己所想的和實際的情況不一樣，相信心靈導師已經達成的成果，而不是依恃我們自己的邏輯與推理。

想想學游泳這件事。第一次學游泳時，腦海裡充滿各種關於游泳方法與水中危險的錯誤資訊，你可能會認為自己無法漂浮在水中，會因此而溺水，但在多數情況下，你對游泳的認知是錯誤的，你要相信游泳教練教你的方法，他們知道的比你還多。

在尋找心靈導師時，你要把個人成見與推論放在一邊。找一位在你設定的目標上已經有成就的人，或者是能力略勝你一籌的人，找已經幫他人達成你想要的水準的人，就算他們自己沒有到達這個水準。

✤ 心靈導師的尋找條件 ✤

- 他們已經做到我想做的事嗎？
- 他們曾幫助其他人做到我想做的事嗎？

- 他們能展示什麼樣的成果？
- 你能與這個人相處嗎？他的人格特質富有智慧嗎？

去哪找心靈導師？

現在你知道要找怎樣的心靈導師了，那現實生活裡該到哪找呢？不可能跑到一家心靈導師商店去租一個吧。（好吧，事實上，你還真的可以這麼做，請參考網頁 http://simpleprogrammer.com/ssclarity，現在你可以和各種領域的心靈導師談談，他們以每小時計費，還可以雇用教練來訓練你生活裡各項領域的大小事。）

最好的選項是你個人熟知的某個人，或者是朋友的朋友或家庭成員。如果你願意做點調查，四處打聽一下，或許可以在親朋好友的人際圈裡找到一位好的心靈導師，不論你想追求的目標是什麼，這是找心靈導師最好的方法，因為你已經認識的人或者是親朋好友為你介紹的人，最可能有時間協助你。

有時自己個人的人際網路並不夠廣，這時可以試試其他途徑。在為 R2D2 繫上安全帶，搭上 X 翼戰機漫無目的地尋找心靈導師前，可以先試試該領域裡當地的同好會，每個地區通常都會有各種不同的團體存在，追求各種嗜好與目的。如果你想找軟體開發方面的指導，可以在像 Meetup.com 這樣的網站上尋找當地的社群團體，甚至還可以找到該領域裡的許多創業家團體。

當地的社群團體雖然多數成員是由各種技能等級的人所組成，但通常是由經驗豐富的人所發起的聚會，他們想回饋社區，或是尋找有志於此的新手。就算你無法在這些團體裡找到好的心靈導師，還是有可能遇見能為你指引正確方向的人，或是他們有你需要的人際關係。

如果你對公司內的升遷有興趣，真正聰明的做法是在公司內找心靈導師。公司內的資深前輩，甚至是你的上司、上司的上司，都是心靈導師的最佳人選，他們最有可能告訴你公司升遷方面需要哪些確實的訓練。此外，還有一點，跟公司的主管級人物做朋友，對每個人的職涯都有好處。不過，此處顯然要注意這一點，你的老闆或主管有可能會不想指導你，因為他們不希望因此造成你離開公司，去環境更好的地方工作。

因為這類員工會為我招來好人，而且，我知道他們在逐步成長的過程中會有驚人的表現。我還相信所謂的「業力」，當你善待他人，而不是抱著匱乏的心態，慷慨之心似乎總是能帶來最好的效果。因此，底線就是：知道你是在跟誰打交道。

虛擬的心靈導師

但如果你費盡心思還是找不到心靈導師呢？在某些情況下，你只能考慮自己創造一位心靈導師。

像我一開始做房地產投資時，我不認識身邊有哪個人已經做過這些方面的事，我也不認識其他的房地產投資者，不知道怎麼找到這個領域的房地產投資者社團，在這個情況下，我選擇從書本裡創造出我自己的心靈導師。

我盡可能地找出房地產投資方面最好的書籍，盡可能地從這些虛擬心靈導師身上學習。除了閱讀這些心靈導師寫的書籍內容，我還嘗試理解他們做了哪些決策，以及做這些決策的原因。

擁有真實的心靈導師固然是更好的選擇，但當你進退維谷的時候，還是要轉而向你現實生活中比較可能擁有的心靈導師學習。事實上，你甚至可能透過網際網路接觸到這類的人，實際獲得他們的建議與指導。

Napoleon Hill 著有《思考致富》（Think and Grow Rich）一書，這是我最喜歡的書籍之一，他說過，無法找到想要的心靈導師時，他會在腦海裡想像一個，閱讀想成為的名人所撰寫的書籍，想像和這些名人對話，想像這些名人會給他怎樣的意見，而他又會如何回應。這聽起來似乎有點瘋狂，但另一本經典著作《*Psycho-Cybernetics*》一書的作者 Maxwell Maltz 也給了完全一樣的建議。

邀請心靈導師

就算你能找到一位完美契合的心靈導師，也不保證他就一定願意帶領你。事實上，成功的人士通常相當忙碌，非常有可能沒有多餘的時間帶領你，那你要怎麼說服這位有可能成為心靈導師的人，讓他覺得你值得他投入時間？

完成這項任務的最佳途徑就是，提供你自身的某些事物來交換對方的協助。你能提供的最好交換是學習的渴望…好吧…還有免費的勞力，沒錯，免費勞力可是很難讓人拒絕的。如果你願意協助做一些無聊的任務來換取學習繩索的機會，你會發現心靈導師會更有可能接受你的提議。

或許你沒有時間或者是財務資源，來為他人提供免費的勞力，也或者你只是想在追求的人生領域裡，獲得一點點的協助，也可能心靈導師不需要你的協助，那麼，又該怎麼做？

> **訣竅** 可以考慮以午餐或晚餐來交換心靈導師提供一些建議的機會。

請堅持不懈。多數人第一次被拒絕時就會裹足不前，請別讓自己成為那樣的人，反而要讓自己成為就算是被棍棒毆打，還能回過頭來繼續請益的人。雖然頑強不屈不一定每次都能得到回報，但你可能會驚訝地發現其實能獲得回報的次數還不少。

即知即行

- 在找心靈導師前，需要了解你期待心靈導師為你做什麼。坐下來，然後想想，你為什麼需要心靈導師，你希望從這個指導關係裡獲得什麼。
- 把你認識的人裡可能會是不錯的心靈導師的人列成一張清單，再請別人幫助你在清單上填寫他們認識的人。記得善用你的人際網路。
- 想想你能提供什麼來交換心靈導師的協助。

32

如何成為心靈導師？

擁有一位心靈導師固然不錯，但有時能成為他人的心靈導師，感覺更棒。不論你在軟體開發業待了多久，其他人都有可能從你的智慧或建議中受益。

回饋社會的重要性，不只是因為這是一件對的事，你自己也能從中大幅受益。本章會討論幾個成為心靈導師的好處，以及你如何選擇應該帶領的學徒。

成為心靈導師

許多開發人員認為自己沒有能力成為他人的心靈導師，或許你心裏也是這樣想，認為自己不具有資格，能在他人發展的路上訓練或協助他人。

雖然我不認識你也不了解你，但我想你或許喜歡寫程式，我幾乎能百分之一百保證，你絕對能在某些領域裡成為某個人的心靈導師。我最喜歡跟大家說的事情之一是，你只要在某些人生領域裡比別人快一步就能協助他人。不論你的人生在哪個階段或是職涯發展在哪個領域，都有可能領先他人一步，進而幫助他人。

花點時間想想，你領先誰一步。想想你認識的開發人員裡，有誰正嘗試學習你已經知道的事。就算你還稱不上是專家，要怎樣分享自己的知識來幫助這些開發人員。

做為一位心靈導師不是說你永遠都要知道正確答案，或者是確信自己不可能犯錯。心靈導師要能以客觀的態度看待他人的問題，提供他們可能因為深陷問題之中，而看不到的解決方案。你通常會以自身的智慧與經驗來反思這項觀察，但有時光是旁觀者的觀點就足以幫助某個人實現成功。

我知道這點是因為我經歷過這個情況，我曾遇過一個人，他雖然全然不了解我的問題，只是仔細傾聽我說話，卻能看出我顯然沒發現的事物，透過這樣的方式來指導我。在指導一個人時，有時你需要做的就只是用心聆聽，許多高薪生活教練所做的事不過如此。

我們都需要他人的協助，幫助我們看出自己在生活裡看不見的東西，當我們深陷於自己的問題與處境之中，就沒辦法那麼有遠見。世界頂尖的高爾夫球選手 Tiger Woods 也有高爾夫球教練，雖然這位教練的球技並沒有 Tiger Woods 那麼好，但他能看出 Tiger Woods 所無法看到的問題。所以做為一位心靈導師，你只需要觀察與耐心，把你那富有同理心的耳朵借給你的學徒，在他們需要鼓勵時激勵他們，當他們需要動力時，就……狠狠踢他們一腳。

指導他人的好處

說實話，我們都會把自己想得很寬厚，但事實上我們的動機都是以自己的利益為出發點，這就是人類的天性。我可以喚起你對社會與慈善的意識，告訴你指導他人是回饋社會與為他人做好事的機會——雖然這也是真的，但我還是想告訴你，指導他人這件事不只是對你幫助的人有益，對你自身也有實質存在的好處。

接下來的幾個章節裡會詳述這個部分，其實之前在十步驟學習法的流程裡已經稍微提過這部分的內容，教導他人是最佳的學習途徑。

當你擔任導師的角色時，經常會比你所指導的人學到更多的東西，因為當你重新審視自己對一項主題的想法時，會從新的視角來看這項主題。當自己擔任心靈導師時，通常會被幾個強大的問題所衝擊：為什麼會這樣？這個為何為真？為什麼我們應該要這麼做？迫使自己去探究這些「為什麼」的問題時，你會發現自己不知道這些問題的原因。在你企圖協助他人時，你會發現回答他人的問題能使你更深入了解一項主題的知識，甚至完全改變你的看法。

指導他人這件事有點像是買樂透。你在旅程之中幫助過的每個人，有一天都有可能會超越你，在情勢轉變時，最終反過來幫你一把。每位你幫助過的人就像是你種下的一顆種子，種下的種子越多，總有一顆會長成大樹，有天就能讓你遮蔭蔽雨。我在職涯裡曾經指導過許多人，他們最終都有不錯的發展，後來也提供我很大的協助，人都會記得在他們需要幫助時伸出援手的人。

最後我要再引發出你的慈善意識，告訴你指導他人會讓你感覺有多棒。為別人的人生帶來正面的影響，這是很有意義的事，特別是這個人無法回報你。指導他人能給自己的人生新的目的和意義，你會發現，只有在幫助他人時才能經歷到真正的幸福。

✤ 指導他人的好處 ✤

- 幫助他人，具有回饋社會的正面意義。
- 深入學習某個事物的最佳途徑。
- 指導過的某個人可能有天會回過頭來幫你。
- 自我成長的機會，幫助別人也會讓你成長。

挑選「值得帶領的」學徒

身為心靈導師的困難之一是，發現一位值得你投入時間的學徒。隨著職涯發展越發成功時，你會發現有越來越多人想要你的時間與協助，但並不是每個人都很真誠，幫助一位不是真正想獲得幫助的人，最終真的很容易浪費你的寶貴時間，所以小心選擇學徒非常重要，不要變成對牛彈琴。

決定學徒時，要找那些具備成功基本素質的人。一個有良好的素質和原則的人，縱使缺乏智慧和知識，但只要給予正確的指引，終將獲得成功。不具有這些條件的人，就算全世界都幫他，最終也是徒勞無功。

要找真正有學習渴望的人，而且願意努力去做的人，不要找那種出於怠惰，不想付出努力前進才尋求協助的人；找那種希望你的協助能幫他加速進度，以及從你的經驗受益而能避免錯誤的人，來做你的學徒。

即知即行

- 你能提供哪些領域的知識指導他人？列出你所熱衷且具有足夠知識能幫助他人的主題清單。
- 去吧，去成為一位心靈導師吧。找出需要你幫助的人，但要確定你找的人符合好學徒的條件。

33

指導他人是掌握學習的不二法門

在談十步驟學習法的幾個章節裡，其實就已經談過這個主題，但我認為這個觀念相當重要，值得再利用一章的篇幅做更深入的探討。我要再次強調，最棒的學習法就是指導他人，這或許也是深入學習任何事情的唯一方法。

如此意義深遠的真相卻經常被忽視，因為太多人對於嘗試指導他人這件事感到害怕，而且也常常覺得不值得花時間去教導別人。本章要幫助你越過這層恐懼，理解指導他人這件事是多麼有價值的一件事，探討一些方法，讓你能開始去指導別人，從學習的經驗中收割甜美的果實。

我不是老師

每次我跟開發人員說你們一定要去指導別人，這很重要，此時我最常聽到的藉口之一：我們又不是老師，不知道怎麼去教別人。當然，並不是所有人都有受過教學方法的訓練，但每個人確實都有教導別人的能力。在多數情況下，真正的問題並不是沒有教導他人的能力，反而是自己沒有自信能教好別人。如果我請你教我你已經精通的事，在大部分的情況下，你不會猶豫；但如果我請你教我的是你還不確定或不擅長的事，你會覺得眼前出現一片非常可怕的景象。

現在的問題是，你會覺得自己必須是某方面的專家，才敢去教別人，但從另一方面來看是，想成為專家其中一部分的訓練就是要去教導他人。如果你不曾把你所獲得的知識教給他人，很難成為那個領域的專家。事實上，我想讓你挑戰一下，試著找出一項你自認為「精通」卻從未教導別人的技能。你可能會列出幾個這樣的技能，但我敢大膽猜測這些你已經真正精通的技能裡，絕大多數的技能其實有很大一部分是透過教導他人才有今天這樣的實力。有趣的是，多數人在教導他人時是不知不覺的。

教學這件事被冠上一個正規的形式，但實際上，教學就只是把一些知識分享給其他人而已，其實你一直都在做這件事，甚至是沒有意識到。想想，有多少次你曾對同事解釋一些觀念，或是展示如何使用一些架構或函式庫？你只是沒有拿著粉筆和尺站在講台前，但你確實在做著教學這件事。

你不需要擁有成為老師的學位和證書，也不需要真的成為專家，你只要比別人超前一步，就能成功地教導他們。所以，儘管你以為自己沒有教導別人的資格，但事實上，人人都是老師。不僅如此，教學這件事就跟其他技能一樣，是可以透過學習獲得的能力。

教導他人時會發生什麼？

當我們首次學習某項主題時，往往會高估自己對這項主題的理解程度，很容易就會欺騙自己，以為自己真的很懂某件事，除非你教導他人才會發現自己所知有多麼不足。

你有沒有過這種經驗？有人問你一個很簡單的問題，你很驚訝自己竟然無法清楚地表達給他人理解。當你胸有成足地開口說，「這很明顯是……」，但下一秒你卻詞窮了，只能說「呃……」。這樣的情況總是會發生在我身上，當然也常常發生在許多人身上，當你以為自己已經了解一項主題，其實只學到皮毛而已。

這也是我為何一直強調教學是很有價值的一件事。教學這件事會強迫你去面對所有你已經擁有相當知識的領域，檢視你是否具有夠深入的能力，能充分向其他人解釋。人類的大腦擅長辨識模式，經常能解決許多符合這些模式的問題，而不用真正地理解自己正在做什麼或是為什麼這麼做。

當我們只想運用這些知識來工作時，不會去管我們是不是只有表面的理解，可是當我們嘗試想對某人解釋某件事的運作原理時，或我們為什麼要這麼做時，認知上的漏洞就會暴露出來。

這不是件壞事。我們必須了解自己的弱點在哪裡，才能知道要加強哪些地方。透過這種嘗試把某項知識教給某人的過程，你會強迫自己面對跟這個主題相關的困難問題，更深入地探討，直到你從學習變成理解一件事。學習往往只是一時，但理解卻能長長久久。我可以把九九乘法表背起來，但如果我理解它的運作原理，即使有點忘記了，還是可以完成一份九九乘法表。

教導他人無形中會強迫你的大腦重整資料。我們一開始學習某件事時，通常是很零碎的知識，雖然你所學習的知識可能已經整理過而且有條不紊，可是這些知識進入大腦時，通常會以更混亂的方式儲存。也就是大腦是在掌握一個觀念後，才引導你到下一個觀念，然後再帶你回到之前的觀念，最後才讓你獲得以前尚未理解到的知識。

以這種方式把資料儲存在大腦裡，是很沒效率又令人困擾的事。這也是為什麼當有人問你問題時，你明明知道這個問題的答案，說出來的話卻是一團混亂，就像亂碼一樣。你明白自己就是知道，卻無法清楚地解釋出來。

因此，只有在教導他人時，你才會被迫重組自己大腦裡的資料，思考哪種方式才是最好的說明方法，然後在紙上寫下來或整理成文件、投影片檔案，這樣的動作會促使你把散落在大腦裡的資訊碎片放在一起，以有意義的方式重組。而且，在你教別人之前，基本上你必須先教會自己，這也是教學對自身學習有效率的原因。

起步

或許我現在已經說服你，教學是一件你可以做，也應該要做的事，特別是當你想真正理解一件事的時候。不過，你心裡可能會疑惑，就算我想教導他人，實際上究竟要如何開始。不管你喜不喜歡一項主題，要實際踏出這一步，成為一項主題的權威，並不是件容易的事。

我發現教學最好的方法是從謙虛的角度出發，但要帶點權威的語氣。我的意思是，當你教導他人時，不要展現出你比學生來得更厲害或聰明，但要對自己所教的知識有自信，堅信自己所傳達的知識。沒有人會想跟一個不確定自己在講什麼的人學習，但也不會希望自己在學習時被人當成笨蛋。

要正確做到這點，需要一些練習，不然很容易在某個方向上偏離。只要了解教學這件事是幫助他人理解，而非證明你自己的優勢或尋求他人承認你的能力。

想想那些你生命中遇過最有影響力的老師，讓你喜歡學習和對你人生產生影響的老師。他們有哪些特質？他們採取了怎樣的教學方法？

那麼要從哪裡開始？是要開個自己的教室，邀請人來參加嗎？

我會建議你從小地方開始，先習慣分享你自己的想法。我總是推薦開發人員從寫部落格開始（你閱讀過第二部分的章節嗎？），這是個很棒的手段，可以教別人自己正在學的事又不會有太多壓力。當你正在學習一項主題，就在部落格上寫下自己正在學習什麼，看看你是否能以簡單的方式，將你已經獲得的知識萃取出精華資訊。歸根究柢，我的部落格「Simple Programmer」正是以這樣的方式開始的。我最初的目的，當然也是最重要的目的，就是讓複雜的事變簡單。一開始寫部落格時，就是想我將自己正在學習的事，以簡化的方式表達，讓其他人能更容易理解。

然而，不僅止於寫部落格，你還可以在當地的使用者團體或自己的工作職場，開始簡報一些資訊。你只要記住一個精神：謙虛但有自信，不要傲慢，就算不是最佳簡報人，也能把這件事做好。

影片是另外一種很棒的教學方法，特別是把教學的畫面錄下來，這不會花你太多力氣，馬上就能開始教導他人。你可以利用錄製螢幕畫面的軟體，像是 Camtasia 或 ScreenFlow，錄下你電腦螢幕的畫面，加點旁白說明畫面上正在做的事。由於這種教學方式包含了聲音、視覺和實際的展示，更能帶給你挑戰，強迫你思考最好的方法來提供資訊給別人。

即知即行

- 找出你能教別人的一項主題，然後著手進行教學。你可以寫部落格貼文，或錄製電腦螢幕的操作畫面，不管你選擇什麼方式，但就是要在本週著手進行一些教學。
- 在你準備一項主題的教學時，要特別注意準備的過程中，實際上是如何提升你對一項主題的理解，要特別注意自己因為教導他人才發現的知識落差。

34

學歷是成功的必要條件嗎？

大學學位究竟有沒有價值，這件事在軟體開發業裡，多年來一直存有爭議。沒有學歷的軟體開發人員在職場上、人生發展上就不會成功嗎？真的就會在求職上四處碰壁，註定找不到工作嗎？

本章內容將探討追求更高學歷的優缺點，但就算你沒走上學術之路，我也會給你一些訣竅來幫助你取得成功。

有學歷才能成功嗎？

我相信你知道這是非常有爭議性的問題。如果你問一個有學位的人，他們很可能會說「有影響」，問沒學位的人，除非他們剛好那時候失業，不然可能會說「沒影響」。但真相是什麼？究竟需不需要學歷？

嗯，我現在雖然有計算機科學的學位，但我剛開始工作時沒有，所以我的情況介於這兩者之間。當然，這不能說我的答案就絕對正確，但我能客觀地從這兩種立場來探討，有沒有學歷對求職與升遷這兩方面的影響。

就我的經驗來說，成功不見得要有學位，但沒有學位確實是一個會限制個人發展的因素，侷限你能獲得的工作數量，某種程度上還會限制你的升遷，特別是在較大型的公司裡，沒有學位最終可能會造成你的履歷在還沒被看見前就被刷掉，許多公司會根據學歷程度來過濾應徵工作的履歷，特別是大公司。事實上，某些公司的聘僱條件也規定得很明確，要求軟體開發人員要具備大學學歷。再次強調，這並不是說沒有學位就不能應徵上這些公司裡的工作，凡事總有例外，只是沒有學歷確實會更難進入這些公司。

這裡我並不想過度強調學歷的重要性，但我希望你了解一件事，沒有學歷會限制你的選擇。正如我所說的，我堅信成功並不一定需要學位。

我認識許多在職場上發展得十分成功的軟體工程師，他們都不曾取得學位。Bill Gates 就是一個很棒的例子，他沒有取得大學學位，但你看看他現在多成功啊。在我的軟體開發工作職涯中，大部分的時期裡我並沒有學位，但我也做得很好。在軟體開發的領域裡，最重要的是工作實力。如果你能寫得一手好程式，又善於解決問題，只要你能證明自己具備這兩項能力，遠勝過一紙證明你「受過教育」的學位證書。

相較於其他行業，軟體開發業最大的不同點是，這個業界變化的速度很快，每天都不斷地導入新的架構和技術，幾乎不可能在教育機構裡，充分訓練出能真正符合職場環境的軟體工程師。當教科書發行時、當你制定好課程時，許多事情都已經改變，不是教科書和課程所說的那麼回事了。

不過，軟體開發還是存在著一些不變的核心領域。許多計算機科學學位課程所涵蓋的演算法、作業系統、關聯式資料庫理論，和其他主題的課程內容都沒有改變，但顯而易見的事實是，你在辦公桌前坐下來寫程式時，很少會用到學校裡教過的技能。開發人員的工作裡，大部分的工作是使用新技術和學習如何運用新技術，很少會要用到計算機科學領域裡的根本原理。

再次強調，這並不是說計算機科學教育的基本原理就沒有價值，能夠深入問題的表面，真正理解問題的核心是非常有價值的能力，只是對大部分的開發人員來說，與工作成功更有關聯的指標是相關的工作經驗。

擁有學位的優勢

雖然我們先前已經談過一些擁有學位的優勢，這裡我們要更深入探討。

首先，擁有學位是確保你受過軟體開發方面的完善教育。雖然計算機科學學位或類似的軟體開發相關學位，無法提供全方位軟體開發人員需要的所有教育訓練，但絕大多數的學位課程計畫還是能讓畢業生具備基本且扎實的基礎。

你當然可以自己學習軟體開發方面的知識，只是採取自學的方式最終可能會在教育上出現一些漏洞，日後或許會成為你職涯發展的絆腳石。計算機科學或相關學位能讓你具備高水準的數學能力；對程式設計語言、作業系統以及演算法具有相當的理解能力；還有了解一些其他關鍵主題，雖然你日常工作中不見得需要知道這些知識，但這些知識對你實際上的工作與各項工作的運作原理來說，都能建立良好的基礎與更深入的理解。

如果你沒有軟體開發的經驗，擁有學位還可以幫助你敲開軟體開發職涯的大門。在軟體開發的領域裡，沒有任何開發經驗特別難進入這個業界。如果有兩位應徵者同樣都不具有任何開發經驗，在這個情況下擁有學位的人就不一樣了。從未有相關的開發工作經歷，又沒有正式的教育背景，真的很難說服別人你具有寫程式的能力。

擁有學位還能給你更多選擇。有時沒有相關學位就無法取得某些職務，特別是在大公司。沒有學位的話，也很難升遷到管理職，如果你決定要轉換跑道，往管理職的升遷之路發展，除了要先取得大學學位，可能還會需要 MBA 的學歷。

擁有學位的優點：

- 能證明受過軟體開發方面的完善教育。
- 在沒有工作經驗的情況下，比較容易進入職場。
- 更多的工作選擇，以及較容易升遷到管理職。

缺點：

- 當別人已經開始工作有收入的時候，你還在花時間學習。
- 可能會陷入難以打破的思考模式。

沒有學位又該如何？

好吧，顯然有學位是百利而無一害，但如果你就是沒有學位又該怎麼辦？

如果你沒有學歷，就必須仰賴更多的經驗，並且證明自己的能力。學位至少能讓雇主有點信心，相信你多少擁有某些軟體開發方面的知識，所以如果沒有學歷，就必須提出能證明自己能力的證據。

證明自己能力最好的方式就是藉由之前的工作經歷。就算沒有學歷，可是你過去五年來都在從事軟體開發的相關工作，基本上就能證明你會寫程式。如果你的工作才剛起步，這就有點艱難了，你必須要能證明，你說你會的這些能力，實際上真的可以做到。因此，彙整一份自己的作品集會是最好的方式。

不管你是有學歷或者是工作經歷，我都會建議你彙整一份自己工作的作品集，如果兩者都沒有，最好能展示一些你寫的程式碼。若想採取這個方式，現今最好的做法是在網站上參與或者是創立開放原始碼專案，例如，GitHub。GitHub 提供許多開放原始碼專案的託管服務，其他人可以透過你的 GitHub 帳號，檢視你的貢獻成果。

你也可以整理一些你自己創建的網站或應用程式，在面試的時候提出這些程式碼。我一直都推薦開發人員開發行動應用程式，像是 Android 或 iOS 平台上的應用程式，特別是對剛起步的開發人員來說，這是非常好的方式，能告訴你未來的雇主，你有實力建立一個完整的行動應用程式並且發布它。

現在花點時間想想，你能建立應用程式或者一些作品集，讓你帶去面試嗎？你已經有一些程式碼或專案可以證明你的實力嗎？

另一件要思考的事情是，如果你現在沒有學位，那你未來是否要取得一個。我剛進入職場時也沒有學歷，所以在找前幾份工作的時候很辛苦，但在那之後，我得到一個重點，有了足夠的工作經驗，有沒有學歷就不是那麼重要的事了。然而，工作數年之後，我還是決定重回學校取得學位，當然是為了得到一紙文憑。我取得學歷的方式是一邊工作一邊學習，所以跟我的同學比起來，我最後不僅取得了學歷，還多了四年的工作經驗。唯一的缺點是，那幾年我都必須利用晚上的時間學習。由於函授學校與夜校的學費通常比較便宜，取得學位的成本不會對我造成影響，再說，當你已經有工作時，費用相對就少很多，你也不需要為學費而借貸，不只這樣，有些公司甚至還願意實際支付一些或是全額負擔員工攻讀學位的費用。

如果你現在沒有學歷，可以考慮採取類似的方式，一邊繼續目前的工作，一邊利用工作之餘上課取得學位。這是個不錯的備案，未來可能會助你一臂之力。

另一個你可能會想追求的課程是專業證照。證照雖然不像學歷那麼有力，但相對在費用上也沒有取得學位那麼昂貴，仍舊可以幫助你證明在該領域裡具有專業能力。現在已經有專業證照可以證明你具有 Microsoft 和 Java 技術的能力，也有一些方法論的證照，像是 Scrum。這些專業證照課程計畫通常都能透過自學的方式，證照考試的費用也相當便宜。

即知即行

- 如果你沒有學位，找找你可以參加的線上或在職課程。看看他們的學費是多少，以及要花幾年才能畢業。
- 如果你決定放棄學位，就要確定你具有不錯的工作作品集。花一點時間，把自己的程式碼整理成扎實的範例，證明你確實知道自己做的事。

35

覺察自身的知識落差

專注於發展個人強項並沒有錯，但有時如果不解決自身的弱點，通常會成為限制職涯或人生發展的因素。我們都有弱點，這是很正常的事，只是我們所缺乏的知識會阻礙工作的效率，因此，越能發現我們所缺乏的知識並且補足它們，就越能幫助我們在工作上走得更長遠。

本章的目的在於幫助你找出那些讓你無法充分發揮潛力的知識落差。我們會檢討這些知識落差存在的原因，告訴你如何找出它們，以及最後要如何填補它們，這樣你才不會受限於這些你所缺乏的知識。

為何會有知識落差？

曾經有很長的一段時間裡，我無法理解程式語言 C# 裡 lambda 運算式的運作方式。在 C# 裡，lambda 運算式是基本的匿名函式，可以用來建立委派物件，利用 lambda 運算式能讓我們快速宣告一個沒有名稱的函式。

我常常在使用的程式碼裡看到 lambda 運算式，也大概知道這個運算式的作用，但我真的無法完全理解它。我知道花點時間去了解 lambda 運算式的運作原理，以及 lambda 運算式是什麼，對工作會更有幫助，但我當時真的擠不出時間。

最後，這個弱點很輕易地就變成我所擁有的知識裡一項嚴重的落差。原本想省下時間，就偷懶不對 lambda 運算式的運作原理式進行徹底的了解，反而浪費更多時間，最後我還是決定要花時間好好了解 lambda 運算式。事實上只花了幾個小時的時間閱讀和實驗，我就理解了 lambda 運算式的觀念了。

那時工作周遭的人只要觀察我就能看出我的弱點，以及這項弱點消耗我多少的生產力，即使現在看來如此明顯的問題，我當時卻深陷其中，無法看清。

這個狀況就是知識落差。我們往往容易掩飾自己的弱點，一直說自己太忙沒有時間停下來花點時間去把這部分的知識落差補上。最終，我們會因為沒有真正理解自己在做什麼，或用沒有效率的方法做事，以避掉自己覺得弱或感到不安的部分。

就算我們最後真的找出了這些知識落差，也了解它們對我們自身所造成的痛苦，但我們往往還是不會有所作為，依舊故我，即使我們心裡知道自己該做什麼。就像你明明知道牙齒在痛，卻逃避去看牙醫，因為你不想面對這個令人煩惱的問題。

找出自身的知識落差

當然也不是所有的知識落差都顯而易見。事實上，我會說就算知識落差存在，絕大多數也都模糊不清，一般人通常很難知道自己到底不了解什麼，也很容易忽視這個情況。

想找出阻礙你工作的知識落差，最好的方法就是看哪些工作佔掉你最多的時間，以及任何會讓你花時間重複進行的工作。通常會發現那些投入過多時間處理的工作，多半是被知識落差這個問題所拖慢的，因為我們沒有全盤透徹地理解一件事，就只能笨拙地摸索去做，這就是我在 lambda 運算式上所發生的情況。我當時花了大把的時間去嘗試偵錯或運用有 lambda 運算式的程式碼，卻不願意花一點點時間去理解它的原理。

重複工作的情況也是如此。任何你重複在做的事都值得做全盤的檢討，看看是否有你不懂的點，如果發現並且改善的話，或許可以增加你的工作效率。想想鍵盤的快捷鍵，當你重複使用某個應用程式，但工作效率並沒有那麼好，因為你必須一直在螢幕上手動拖曳滑鼠並且點擊，此時你缺乏的知識可能就是鍵盤快捷鍵，對於你每天都要使用好幾小時的應用程式，花點時間學一下鍵盤的快捷鍵，一週下來就能節省不少的時間（提示：IDE 工具）。

另一個找出知識落差的方法是，不斷地嘗試覺察自己是否有任何無法理解或不清楚的地方。你可以列個清單，記下需要研究或不清楚的事，持續追蹤相同主題出現的頻率，應該會驚訝這份清單成長的速度之快。重點是要對自己誠實：如果你遇到不懂的事，把它加入你的清單裡，不需要立刻去學會它，但至少要能找出自己的知識落差在哪裡。

如果你正在準備工作面試，這會是一項很棒的技巧，可以幫助你找出需要學習的部分。試著找出許多你在面試過程中可能會被問到的問題，如果你正在找跟 Java 有關的工作，就找 Java 工作的面試問題集。瀏覽所有問題，把任何你不了解的觀念，或是任何你無法完整回答的問題，都放入清單。完成之後，你會有一份很棒的主題清單等你研讀。我現在說的似乎很簡單又很清楚，但許多軟體工程師在準備工作面試時，常常不知道要讀什麼，或者要弄懂什麼。

最後再介紹一個方法，雖然很難做到但你應該找對你的工作很熟悉的同事，或是某個會檢視你的程式碼的人，詢問他們是否知道你有出現任何明顯應該解決的知識落差。主管也是不錯的人選，只是要注意這一點，如果你問他人這類的問題，多數不會告訴你實話，因為他們認為你無法面對事實的真相。所以，一個有幫助的小訣竅是在詢問之前先提幾個自身已經發現的知識落差，還有你怎麼處理這些問題，展現你是真的有心要面對；雖然有風險，你還可以嘗試（禮貌地）提及你認為對方有什麼樣的知識落差，接下來他們真的會砲死你。因此，請謹慎小心利用這項技巧。

檢查自身的知識落差：

- 佔據最多工作時間的工作項目是？
- 可以改善的重複工作項目是？
- 你沒有完全理解的事物有？
- 你無法回答出來的工作面試問題是？

填補知識落差

找出所有知識落差後，若無法填補它們，還是無濟於事。幸運的是，就跟去看牙醫一樣，只要你能找出知識落差，填補這些落差，實際上不如你想像中那樣可怕。

填補知識落差的關鍵就只是找出它們。一旦你知道自己的知識落差為何，以及這些落差如何阻礙了你的發展，通常就很容易弄清楚你要如何填補落差。當我清楚知道，不學 C# 語言的 lambda 運算式就會阻礙我的發展，那麼我需要做的就是花幾個小時的時間，坐下來，盡最大的努力去學習 C# 語言的 lambda 運算式。

找出自身的知識落差，然後填補它

重點是要確實了解自己需要學習什麼，確定有將焦點限制在明確的範圍內。假設你說弱點是不擅長物理，這範圍太大，很難填補落差，但如果你說自己是因為不了解彈簧的運作原理，才造成個人學習發展上的問題，那你可以花點時間研讀 Hooke 定律（http://simpleprogrammer.com/ss-hookes-law），一切就會迎刃而解。

填補知識落差通常很快，只要你願意不恥下問。你可能會因為不懂某件事而感到不好意思，但如果能克服這個窘境，對於自己不了解的事不恥下問，你會發現只要花少少的力氣，就能填補許多知識落差。當你在對話或討論過程中遇到完全不懂的事，千萬不要掩飾，問就對了，這樣才能對每件事一清二楚。

即知即行

- 接下來的幾天，請隨身攜帶一疊紙張，遇到不懂的事就隨時寫下來。
- 在任何對話時遇到不懂的事，要有自覺地提出問題，即使這會讓你感到困窘。
- 找出你生活裡的「痛點」，弄清楚你要填補哪些知識落差，才能擺脫這些痛點。

Section 4

生產力

外行人只會坐著枯等靈感，作家早已提筆振書，全心投入。

—Stephen King 著，《史蒂芬 · 金談寫作》
（On Writing: A Memoir of the Craft）

如果要概述第四部分的章節內容，並且提出一項建議，我會說「做你該做的事」。問題是，這不像表面想的那麼簡單。我們都知道自己應該主動去做哪些事，如果都做到了，相信我們的生產力一定會更高，但總有各式各樣的理由會千方百計阻撓我們的計畫，包含怠惰、缺乏動機，Facebook 和有趣的小貓影片等等。如何才能讓我們坐下來，做我們該做的事？如何才能克服可愛小貓影片對我們的誘惑，並且完全根除拖延的習性？

這些正是第四部分的內容。我當然不是完美的聖人（我寫這部分的開頭介紹時，也是拖延許久才完成。），但我找到相當多的技巧，幫助自己提高生產力，我想藉由這部分的章節內容分享給你，有些技巧相當直覺，像是我們都需要別人善意的提醒，有些技巧就不是一般人能想得到的。

當然，我無法讓你成為擁有績效和品質的超生產力機器，但我會介紹一些有效的工具，讓你打擊分心，磨練專注力，下次當瀏覽器撥放小貓的有趣影片時，你能果決地關掉視窗。

36

專注力

想提高生產力沒有什麼天大的秘訣，不過就是加快工作完成的速度，可是生產力高不代表工作效率好。只要產量高我們就說是工作生產力高，可是只有正確完成工作才能說工作效率高，現今多數人都只關注生產力而非效率。本章先假設你可以解決工作上所遇到的問題，而且生產力穩定。

那麼該如何才能加快工作完成的速度？當然是從訓練專注力開始，這也是完成工作的關鍵點。像現在，我正專心地撰寫這一章的內容，我戴上耳機，克制自己不要去檢查電子郵件，就只是盯著螢幕，專心敲打著這章的內容，因為我清楚知道，完成這一章要花上一整天還是好幾個小時，都取決於我工作時的專注力。

本章會說明何謂專注力，討論專注力的重要性，更重要的是，告訴你如何提高自身的專注力。現在請先忍住翻下一頁的衝動，把你的手機調成震動模式，讓我們先來看什麼是專注力。

何謂專注力？

簡單來說，分心的相反就是專注。問題是現在周遭的環境中令人分心的事物太多，致使許多人無法真正了解怎樣才叫做專注。現在我們很容易就渾渾噩噩地工作一整天，卻從未達成工作重點；一整天下來不斷有電子郵件、電話、簡訊等等轟炸我們，恍神和中斷工作往往容易讓我們失去專注力，甚至讓我們忘記專注的感覺。我想你可能想不起來，自己上一次專注在某件事情上究竟是什麼時候了，所以我先花點時間提點你，什麼才是真正的專注。

還記得你上次解決超級難題時的工作情形嗎？可能是努力修復一些程式臭蟲，也可能是想找出程式碼無法運作的原因。不管是哪種情況，你當時應該是不吃不喝、不眠不休，也沒注意到工作時間過了多久，就只是全心全意地投入在工作之中，傾全力想解決問題，任何膽敢讓你分心的人，你都不會給他們好臉色看。

這就是專注力。我們時時刻刻都能感受到它的存在，問題在於大部分的時間裡我們都無法專心，一般人很容易處於和專心相反的分心模式下，很難全心投入在自己應該要處理的工作上。跟現實生活中多數的事情一樣，專注力也需要動力。雖然要讓自己專心在工作上很難，可是一旦進入專注狀態，就很容易達到忘我的境界。

專注的魔力

我通常不相信世界上有萬靈丹，但我真心覺得專注力絕對是提高生產力的特效藥。如果專注力是可以購買的商品，我一定馬上拿出信用卡刷下去，買到最高額度，因為我確信這項投資絕對可以完全回收。專注力就是這麼重要的事。

工作時缺乏專注力，最終會導致長期拖延工作進度的問題。各種分心的事物轉移了我們的注意力，甚至讓我們無法專注，最後要花比原先預期還要多的時間才能完成工作。談到多工時，我們也常忽略了在不同工作任務間切換所產生的成本；每當我們切換到不同的工作任務時，往往要再熟悉一下工作的相關背景環境，才能重新投入到工作裡，後續第 41 章會進一步討論這個議題。

處理一項工作任務時，專注力非常重要，這會讓我們免於一再重複進行基礎部分的工作。大腦在進入專注模式前，要先花一點時間讓每件事準備就緒，才能在最專注的時期裡真正地高效完成工作。你可以把這想成是車子要上高速公路時加速的情形，在達到一定的高速前，必須先花點時間換擋，如果一直不斷地讓車子停下來又發車，整體車速勢必會變得更慢，此時要讓車速再回到高速，就必須再花時間換到五擋，可是一旦換到五擋後，車速就能輕鬆保持在高速，悠遊奔馳於高速公路上。

我相信你應該經歷過這種情況，全力投入工作之中卻不花什麼力氣。雖然通常要花點時間才能進入這種狀態，一旦達到專注點，真的能在短時間內完成大量的工作（除非你是在追查難以捉摸的程式問題時陷入鬼打牆的情況）。

提升專注力

我想應該不用再花時間說服你專注力有多重要了。你現在心裡會有疑問的應該是要如何提升專注力吧。（抱歉，我還沒找到能提升專注力的小藥丸，要是我找到了，一定會分享給你。）事實上，學習保持專注是相當關鍵的能力，沒有專注力，第四部分裡其他章節的內容對你來說也毫無助益。就算我能告訴你世界上所有的生產力訣竅與技巧，如果你無法坐下來，專注於一項工作上，我也愛莫能助。

本章內容談到這，正好是練習專注力的好時機。你現在手上有沒有要花十五到三十分鐘處理的工作？有的話，就先在這裡做個記號，開始做這項工作。請集中你的注意力，全心去完成這件工作，不要去想其他事，只要專心做這件工作。請感受一下此時大腦裡凝聚的專注力。

如同我前面提過的，專注力有它自己的動力。想進入專注模式，就必須了解一件事，不是你想專心就能立刻切換到專注模式下，要是你能立即進入專注模式，應該可以稱得上是個怪人。假使你坐在電腦前，眼睛瞬間瞪了螢幕一眼，就開始瘋狂打字的話，我想應該會嚇壞不少人。

想進入專注模式，必須先克服最初的痛苦，強迫自己的心思只能專注在一件工作上。除非你全心享受當下正在進行的工作，否則一開始這會是相當痛苦的歷程。但這正是培養專注力的關鍵所在，你要了解這種痛苦與不安只是暫時，不會持續太久。

其實我剛開始坐下來寫這一章的內容時，就一直感到有股衝動叫我去檢查電子郵件信箱、上個廁所，甚至是喝點咖啡，天知道，我根本不喝咖啡的啊，我的大腦正在用任何手段，企圖阻止我專注在工作上。我必須克服這個過程，強迫手指開始打字。現在我已經能讓自己維持在連續打字數小時的狀態下，好吧，有時候可能只有半小時，中間還是要休息一下。重點是必須坐下來，強迫自己進入專注模式。

我用來提高生產力的技巧，大部分都是以這種生產力方法為基礎，進而達到專注點。後續第 38 章裡會介紹番茄工作法，這是一套有系統的方法，會強迫你坐下來，在一項工作任務上持續一段時間，藉此建立動力，帶你進入專注的忘我境界。

說來容易做時難

我想我可能說得太輕鬆了。想專注當然不只是坐下來，在鍵盤上打字，這麼簡單而已。你必須積極對抗會讓你分心的事物，才能讓自己進入高效完成工作的狀態，而對抗這些讓人分心的事物需要經過一番深思熟慮。

在開始工作前，請確保你已經做好一切防護措施，保護自己免於內部和外界的干擾。將你的手機切到靜音模式，關閉會讓人分心的瀏覽器視窗，停用會出現在螢幕上的彈出視窗，甚至可能還要考慮在你的工作室門上或座位隔板上，掛上一個「請勿打擾」的小牌子，你可能以為我說掛上牌子是在開玩笑，但我可是認真的。一開始你的同事和老闆可能會有點抗拒，一旦你開始像瘋子一樣地產出工作，他們就會瞭解了，其實他們也想跟你買一點萬靈丹。

事實上，我最近為自己制定了一項工作方針，在當天規劃的工作完成之前，除了工作，我不碰手機或開網頁瀏覽器。這項方針雖然很難執行，但幸運的是有一些應用程式可以從旁協助。例如，使用應用程式「Offtime」或「BreakFee」，有助於降低智慧型手機所帶來的誘惑和抑制分心。桌面應用程式方面可以試著採用「Freedom」或「StayFocused」，在你真的想保持專注力時，這些應用程式通常可以在你設定的特定時段封鎖網站或網際網路。

現在你準備就緒，坐在電腦前開始打字。眼前已經沒有會讓你分心的事物了，但是，等等……喔，那是什麼？你說不上這種感覺，就只是覺得必須看看有沒有人在 Facebook 上對你的貼文按讚。住手！不要再去想了！現在要靠你的意志力，專注於你手上的工作。一開始只能先強迫自己專注，但大腦最終會形成動力，帶你進入專注模式。目標是撐過前五到十分鐘，只要能撐過十分鐘，就有機會建立足夠的動力，讓你可以持續下去。達到專注點後，就算是稍微恍神也不太可能會打斷你的專注力。

即知即行

- 想想你極度專注的時刻，感覺如何？是什麼動力幫助你進入專注模式？最後是什麼因素打斷你的專注？
- 訓練你的專注力。挑個你需要花半個小時或以上才能完成的工作，規劃一段完成工作需要的時間，然後全心投入，強迫自己專注在工作上，只做這件工作。進入專注狀態時，請在心裡記下這樣的感覺。

37

獨創生產力計畫

幾乎所有生產力系統的主流方法我都試過。我嘗試用 GTD 管理法（Getting Things Done）來搞定我的待辦事項，利用番茄工作法來管理時間，還變化使用 Seinfeld 所提出的技巧「堅持到底，不要間斷」（Don't break the chain）。（這項技巧的基本概念就是，成功完成每天的任務後，就在那天的月曆日期上做個記號，盡可能延長這股動力。）我甚至還用過像 Autofocus 管理法這種清單式系統。然而，在試過這麼多生產力系統後，還是沒有哪套系統能完美適用於我的需求，所以我歸納出這些生產力系統的優點，結合部分敏捷流程，獨創出我自己的生產力系統。

本章會介紹我自己獨創的生產力計畫，我利用這套計畫盡可能保持高效率的生產力，現在我也用同一套計畫來幫助我寫書。

生產力計畫的概念

我個人獨創的生產力計畫，基本概念是將一整週的工作規劃成各個小任務，每個任務的工作時間最多兩小時。我利用看板方法安排每週的工作任務，看板方法是一塊簡單的工作板，板上有幾個不同的欄位，可以在不同欄位間移動工作任務。在敏捷開發領域裡，看板方法的欄位是表示工作的各種狀態。工作狀態通常會有「尚未開始」、「進行中」以及「完成，但是我使用的看板方法，每個欄位是週間的每一天。（對看板方法有興趣的讀者，推薦閱讀 Marcus Hammarberg 和 Joakim Sundén 合著的《*Kanban in Action*》。）

工作時我會利用番茄工作法讓自己保持專注，並且預估與衡量各個工作任務要花多久的時間，下一章裡會詳述番茄工作法的運作原理。

每季計畫

規劃生產力計畫時，我會從季度開始，把一年分為四季，每季三個月。規劃每季的計畫時，我會提出一個想在那一季完成的大專案，搭配一些小目標，思考每週或每天要進行的任務。通常我會利用像 Evernote 這樣的應用程式來完成這部分的規劃工作。大致列出那一季想完成的目標大綱，能讓我對那一季的主要目標，以及如何達成目標的做法有不錯的概念，讓我保持專注。

我的季度目標有撰寫本書、開發套書「軟體開發人員如何行銷自己（How to Market Yourself as a Software Developer）」，有時甚至是喘口氣好好休個長假。身為軟體開發人員的你，每一季的目標可能會是學習新的程式語言或技術、開發自己的第一個 iOS 應用程式，甚至是取得證照或尋找下一份新工作。

每月計畫

每個月的第一天，我會把當月的月曆印出來，然後直接在月曆上規劃工作的日期，雖然這不是非常精確的規劃，但我會根據該月的工作天數和之前已經答應的工作，大概估計一下我能完成多少工作。其實就是簡單地把季度計畫列出來的工作大綱，看看是否能放進每個月的工作時間裡。

我也會規畫我每個月想做的事。例如，每個月月初我會一次完成當月所有的 YouTube 影片，這通常會花掉我一整天的時間。

每週計畫

我會在每週一早上開始規劃這一週的工作，利用看板方法安排工作任務，過去搭配的使用工具是 Trello，但最近我改用 Kanbanflow（http://simpleprogrammer.com/ss-kanbanflow），因為它內建了番茄鐘這項功能。在我的看板上，除了週一到週日的欄位外，還有一欄是「今日」，放置我今天預定要做的工作任務，以及一欄「完成」，放置我已經完成的工作任務。我還建立了一個欄位「下週」，把這週無法完成的工作事項，或者是下週要做的事移到這個欄位，藉此提醒自己不要忘記。

每週一開始要先確認每週的例行事項清單，我利用 Evernote 建立這份清單，列出每個禮拜都必須做的事。包含：

- 寫一篇部落格貼文
- 製作一部 YouTube 影片
- 寫一篇部落格文章介紹我製作的影片
- 錄製兩集 Podcast 節目
- 寫一篇部落格文章宣傳這兩集 Podcast 節目
- 轉錄和編輯 Podcast 節目
- 撰寫電子報
- 安排當週要在社群媒體上發布的內容

看板方法範例——規劃每週時程

我會利用 Trello 或 Kanbanflow，將每週都要做的每件事建成一張卡片，以番茄鐘為單位估計每一張卡片要花多久時間（每單位的專注時間為二十五分鐘）。假設每天工作的時間是十單位的番茄鐘，由於每週都必須完成這些工作，所以一定要先加入這些工作任務。

這些當週強制一定要做的例行工作任務都加入後，我會瀏覽一下月曆，確認看看是否有事先已經約好的會議會占用到當週的時間，對於那些已經約好的日子，如果這些會議跟工作有關，我會建立工作任務卡來表示這些會議，或者是減少那天預定要完成的番茄鐘單位數。

最後，我會把當週規劃要完成的工作插入。把當週要完成的工作事項建成工作任務卡，填入有空的時間帶裡，通常每天只會安排九個番茄鐘的工作時間，讓自己能小小放鬆一下，也留一點工作的緩衝時間。

安排每週工作任務的時程

到這個階段，我對當週要完成的工作已經有不錯的概念，這預測通常也相當準確。根據我認為工作任務的重要性，和一定要完成的工作，調整工作的優先順序。這能讓我清楚地看到每週的時間用到哪去，事先控制要把時間花在哪，而不是事後才來回想實際上時間都用到哪去了。

規劃與執行每日工作任務

每天我坐下來工作之前，一天的開始會先做健身運動，如此才不會有事情中斷我的工作，打斷專注力。一旦真的坐下來開始工作，第一件事就是規劃工作任務。

在規劃一整天的工作計畫時，我會把那一天的工作任務卡移到「今日」那一欄，然後依照工作的重要性進行排序。每天第一件做的工作任務一定要是最重要的事，如果任務卡片上的需求不夠明確，我也會調整任務，為其添加更詳細的資訊，必須確定自己確實了解要做什麼。在開始工作前，知道完成一項任務的準則，才能避免因為工作任務定義不清，而導致那天的工作發生拖延與浪費時間的情形。

把當天要進行的工作任務都安排好後，我會再回過頭來微調那週剩餘的工作排程。有時工作進度超前，比預期完成更多的工作任務，我會把工作任務卡往前移，或是在看板上新增新的卡片任務；有時也會發生工作進度落後的情形，此時就需要調整工作計畫，可能會把一些工作任務卡片移到下週。

現在終於可以開始工作了。基本上我一整天下來都是利用番茄工作法，讓我能一次專注在一個工作任務上，逐步完成工作列表上的所有工作，下一章會更詳細介紹番茄工作法這項技巧。

需要注意的是，基於效率，本系統沒有「趕工」這項概念。意思是說，假設我原本以為某項工作需要一個番茄鐘，實際上卻花了四個番茄鐘的時間才完成，在這個情況下，我不會試圖一定要完成當天或當週事先安排的其他工作，因為我的目標是完成 X 個番茄鐘，並非 X 項工作任務。一旦你開始執著於要完成 X 項工作任務，最終只會得到一份被美化過的待辦事項清單，重新陷入硬是要完成工作所導致的麻煩。此外，某些時候會因為某件事造成阻礙，使我們無法完成當天分配的番茄鐘。如果我事先知道會發生這樣的情況，就會提前做好規劃，在前一天額外完成幾個番茄鐘；但如果無法預期，我也不會試圖亡羊補牢。比較好的做法是永遠保持一致的工作步調，不要偶而斷斷續續打亂工作時程，請好好思考這一點。

工作中斷時的應變方式

白天會有很多事情中斷你的工作。只要你坐下來，電話就響了，螢幕上會跳出電子郵件通知的訊息，有人會對你的 FB 貼文按讚，喔，不，又要世界末日了，還是趕快看一下 CNN，究竟發生了什麼事。有些中斷無法避免，但我發現只要你願意付出努力，就能真正擺脫大部分中斷工作的因素。

我會盡可能避免白天會中斷工作的因素，因為我知道這些因素是造成生產力低落的頭號大敵。我是在家裡的辦公室裡，採遠距工作的方式，雖然比起辦公室的隔間環境，容易降低一些干擾，但仍然是一大挑戰。白天我的手機會一直設定在靜音模式下，讓它不會發出鈴聲干擾我，如果家人和朋友在我身邊，他們也知道在一個番茄鐘的時間單位內不要打擾我工作，如果她們真的有事找我，會寄電子郵件給我，或者是在門口探個頭，這樣我就知道休息時要去找她們，當然，除非是遇到緊急的情況。

另一個我會在白天避免的干擾，基本上就是忽略電子郵件。我通常會在工作的休息時間檢查電子郵件，但這只是為了確認有沒有緊急事件需要立即處理，除非是發生真正緊急的狀況，否則我會在晚上統一回覆所有電子郵件。透過這樣的做法，批次處理所有電子郵件，能提高處理電子郵件的效率。（如果我能戒掉檢查電子郵件的習慣，或許會更有生產力，但我也只是一個平凡人。）

我也會登出所有的即時通訊程式或是顯示離線狀態，這也是經常會造成分心的來源之一。我發現即時通訊程式完全就是浪費時間，在多數情況下，電子郵件會比較好，我可以選擇在有空的時候回覆，而不是在我嘗試專注時被即時的訊息打斷。

休息與休假

人無法像機器一樣，長期每天都在緊繃的時程下工作，所以我會確保自己有一些休息時間，有幾個禮拜我會「隨興地自由工作」，基本上就是不使用番茄工作法，也不會規劃一整個禮拜的工作。在那一週，我就只是隨興地工作。在隨興工作的那幾週裡，通常沒什麼生產力，會急切地想回到平常的工作系統裡，偶而從強制工作任務裡抽離出來，能幫助我記住具有生產力的系統是多麼重要的事。

每隔一段時間，我會休息一天，充充電或是做點有趣的事。因應休假來調整每週的工作進度，明天我安排了一日遊輕旅行，所以回家後要進行相當於三單位番茄鐘的工作任務。每隔幾個月我會休幾個禮拜或一個月的長假，在休長假的期間，我會暫停更新部落格貼文和 Podcast 節目這類的工作任務，只完成最低限度需要完成的工作，以維持我承諾每週要完成的工作任務，長時間努力工作與專注的生產力後，休息確實有其存在之必要性。（我在完成這本書後，也需要找個時間休息。）

即知即行

- 你不需要完全照著我的生產力系統，你應該要有自己的系統，確保你有穩定的工作產出。做個筆記，記下你現在每週做的事，確認看看是否能發展出一套系統，可以在每月、每週、每日的基礎上重複進行。
- 請試用某些現有的生產力系統（包含本章介紹的系統），以兩週為一次試用週期，評估哪一套系統最適合你。

38 番茄工作法

過去多年來我嘗試過相當多提高生產力的技巧，雖然綜合了各家優點，不過其中對我影響最大的是番茄工作法（http://simpleprogrammer.com/ss-pomodoro）。如果說只能鼓勵你發展一項生產力習慣，我絕對會推薦番茄工作法。

老實說，番茄工作法剛開始並沒有勾起我的興趣。第一次嘗試番茄工作法時，我想的太簡單了，以至於無法發揮這項技巧的效果，直到我進行了一個禮拜之後，才真正看到它所帶來的成效。

本章會介紹番茄工作法的概念，說明這麼簡單的方法為何會如此有效的原因。

番茄工作法入門

Francesco Cirillo 於 1980 年代提出番茄工作法，直到 1990 年代才逐漸受到歡迎。這項技巧真的非常簡單，它的核心概念簡單到你會不屑一顧，就跟我之前一樣。

番茄工作法的基本觀念是，規劃當天要進行的工作，開始做第一個任務，然後計時二十五分鐘，一次只做一項工作，在這二十五分鐘內，全神貫注在工作上，如果工作被打斷，嘗試利用各種方法處理這些干擾因素。你通常會努力避免所有干擾，也不希望自己的專注力被打斷。

番茄工作法流程

二十五分鐘結束後，計時五分鐘的休息時間，這就是一個完整的番茄鐘。每四個番茄鐘後，就休息長一點的時間，通常是十五分鐘。

理論上，如果你提前完成工作任務，應該把剩餘的工作時間投入「過度學習」；也就是說，如果你想學習某些事物，就要持續投入工作任務之中，做一些小改善或是重讀資料，但我通常會忽略這個階段，馬上就投入下個工作任務。

番茄工作法的基本概念就是這樣，很簡單吧。Francesco 初始是用番茄造型的廚房計時器來計時，所以才命名為蕃茄工作法，現在也有大量的應用程式，可以追蹤與紀錄番茄鐘（番茄工作法的原文是使用義大利文的番茄 pomodoro 的複數「pomodori」），我目前是利用應用程式 Kanbanflow（http://simpleprogrammer.com/ss-kanbanflow）內建的番茄鐘計時器（其實我現在正用番茄鐘在工作）。

有效運用番茄工作法

我第一次用番茄工作法時，並沒有抓到它的精神，所以覺得不好用。我只是計時二十五分鐘，設定幾次的番茄鐘，也沒有去注意我完成了幾個番茄鐘，或者是估計我完成特定工作任務時要多少個番茄鐘，所以並沒有獲得太大的幫助。我以為整體技巧的重點在於讓自己能長時間保持專注，剛開始只認為這個方法的概念還不錯，但我並不知道，除了能幫助我在工作中投入十到十五分鐘的專注力，還有哪些理由值得我繼續使用這個方法。

直到後來我決定更嚴謹地使用番茄工作法，才發現這項技巧真正的價值。我的朋友兼軟體開發事業夥伴 Josh Earl，一直很有效率地使用番茄工作法，所以他說服我再試一次。他之所以能透過番茄工作法提升效率，原因在於他會追蹤一天內完成多少個番茄鐘，也會設定一天的目標是完成多少個番茄鐘，這一點扭轉了我的看法，帶來完全不一樣的使用效果。

番茄工作法真正的作用其實是用於估計與衡量工作。這項工具能幫助你追蹤一整天下來完成的番茄鐘數量，設定一天的工作目標是完成多少番茄鐘，會突然有股力量，幫助你真正地了解自己一天之中有多努力工作，以及自己真正的產能，

於是我從新的角度重新應用番茄工作法，發現比之前有用多了。利用番茄鐘工作法，我不只能在白天保持專注，還能規劃每日計畫與每週計畫，找出我在那裡花了最多時間，激勵自己盡可能保持生產力。

利用番茄工作法，可以根據有限的番茄鐘資源，來思考工作排程。如果每個禮拜想完成某個工作量，就要先確認自己一週能做多少個番茄鐘，再根據自己的產能安排工作任務的優先順序。計算自己完成的番茄鐘數量，藉此確實掌握一週的產能，究竟能完成多少單位的番茄鐘，也不會再覺得自己完成的工作量不夠多。如果你沒完成預定的工作，卻達成番茄鐘的目標數量，問題就不在於你沒有做足工作量，而是安排工作的優先順序有問題。

改以這樣的想法來利用番茄工作法，讓我學會優先序的真正價值，我每週就只有這麼多單位的工作時間可以利用，必須小心地使用這些珍貴的番茄鐘。利用番茄工作法之前，我一直幻想這項技巧能提高我的生產力，讓我能完成超出實際產能的工作量，事實上，過去我一直高估自己擁有的時間，也低估每項工作任務會耗費的時間，然而開始利用番茄工作法後，我確實了解自己每週的工作時間有多少，也對工作任務會需要多少單位的番茄鐘有正確的概念。我無法清楚地說出這項技巧的價值，但它確實幫助我精準預估出完成這本書要花多久的時間，因為我只要知道撰寫本書每個章節需要多少個番茄鐘，再加上我每週能指定多少個番茄鐘給寫書這項工作，就能預估出這本書的完成時間。

現在就動手試試看吧。放下你手上的這本書，試著把番茄工作法應用在你今天必須完成的工作上。體驗一下這項技巧的神奇力量，再回過頭來讀完這一章。

心理障礙

到目前為止，我只談到番茄工作法能真正提升你規劃工作的能力，進而讓你更有效率，但這項技巧其實還有另外一個強大的地方，就是利用時間限制，從心理層面影響你。

我在工作上一直有個巨大的困擾，總是為沒能完成更多的工作而感到內疚，這跟我一天做了多少工作量無關，只是覺得自己永遠都不能放鬆，總覺得要再做些什麼工作才行，就算我坐下來玩遊戲（這是我喜歡的娛樂之一）也無法好好享受，因為我會覺得這是在浪費時間，我應該繼續做更多的工作，或許你也曾有過相同的感受。

這個問題的原因來自於，你無法精準地評估每天已經完成多少工作，也沒有清楚地設定目標，了解自己應該完成多少工作量。或許你利用跟我一樣的方法嘗試解決這個問題，定義一份清單列出你每天想完成的工作事項，這似乎是個不錯的想法，直到有天工作耗費的時間比你預估的還久，你因此遭受打擊。你成天不斷地工作，累得跟狗一樣，還是無法完成清單上的所有工作，甚至已經投入無比艱辛的努力，依舊覺得自己像個失敗者，這感覺真的很糟。

我們不見得能控制完成工作任務需要的時間，我們能控制的只有那天能分配給工作任務多長的時間。如果你辛苦工作了一整天，應該要覺得自己很棒，要是輕鬆工作，最終還能完成清單上的所有工作，反而要想這是因為工作比預期容易，並不值得表揚。你可以隨意列出工作清單，重要的是一天之中專注完成的工作量。

這正是番茄工作法轉敗為勝的原因。當你設定一天的目標是完成 X 個番茄鐘（實際能控制的目標），而你完成了，知道自己做到了那天應該完成的事，允許自己感覺很棒，更重要的是放鬆自己。

這樣的意識大幅改善我職涯生活的品質，幫助我完成更多工作，同時又能享受工作之餘的閒暇時間。一旦我完成當天的番茄鐘目標，就能自由做我想做的事。如果我覺得還有心力，就多完成一些工作；要是我想坐下來玩遊樂器遊戲，甚至是花點時間看部電影或做些無腦的活動，也毋需感到罪惡，因為我知道自己今天努力工作了一整天。

由於前面已經談過專注力，本章就不再贅述，你已經了解工作是否專注會有很大的差異，而番茄工作法能強迫你專注。利用番茄工作法完成一整天的工作後，你會發現自己能比往常完成更多的工作量。好消息是你的生產力提高了，壞消息你也感受到了吧，我不騙你，需要花點時間才能養成這個習慣。一天之中想盡可能保持專注真的很難，或許會比你以前遇到的問題還難得多。

小心地雷：我在辦公室裡無法一次專注二十五分鐘

想應用番茄工作法，不會受限於你在正規的辦公室環境下工作就無法達成。我經常聽到的抱怨是，番茄工作法聽起來很棒，但我經常一整天都被打斷。同事會停在我的座位隔板，老闆想跟我聊聊，我又不能只是舉個手說，等我十分鐘，我的計時器快響了。

其實你可以做到的，只要事先告知其他人。如果你煩惱於受到太多干擾，試著告訴你的老闆和同事，你正規畫要做的事，而這將提高你的生產力。告訴他們，你每次專注於工作上的時間最多不會超過二十五分鐘，在一個番茄鐘過後，你會盡快回應他們的任何要求。

我知道這聽起來有點瘋狂，沒有人想這麼做，但如果你能以適當的方式提出，你會驚訝地發現，其他人會給你多大的支持。只要說明你的情況，告訴大家這對團隊來說是最好的，能幫助你提高整體的生產力，就有很大的機會能成功說服團隊支持你。

你能完成多少工作量？

使用番茄工作法後，我發現自己一週或一天能完成的番茄鐘數量有明顯的上限。然而，這個上限會隨著時間成長，同時也提升我的專注力，逐漸習慣於增加的工作量，但如果一時工作過度，超出自己的產能，最終總是要付出代價。

你可能會被番茄鐘實際的上限量嚇到。一般來說，一天平均的工作時間是八小時，一單位的番茄鐘週期是三十分鐘，理論上，一天會有十六個單位的番茄鐘，事實上，一天八小時要完成十六個番茄鐘需要投入巨大的努力，就算你有十二個小時也是一樣。

我剛開始用番茄工作法時，一天甚至連要完成六個番茄鐘都很難。你會訝異於每天的時間就在不知不覺中流逝，就算投入大量的心力都不見得能在一天之中保持專注。現在我的目標是一天完成十個番茄鐘，但仍舊是非常費力的事，經常得花八小時以上的時間才可能達成這個目標，有時甚至還達不到。

我一週的目標是五十到五十五個番茄鐘，如果有達到目標，就表示我做得不錯，可以認為我每週的進度穩定朝目標前進，如果進度超前，下週馬上就能感受到，這會激勵我更努力。

如果你打算採用這項技巧，就要確實預期自己實際能完成的工作量。一週工作四十小時，不代表你就能完成八十個番茄鐘。（如果你能達成這項偉大成就，我會非常驚訝，而且老實說，還會擔心你的精神與健康狀況。）

為了不讓你覺得我有點瘋狂或是懶惰，帶你看看以下這段來自 John Cook 的引言，這是他對知名數學家身兼理論物理學家、工程師與科學哲學家 Henri Poincaré 的描述：

> Poincaré 每天正常的工作時間是早上十點到十二點和下午五點到七點，他發現就算工作時間再長，也很少能達成更多的成效。

人一天之中要專注地做有生產力的工作，實際上產能有限，許多生產力領域的名人，像是 Stephen King 也說過類似的話，每個人的時間就這麼多而已，要怎麼利用是你的自由。

即知即行

- 試試番茄工作法。先不要想一天的目標是否要完成多少個番茄鐘，只要先試著利用這項技巧，紀錄一整個禮拜完成多少個番茄鐘。
- 對於自己一週能完成的番茄鐘數量有概念後，再來設定下週的目標，看看自己是否能達成預設的工作量。注意自己最後能完成多少工作量，完成一天所設定的番茄鐘數量後，你的感覺如何。

39

利用定量作業系統維持生產力

先前已經介紹過，我利用一套個人獨創的生產力系統努力保持生產力，雖然我已經提過這套系統的基礎原理，但有個部分我沒有詳談，這也是到目前為止談過的內容裡，算是我個人生產力系統裡最獨特的部分，至今為止我還沒聽其他人提過，或在任何生產力系統裡看過，我稱此為「定量作業系統」。

我利用這套定量作業系統，確保我每天、每週都能清楚地衡量進度，朝最重要的目標邁進。本章會介紹這套系統的基礎，並且說明它的使用方法。

問題

我試過的所有生產力系統都有一個主要的問題，就是這些系統對每天重複處理的工作，沒有提出漂亮的解法。我還希望能有方法可以處理要耗費數週或甚至數個月才能完成的工作。

我發現每週都要重複許多不同的工作，例如，每週我都需要產出部落格文章、Podcast 節目、運動以及幾個主要目標的進度，甚至還有工作是每天重複的，我相信你的週計畫與日計畫裡應該也有類似這樣的預定工作。

我總是在做這些重複的工作，但最後常常不是忘記要做，就是沒有時間做，我從未能如自己所規畫的進度完成這些重複的工作。因為無法穩定產出這些工作，也會覺得自己無法專注在這些事情上。

或許你想過要制定健身計畫，但發現自己去健身房的次數不如預期。可能你有個部落格，想定期更新文章，但幾個月過去了，你還是沒有更新任何文章。你知道如果能持續更新部落格，就會看到更好的效果，但即使立意良好，最終還是沒有時間寫你部落格文章。

建立定量

有天我開始明白，要保證自己能對追求的某件事持續有進度，唯一方法就是預先建立明確的目標，在定義的時間內設定自己要進行多少進度。

我在健身方面原本就已建立這種定量的概念，有許多成功的經驗，例如，每週我會跑步三次，舉重也是練三次。我決定每週都要符合這個定量，三次跑步和三次舉重。

我開始把每週定量的概念應用在部落格上，所以我每週會寫一篇文章，也把定量應用在其他我想做的事情上，以確定我能定期完成這些事，像是製作 YouTube 影片和錄製 Podcast 節目，我為每件需要做一次以上的事都建立定量。我確實量化了重複性工作的進行頻率，可能是一個月一次，一個禮拜四次，或一天兩次。如果我打算重複一項工作，就會先定義進行的頻率是多久一次，並且對自己承諾要完成這些工作，不論風吹雨打還是日曬，我都會去做自己承諾過的事，認真看待這些定量事項。

自從把定量的概念應用在工作上，我開始發現自己的產能比以往更多，最棒的部分是有一致性的基礎，所以能隨著時間把進度紀錄下來，並且評估成果，幫助我清楚了解一段時間內的產能有多少。

我利用這套系統獲得的最大成功就是產出「Pluralsight」這套課程，我為自己設定的定量是每週要完成三個模組。（每個模組是三十到六十分鐘的課程，大部分的課程會有五個模組。）為自己設定了這樣的定量後，不到三年我就完成了五十五項以上的課程，甚至還有時間休假。我很快就成了這家線上培訓公司裡的頂尖講師，比其他講師多出了三倍以上的課程。

✤ 定量範例 ✤

- 每週跑步三天
- 每週發布一篇部落格文章
- 每天寫一個章節
- 每週完成五十個番茄鐘

現在就試試看吧。花點時間思考，提出你的定量清單。想想你每週或每個月想完成的事，把它們都寫下來，不需要現在做出承諾，但做點練習會很有幫助。

定量系統的運作原理

你可能會好奇這套定量系統的運作方式，其實相當簡單，就是把你重複要做的工作任務挑出來，設定一個定量，也就是在給定的一段時間內，工作任務多久執行一次。時間間隔可以是每月、每週或每天，反正就是要有清楚的時間間隔，必須完成這些工作量。如果你要完成一個大專案，就要找出方法把專案分解成更小又可重複進行的工作任務。以我製作 Pluralsight 課程來說，我會把工作拆成模組。就本書來說，我會把工作拆成每章。（順帶一提，本書的定量是一天一章。）

定義好工作項目和多久進行一次的頻率後，下一步就是承諾，這是很重要的部分，沒有真正的承諾，就不會成功。真正的承諾意味著，你會盡最大能力去完成你所規劃的事，也就是說，除了喪失工作能力外，幾乎不能有任何因素可以阻止你完成工作。

這個想法就是這套系統的核心。除了完成你承諾的事，其他別無選擇，在你的大腦裡，沒有失敗這個選項。如果你讓自己怠惰一次，就會有下次，很快地「定量」就不再具有意義。

如果你執行承諾的力道不夠，整個系統就會崩潰瓦解，所以必須選擇可以實現且可以維持的定量。不要對自己承諾一些你明知做不到的事，否則你註定會失敗。先從小的承諾開始，等你成功達成了再逐步擴大。

如果定量設定過高，我只有一個處理原則：不能在設定要完成定量的期間半途而廢。我曾承諾每週要為 Pluralsight 課程完成五個模組，剛開始有幾週我還能達成這個定量，但真的太難，而且常常要在週末兩天工作才能完成這個定量。因此，我決定要減少自己設定的定量，但我還是讓自己確實完成那一週的定量——五個模組，隔週才開始減少定量為三個模組。我並沒有在執行途中就更改規則，因為我知道這麼做之後，未來我就不會尊重定量，就不會認真看待定量這件事。

✤ 定量系統的規則 ✤

- 挑出重複的工作任務。
- 定義工作任務必須完成與重複的時間間隔。
- 定義定量，在已知時段內工作任務要完成多少次。
- 承諾：堅定承諾自己的工作要符合設定的定量。
- 調整：根據實際執行的情況調高或調低定量，但不要在進行工作的時間間隔內調動。

現在該行動了，做出你的承諾。首先挑個工作任務，設定它的定量，並且承諾會完成它。看一遍定量系統的規則，先應用在一項工作任務上。

定量系統奏效的原因

說到定量系統奏效的秘密，就要追溯到龜兔賽跑的故事，緩慢且穩定的工作步調，會勝過有時快速卻又缺乏一致性與堅持到底的工作方式。我很喜歡 Steven Pressfield 所著的《*The War of Art*》一書，書中對此有非常精闢的見解：

> 專業人士會堅持自己的專業知識，他們知道只要讓哈士奇持續拉著雪橇前進，遲早都能抵達美國阿拉斯加州的 Nome 市。

絕大多數的人在長期生產力上所面臨的問題是，無法維持穩定一致的工作步調。只要能隨著時間一步一腳印，完美地疊起小磚塊，終究能築起一道偉大的高牆。想到要專注在手上的大型工作任務，就令人感到沮喪，但如果一次只放一個磚塊，就容易多了，任何人都能做到。關鍵在於要讓系統到位，確保自己每天、每週或每月都能確實放上磚頭。

定量系統還能幫助你克服意志力的弱點，預先設定好要遵守的行程，免除做決策的需求。因為你已經事先承諾過，要在一段時段內執行這麼多次的工作任務，對於這些知道自己必須做的事，無須再判斷是否需要進行。如果在白天任何時候還需要做決策，會消耗掉你一天之中剩下的有限意志力。強制進行定量系統，藉此免除做決策的機會，能避免讓意志力消耗殆盡。（對這個主題有興趣的讀者，推薦閱讀由 Kelly McGonigal 所著的《輕鬆駕馭意志力》（Willpower Instinct）。

即知即行

- 列出所有你生活中會重複執行的工作任務，特別是要專注在那些目前無法穩定產出的工作任務，但你知道改以定量系統後能從中獲益。
- 至少挑選出一項工作任務，承諾在特定時間內要完成固定的工作量。認真看待你的承諾，試著努力達成你的承諾，至少在五次的時間間隔內努力嘗試。想像一下，如果你持續數個或數年的定量方法，會為你帶來怎樣的改變？

40

自我負責

有兩種動機可以引發人完成工作：發自內心的內在動機與外在的獎懲動機。

內在動機遠比外在動機有效。如果我們是由內在動機所激勵，不僅工作效率更高，品質也更好。訣竅在於讓激勵你的主要動機來自內在，而非外在。

因此，本章要談以內在動機激勵自己，對自己負責。如果你無法遵守自己做出的承諾，就無法為你帶來好處。對這個主題有興趣的讀者，推薦閱讀 Daniel Pink 所著的《**動機，單純的力量**》（Drive，Riverhead Hardcover 出版，2009 年）。

責任感

絕大多數的人每天至少會準時上下班，某種程度上是為了對老闆負責。對一項工作具有責任感，就是會要求自己去做不想做的某些事。如果你現在是為某家公司工作，但曾有機會在家遠距工作，或者曾冒險出來創業，或許能很快地意識到責任感這個概念有多強大。

我第一次在家遠距工作時也是想早起工作，但事實上我沒有。我並不是懶散，只是還不習慣對自己負責。過去我太習慣有外部因素來影響我的行為，當有機會由我來決定是否要工作時，我選擇了不工作，這只是人類的本能與天性。

這次的經驗暴露出我在工作道德上的致命缺陷，嚴重打擊我的生產力。我會受到外部動機的影響，而非內在動機。對僱主負責這件事，讓我們覺得自己受到監管，一旦讓自己決定何時工作，卻沒有自我意識的責任感來控制自己的行為。

因此，培養自我責任感很重要，這樣當沒人監管你的工作進度時，你才有生產力。你也可以稱此為個性或者是正直，因為這兩者都來自於相同的概念。如果自身沒有責任感，永遠只能依賴外部因素來鞭策自己完成工作，容易受到外部獎懲因素所操縱。

自我掌握是自我激勵中的一門藝術，而自我激勵的核心概念正是自我負責。如果你想獲得可預測、可信賴的成果，而且不依賴來自他人的影響，就必須學會對自己負責。

習慣對自己負責

曾經有段時間我很容易依賴外部因素來激勵自己，我為此感到困擾不已。當工作結果完全取決於我的時候，我知道自己必須學習自我紀律，才能有效率地完成工作，擁有良好的生產力。最後我終於找出方法，馴服自己內心的人類原始天性。

要培養責任感，首先需要在生活中發展某種結構。如果你不知道自己應該做什麼，又怎麼能真正地為任何事負責。在公司工作時，通常已經規定好哪幾天要工作，上下班的時間是幾點，雖然有些事還是有轉圜的餘地，但固定性十足，清楚定義、規範公司裡大部分的工作規定。你知道當你犯錯時，會由你的主管來負責、收拾善後。

為自己制定規則，必須自發性地把同一套結構落實在生活裡。你需要創造自己的規則，支配你如何生活，而且要在頭腦清晰，腦袋沒有充滿錯誤判斷時，就先制定好這些規則。

制定你的規則，這樣才能發展自己的生活結構。

如果你不必自己做這些活動，想想你會如何安排自己的生活。

自我負責的步驟

你可能已經有為自己制定一些規則卻不自知，像是每天刷牙、準時繳帳單。但如果能把同一套規則融入到生活之中，應用在那些讓你感到棘手的事情上，或是影響成功的關鍵事項上，會是不錯的做法。這些加入生活裡的結構，可以幫助你專注在工作任務上，做你應該做的事，而不至於被一時的念頭或情緒所主宰。

有時你可以換個角度看自己，假設你不用自己做這些活動，那你會如何安排你自己的生活。假想你正在玩遊樂器遊戲，必須為你的角色規劃每天的活動，你會如何規劃與安排？你會實施怎樣的飲食計畫？你的角色每天睡眠時間有多長？這些問題的答案都會是不錯的規則，讓你能培養出自我責任感。

外部責任感

只有自己對自己負責時，違反自己訂下的規則非常容易。在這樣的情況下，你可能需要借助一些外部的力量。你還是要自訂規則，因為規則要由你來定，激勵的動機才能來自內在，但你可以請其他人協助你執行規則。

讓其他人來幫助你，藉此對自己承諾過的事負責，這不是件壞事。你可以找一位責任感顧問來幫忙監督你，能分享類似目標的人最為理想，告訴對方你的規則或想達成的目標，並且互相報告進度，不論是成功或失敗的事都可以分享，藉此維持彼此的責任感。

這種必須向責任夥伴報告失敗的做法，足以阻止自我毀滅、自我打擊的行為。在作關鍵決策時這能造成極大的差異，使壞的決策扭轉為好的決策。也可以由你的責任夥伴來做出重要決策，確保你所做的決策能真正符合長期的最佳利益，而不是被一時的錯誤判斷所蒙蔽。

我自己本身有加入一個智囊團，這個團體的運作就像是責任感團體。我們每週碰面，互相談談這禮拜所做的事，還有我們規劃要做的事。在團體中討論彼此的計畫，藉此能互相監督執行計畫的情形。大家都不希望因為沒有遵循自己的承諾，而讓團隊成員失望。自從加入這個團體後，我的生產力就大幅提升。

還有個不錯的做法是盡可能公開你的行動，讓越多人知道。我每週都會發布部落格文章、YouTube 影片和 Podcast 節目。我知道就算一個禮拜沒做，也不會有人察覺到，但我會覺得自己懶惰了，沒做我應該做的事。把你自己的工作暴露於公眾監督是蠻有幫助的方法，這會激勵你的行動，不只是因為不好意思，還有你不想讓依賴你的人失望。

重要的是確定自己對自身的行動具有責任感，唯有堅持自己建立的標準時，才能更有生產力。

即知即行

- 決定你的生活方式以及如何利用你的時間，建立一些規則協助自己朝正確的方向邁進。
- 建立一個責任系統，幫助自己執行規則。

多工為何弊大於利？

本章要來談談多工。有些人認為這是拖累生產力的原罪，也有人發誓說這真的有用，然而，有越來越多的觀點已經轉而支持要完全避免多工。

我認為事情並沒有這麼簡單，不是三言兩語就能解釋。有些工作確實適合多工，有些則不然。如果你真的想讓生產力發揮到極限，就必須學習何時多工，何時不要，以及如何有效地多工。

多工的下場通常很糟

最近許多跟多工有關的研究似乎都指出，即使多工者本身認為能提高生產力，多工幾乎一定會導致生產力降低。這篇美國心理學會發表的文章，彙整了一些研究的觀點：http://simpleprogrammer.com/ss-multi-task。

原因似乎是基於我們無法真正地多工。就許多活動來看，我們以為自己正在進行多工，但事實上我們所做的事只是不斷地在不同任務間切換，這個任務切換的行為似乎就是打擊生產力的起因。越常在不同工作任務間切換，就會浪費越多時間使大腦加速工作。多工真正的意思是同時做兩件事以上，還能有效地進行工作，稍後我們會再談這個部分，但多數情況下，我們所做的不過是任務切換而已。

思考一下專注力對生產力的重要性，這一切就合理了（如同第 36 章所談過的）。在多工的情況下，你必須打斷原先的注意力，最終要花更多時間才能重新掌握被打斷的任務。當你脫離專注模式，還可能會因為拖延工作或其他中斷工作的原因而使你分心。你再想想，要進入「專注狀態」達到最高的生產力，必須先花一段時間專注在工作上，就不難理解快速切換工作任務為何會降低效率的原因。

不過這只是針對某些不能同時做兩件以上的事，或會打斷專注力的事。假設實際上能設法將不同的工作任務結合在一起，就能提高相當的效率，稍後我們會談這個部分。首先，我們要談多工的策略，嘗試同時進行多項任務時，通常要如何處理才能更有效率。

批次處理更有生產力

白天我要處理相當多的電子郵件。過去我習慣讓電腦通知我有新郵件進來了，幾乎每次收到新郵件時，我就會停下手上正在進行的工作，閱讀並且回覆郵件，但這會一直中斷我的注意力，而且我也無法進入「電子郵件模式」，造成兩邊的工作效率低落。

很明顯地，在這種情況下我並非多工，我只是不斷地打斷手上正在做的事，然後去處理電子郵件，這只是在切換工作任務。例如，我不可能一邊回電子郵件，一邊又寫書吧，我並沒有足夠的鍵盤和手來同時完成這兩項任務。

現在我改為統一批次處理電子郵件。每天我會先檢查幾次電子郵件信箱，回覆緊急的郵件，但一般來說，我會在一天之中統一處理所有的電子郵件，瀏覽整個信箱，一次全部處理。這讓我更有效率，因為我不會打斷其他工作任務，可以專心進入「電子郵件區」，打開信箱時能以比過去更快的速度來處理電子郵件。

重點是，如果你在白天就是必須完成多項工作，又很困擾無法多工的話，或許比較好的做法是，學習批次處理工作，同時處理一系列相關的工作，而不要把這些工作分散於一整天之中。電子郵件就是一個很棒的出發點，但任何你能在短時間內處理的工作，都可以試試批次處理。

✤ 適合批次處理的工作 ✤

- 電子郵件
- 打電話聯繫他人
- 修改程式臭蟲
- 短時間會議

不要在白天分散時間處理相關工作，而改以批次處理有兩大好處。首先，白天處理大的工作任務時，這些工作不會打斷你；其次，對於那些你通常無法投入足夠專注力的工作任務，現在你能更專注在這些工作任務上。回覆一封電子郵件，並沒有足夠的時間能讓你進入專注工作的狀態，但一次回覆二十封郵件就不同了，你有足夠的時間能進入專注模式。

花點時間想想，生活裡有哪些方面的事，你可以一起批次處理。有哪些類型的活動做了很多，但卻分散於一天的時間之中？你能找出一個時間區塊，一次統一處理這些事嗎？

真正的多工

好吧，現在我們已經知道多工不好，要它閃一邊去的理由。不過現在讓我們來談談何謂真正的多工，是真的實際上一次做兩件事，而非只是在不同的任務間快速切換。

真正的多工讓我獲得大幅提升生產力的好處。如果你能結合兩項任務，實際上一次同時完成，這才合乎多工的意義，也才能讓你完成更多的工作。訣竅就是找出什麼工作可以真正結合在一起，而不會降低每件工作個別執行時的生產力。

我個人的經驗是可以將不需腦力的任務和需要一點專注力的工作結合在一起。現在我正撰寫這一章的內容，同時又戴著耳機聽音樂。你會爭論說聽音樂本身不是一項有生產力的活動，但換個角度想，聽音樂同時寫作，能提高寫作任務的生產力，音樂能幫助我的寫作思緒更流暢，降低其他事物讓我分心的機會。

再舉個更有生產力的例子吧。我通常會把健身活動和教育活動結合在一起，在健身房舉重或跑步時，我通常會聽有聲書或 Podcast 節目。我發現一邊運動，同時聽些教育資訊，對我來說沒有任何負面影響，在跑步或舉重的同時，就能透過有聲書的版本，讀完許多書籍。

但想像一下，如果我一邊聽有聲書，一編寫這一章，會發生什麼事。我不是無法專心在書的內容上，就是無法專心寫作，因為我的大腦無法同時做兩件需要耗費心力的事。

關鍵是找到大腦或身體其中之一在白天沒有利用的時間。開車的時候是聽有聲書的絕佳時機，你不必把全部的注意力都放在駕駛上，幾乎可以透過自動駕駛，所以可以在通勤的同時，分一點心力學習一些知識。

反過來看，我有一台具有書架的跑步機，我可以把筆記型電腦放在這個書架上，在我回覆電子郵件的同時，沒理由不同時走走路，順便運動一下。但我也發現在跑步機上走路時，沒辦法同時好好地寫程式，除非我走得非常慢，所以走路或其他運動可以看成是不太需要耗費專注力的任務，基於這個理由，我建議把一些專注力需求不高的工作跟運動結合在一起。你或許會發現一邊舉重，同時還要解決數學式很難，不過我沒試過就是了。

即知即行

- 消除任何假多工的情形，盡力在白天時只處理一件事，此時番茄工作法能派上很大的用場。
- 批次處理一些相關工作，而不要在每天或每週的時間裡分散處理。
- 找找看有哪些方面的工作，能讓你實作真正的多工。任何不耗費心力的活動，就能試著與其他活動一起進行；任何要耗費心力的活動，就能嘗試與身體方面的活動結合。

42

如何應付職業倦怠？

妨礙生產力的最大因素，莫過於身體與心理狀態，稱之為「倦怠」。專案剛開始啟動時，大家往往都熱情高漲、幹勁十足，隨著時間過去，在怎麼強烈的努力也會讓我們對此感到厭倦。

多數人稱此為工作倦怠，而且從未走出低潮。這真的很不幸，因為如果他們能越過這個倦怠期，就會發現重新充電的能量和獎勵，正在撞到的高牆的另外一側，

本章要來談談何謂工作倦怠，這是如何發生的，為何我認為多數情況下的工作倦怠只是一種錯覺。

（繼續本章接下來的內容之前，我先在此處提出簡短的警告暨免責聲明：老實說，我個人不相信「醫學定義上」所謂的倦怠。因此，很明顯地，我要提出的建議並非從醫療的觀點出發，所以我必須在此處做免責聲明。由於我本身不是醫生，本章內容純屬我個人從非醫學的角度提出的意見。幸運的是這很容易界定，因為只要我不認為倦怠是一種醫療情況，那麼我接下來提出的內容就會定義為非醫療方面的意見。如果你不同意我的觀點，認為倦怠屬於醫療情況，建議你向醫生諮詢專業意見。)

產生倦怠的原因

人在面對新事物時，一開始往往會真的很興奮，並且受到激勵，但隨著時間，我們會對這些事物越來越熟悉，往往就視為理所當然，或甚至棄之為敝屣。你上一次有這種感覺是多久以前的事了？你有多久不再關心你的車了？新車多快就變「舊車」了？

這在生活裡是相當自然的循環，你應該也經歷了很多次。記得剛拿到新車時的感覺嗎？（至少對你來說是新的）記得你在駕駛新車時有多興奮，這讓你感覺有多棒嗎？

或許你在工作上也經歷過相同的感覺。記得以前做過的幾個工作，每次頭一天上班，都覺得很興奮也感到希望無窮，急切地想開始工作。但對於大部分的工作，這樣的熱情很快就會褪去，不用多久的時間，就會開始厭倦工作，不想再去上班。

會發生這樣的情形，莫過於對新事物的熱情降溫，不得不開始面對現實。如果你正開始啟動一個新專案，或是學習一項新技能，最終一定會到達臨界點，興趣與動力變得低落，發展的結果成長緩慢，甚至是完全停滯，一點進度都沒有。

終於你感到身心俱疲，可能會拒絕面對這個事實，或者是視而不見，但最終還是不得不承認，你只是不再對工作、專案、健身等等任何事感到興奮，覺得自己已經筋疲力盡。

越是努力，完成的工作越多，但也更加快倦怠的速度，這就是你很難保持生產力的原因。生產的效率越高，就越難感受到生產力的成就感。

事實上你只是遇到撞牆期

多數人都認為最終一定會感到倦怠，我們無法真正地克服倦怠感，既然如此，就在認為失去動力和興趣時，轉身離開去做其他的事。

離開一家公司，去尋找下一份新的工作，留下寫了一半的書，把還剩幾個月就能完成的專案，丟在一旁。我們不斷地轉身離開去尋找新事物，以為這樣才能找到能讓我們真正投入熱情之所在。因為如果我們燃燒殆盡的是我們真正的熱情，那我們又怎麼會覺得倦怠？如果是我們真正有熱情的事物，應該不會感到倦怠才是。

有時我們會覺得自己需要度個假，但常常假期結束後，回到工作崗位上，卻又覺得比度假前還要累，不只是因為我們喪失動機與興趣，連動力都失去了。

事實上，在多數情況下，感到倦怠是很自然的事，這並不是什麼嚴重的問題。真相是我們多數人在追求任何投入時，最終都會碰到一面牆，遇到臨界點，我們會逐漸喪失最初的動機與興趣，唯有累積到足夠的成果，才能讓我們把動機與興趣找回來。

當你開始一份新工作時，興趣是最高的，但就像我舉新車的例子一樣，你對新工作的興趣程度會下降得非常快。興趣的燃料是希望與期待，在我們實際開始動手進行之前，對事物最感興趣。

動力一開始反而往往是最低的，隨著進行某件事的進度，動機的程度才會逐漸升高。早期的成功能讓你感到更有動機，動力會推動你持續向前。

隨著時間過去，結果進展的緩慢步調會開始磨損你的動機，最後你會發現自己站在臨界點，動力和興趣都降到谷底，這就是撞牆期。

牆的另外一頭

不幸的是，多數人都無法越過這道高牆。你只要看看周遭的人，就知道我說的沒錯。多少人就是這樣，在真正得到好的成果之前，或專案完成之前，就這樣放棄了。

看看你自己的黑暗歷史，你的衣櫃塞滿多少半途而廢的東西：跆拳道的黃帶、布滿灰塵的吉他和足球鞋。我知道自己撞了很多次牆，無法突破這樣的窘境，我的櫃子充滿大量的熱情，最終卻還是被擊潰。

但這是好消息。記得嗎？我答應過要治療你的倦怠感，來吧，其實相當簡單，準備好要來治療你的倦怠嗎？

讓我們一起來越過這道高牆。

真的很簡單，而且我是認真的。看看興趣、動機、成果與牆的關係圖。你注意到牆後面的曲線嗎？只要你能越過這道牆，它就會發生。所有的事都發生得很突然，成果突然成長得極為快速，動力與興趣也相輔相成。

在你提出質疑前，讓我先解釋一下，究竟發生了什麼事，以及牆為何會在那裏。就像我們先前討論過的，絕大多數的人在撞到牆時就會離開，他們不會嘗試去越過這道牆，因為他們覺得自己已經筋疲力盡。在撞到牆之前，競爭非常猛烈，比賽中有非常多的跑者，每個人都熱情又興奮，賽道很容易，所以沒有人會被淘汰。

但是因為有這麼多人都沒有越過這道高牆，牆的另外一側人煙稀少，也就沒有太多競爭存在，多數的跑者都已經退出比賽，牆另外一側的跑者，每個人就能分到更多的獎勵，因為留下來的跑者很少。

只要你能越過這道牆，到牆的另外一側，突然間事情都開始變得豁然開朗，又能重新拾回你的動機與興趣。我們不僅對自己承諾的新嘗試會有高度的動機與興趣，對自己能掌握的事也是一樣。剛開始學吉他時有趣又容易，但要堅持一路走下去，並且逐漸收穫美好的果實，是一條漫長又無聊的道路，最大的樂趣與收穫是成為一名吉他高手。

如果能咬緊牙關，忍耐下去；如果能穿越高牆走出自己的路，最終會發現自己「治癒了」倦怠，關鍵就是忽略它。其實只要簡單地忽視倦怠，你的倦怠感就能不藥而癒，克服倦怠的秘訣就是度過痛苦，你終究會撞到更多牆，但每越過一道牆，就能感受到自己又爆出滿滿的新能量與動機。此外，競爭的人數也會逐漸變少。

推倒並且越過那道牆

好吧，或許你不太確定我在說什麼；我的意思是，當你真的感到倦怠，筋疲力盡，早上起床的時候，你會完全不想去碰電腦，就只是想逃進森林小木屋，不必再看到電腦一眼。

但或許……就只是或許，你願意試試看，願意去牆的另外一邊看看，是否真的有聚寶盆在等著你。

很好，讓我來告訴你解除倦怠魔咒的方法。

你已經經歷了第一步，了解牆的另外一側有些東西在等著你。多數的人會放棄是因為他們不知道，只要越過高牆，等在牆後的東西會使他們更好。你必須了解投入的努力並不是徒勞無功，這能幫助你堅持，最終挺過去。

不幸的是，這還不夠。當動力處於低點時，要說服自己前進真的很難，沒有動機，你不會感到有壓力，反而會使自己背道而馳。此時，你需要的是一些結構，回頭複習第 40 章「自我負責」，基本上你需要為自己建立一些規則，確保你能持續前進。

就拿本書來說吧。我剛開始寫的時候，極度興奮，坐下來寫「我的書」，是我一整天覺得最開心的事，沒有其他事能比這還要有樂趣，但這最初的興奮感並沒有持續太久，很快就褪去了。你正在閱讀這一章，就表示我撐到最後，完成了這本書。當我的動機與興趣逐漸消散時，我是怎麼做到的？我為自己設定了行程表，然後堅持下去，不論雨天或晴天，不管個人的感覺如何，每天就是要產出一章的內容，有時我還會寫一章以上，但不管怎樣，就是激勵自己每天至少要寫一章。

你可以採取類似的方法，在你撞到牆時幫助你越過高牆。想學會烏克麗麗嗎？每天設定一段時間去練習它，甚至可以在開始第一堂課之前，就先制定你的練習計畫，因為此時你的興趣與動機最高。當你撞到那堵隱形的牆時，落實結構來幫助你越過。

即知即行

- 想想所有你承諾過，卻從未完成或掌握的專案和努力。是什麼原因讓你放棄的？你現在對這件事的感受如何？
- 下次參與一個專案時，下定決心要完成或是掌握它。設定規則與限制，強迫自己去克服這道不可避免會撞到的隱形牆。
- 如果你在職涯或人生中面臨某種障礙，試著去越過它。想想在牆的另外一側可能有些什麼，想像你的動機和興趣最終都會回來。

43

你的時間都到哪去了？

我們每個人都會浪費時間。事實上，根據定義，如果我們能停止浪費時間，就能盡可能提高生產力。如果能將每天的時間利用最大化，完全沒有浪費時間，當然，就能發揮出最大的產能。

不幸的是，你不可能榨出每天的每分每秒，這是一個不切實際的目標，但你能找出最浪費時間的地方，並且消除它。如果能擺脫一到兩個浪費最多時間的原因，就能處於相當不錯的工作狀態。本章要幫助你了解幾個史上最大的浪費時間元凶，並且幫助你找出自己浪費時間的原因，提供一些務實的忠告，讓你能一勞永逸地消除這些浪費時間的原因。

浪費時間的最大元兇

我就直說了，停止看電視吧！

我是說真的，趕快關掉電視，不要再看了。放下你的遙控器，關掉數位錄放影機 TiVo，找些其他的事做吧，任何其他的事都好。（喔，順帶一提，為了以防萬一你以為自己可以置身事外，不論我在何處提到「電視」，也包含 YouTube 和 Netflix 這些替代管道。）

現今我們所居住的世界，多數人浪費生命中大把的時間在看電視，這對他們本身或社會來說一點好處也沒有。2012 年，市場調查研究公司 Nielson 所做的一份研究報告顯示，兩歲以上的美國人每週平均花費三十四小時的時間看現場直播的電視節目，可是還不止這些，他們還花三到六小時看錄下來的節目。天啊！你是說真的嗎？我有沒有看錯？我們每個禮拜會花掉四十個小時的時間看電視？我們每週黏在電視上的時間，相當於一份全職工作每週的工作時間，這太瘋狂了。

你現在可能沒看那麼多電視，或者是沒像一般美國人一樣花那麼多時間看電視，但你很難忽視這項資料，這表示我們看電視的時間，有可能比自己想的還多。

想像一下，若每週有額外四十個小時的時間，你會做什麼？如果你想創業，就快點開始動手，有四十個小時的時間可以利用。如果你想在職業生涯中往前邁進，你認為每週多四十小時的時間夠嗎？能達成瘦身目的嗎？我認為四十小時應該夠你達成這些目標。

就算你看電視的時間，只有美國人平均時數的一半，那你每週還有二十個小時的時間可以利用，相當於一份兼職工作的時間。自己誠實地估算一下，每週看幾小時電視，然後實際追蹤一下，確實了解自己每週究竟花幾小時的時間看電視。

花點時間，追蹤紀錄自己看電視的時間。想想所有你看過的電視節目，你認為自己每週花多長的時間看電視，請誠實以對，不要欺騙自己，把這些時間加一加，就是你一整年看電視的時間。

戒掉電視

我想應該不需要再告訴你，為何看電視是浪費時間了，但你可能需要多一點理由來說服自己，完全放棄或者是減少看電視的時間。

電視最大的問題就是，你花時間看電視並沒有實質上的好處，除非你只是單純看教育性節目，不然基本上就是浪費時間，時間最好還是確實花在其他有用的地方。

不只是因為看電視是浪費時間的原因，還可能會以你不知道的方式影響你。電視節目會左右我們大腦裡解決問題的部分，不經大腦也能安排好所有一切。從你的消費習慣到世界觀，每件事都會直接受到電視的影響。電視看得越多，你在心智與行為上，就會失去越多的控制力，電視正在完全地操控你。

那該怎麼放棄呢？我承認剛開始很難戒掉這個習慣。過去我每週都習慣花相當多的時間看電視，每天下班回到家，第一件事就是打開電視（我甚至還買了一個摺疊桌，這樣我就能坐在電視前，一邊看電視一邊吃晚餐。），我就是這樣長大的，我父母也這樣做，所以當我長大成人時，我也這麼做，這已經習慣成自然，而且我覺得在一整天的辛苦工作後，我需要看點電視來讓自己放鬆，我需要一些無意識、不費腦力的娛樂。

直到我開始在下班後做兼職專案，才真的開始離開電視。當時我正開發一款 Android 應用程式，幫助我自己追蹤跑步的情形。我每天都需要撥出數小時的時間開發這款應用程式，於是我發現開發專案這件事取代了我原本看電視的時間，而且我很享受這段時間，我比以往完成了更多事，感覺更好。

在看到這些正面的好處後，我想藉此從原本看電視所占用的時間裡，拿回更多真正屬於自己的時間，但又不想放棄一些我很喜歡的節目，於是，我決定局限自己能看的電視節目，一次只看一個。對於想看的節目，捨棄原本看電視節目的首播或者是看 TiVo 錄下的集數，改成買整季的節目影集，在我想看或是有時間看的時候才看，停止讓那些電視節目和扣人心弦的情節控制我看電視的步調。（即使現在，我偶而還是會買一整季的電視節目當作電影來看。）

藉由其他事情佔據原先看電視的時間，破除了我原本固定看電視的習慣，找回對每日行程的控制力，我終於能戒除電視成癮這件事，每週成功釋放出二十到三十小時，甚至是更多時間。

其他浪費時間的因素

我把浪費時間的頭號大敵放在電視上，主要是因為對多數人來說，這是浪費時間最大的元凶。只要消除這個原因，就能讓你的生產力一口氣提升兩倍或三倍，更不用說還能省下一些錢。但還有一些其他原因也可能會浪費掉你的時間，你可能也會想學著從你的生活中戒除。

除了電視，另一個會浪費時間的主因是社群網路。正如我們在第二部分章節所討論過的，社群網路的存在確實有其必要性，但這些社群網路也很容易在你應該要工作或更有生產力的時候，讓你花掉無數的時間在Facebook、Twitter和其他社群網路網站上。

把應用在電子郵件上的策略拿來運用也是不錯的，一天一次或兩次批次處理你的社群網路活動，而不要一整天頻繁地檢查Facebook上的訊息或貼文，試著只在午餐或晚餐時間才打開Facebook，相信我，你不會因此錯過太多精采訊息和朋友的現況。

如果你是在公司裡上班，浪費時間、降低生產力的主要因素是會議。我想不用告訴你會議會浪費掉多少時間了，我之前還在公司上班的時候，一天至少要花二到三小時開會，不用說，真正可以工作的時間沒剩多少。

停止讓會議浪費你的時間，最好的方法就只是不要去開會。我知道這很特立獨行，但我從很多出席會議的經驗發現，在許多會議裡，我的意見只是參考或根本不需要我出席。

如果會議議程可以透過電子郵件或其他媒介來處理，你可以請會議發起人取消開會，也能減少開會的次數。因為開會很容易，所以大家遇到問題，很容易第一個手段就採用開會。除非議題無法透過耗時較少的媒介，像是電子郵件或甚至是快速用電話說一下，不然請試著不要用最後的大絕——開會。（推薦閱讀Jason Fried、David Heinemeier Hansson所著的《**工作大解放**》（Rework，Crown Publishing Group出版，2012年），對於如何精簡會議流程有更詳盡的探討。）

✤ 浪費時間的主因 ✤

- 看電視
- 社群網路
- 新聞網站
- 不需要的會議
- 烹飪
- 玩遊戲（特別是線上遊戲）
- 喝杯咖啡的休息時間

小心地雷：烹飪、喝杯咖啡和其他嗜好真的算浪費時間？

這個問題的答案可以說是也不是，這要取決於你這麼做的原因。如果你做這些事，是因為你喜歡，而不是逃避你知道自己真正要做的工作，有意識地做自己喜歡的事都不算浪費時間。

我說玩遊戲是浪費時間，但我自己很愛玩遊戲，所以我要完全放棄玩遊戲這件事嗎？不，我沒有，我的意思是當我知道自己應該要完成某些工作時，我就不會玩遊戲。

烹飪這件事也一樣。或許你很享受烹飪的過程，喜歡為自己料理健康的食物，如果是這樣，那真的很棒，但如果你並不是特別喜歡烹飪這件事，就要想出一個簡單的餐點計畫，不要花大量的時間在烹飪上，或許找些健康的方法來減少你花在烹飪上的時間。

重點是不要犧牲你生活中喜歡的一切，但要確定不是因為一些不必要做的事而浪費掉你的時間，還有讓一些你不喜歡的事吃掉你所有的空閒時間。

追蹤你的時間

如果你的問題是社群網路讓你分心，那就紀錄花在社群網路網站上的時間有多少。你可以使用工具，像是 RescueTime（http://simpleprogrammer.com/ss-rescue-time）來追蹤你一天的時間都花在哪，它會產生一份報告，確實顯示你花在社群網路網站的時間，和利用電腦做非生產力的事項所耗費的時間。在我寫本書的第一版時，手機或平板電腦還不是浪費時間的元兇之一，但現在它們卻可能成為你一整天當中最浪費時間的因素。此處推薦一本我剛看完的書給大家——Cal Newport 的《*Digital Minimalism*》，同時你還可以利用工具來追蹤你花在行動裝置上的時間，例如，iOS 版的 Screen Time、Android 版的 Digital Wellbeing。想消除生活裡浪費時間的因素，最好的方法是先找出它們；想開始找回你消失的時間，首先要先找出時間浪費在哪裡。

我推薦你應用一些時間追蹤系統，確實檢視你每天的時間都花在哪裡。我剛開始創業時，不知道每天的時間都用到哪去了。我覺得一天內能做的工作量，應該要比實際上完成的工作量還多才是，我開始仔細追蹤我的時間約兩個禮拜，最後我終於找出幾個浪費我最多時間的地方。

如果你能準確地了解時間花在哪，就能識別出浪費時間的最大元兇，並且消除它。試著找出你每天花在各個工作任務上的時間，甚至是追蹤你用餐花了多少時間，真正了解你的時間用到哪去。

最後我要再提一個和「浪費時間」有關的建議。我發展出一個有效的定義，幫助大家釐清疑惑，判斷什麼才是真的浪費時間而什麼不是：「當你沒有去做你打算要做的事，就是浪費時間」。我將這個定義作為我個人時間管理的指導原則，如果我打算看電視或玩遊樂器遊戲，這樣雖然很好，但多數時間我們其實打算要工作或做些有生產力的事（而且通常是前者）。此外，我還要推薦一本跟這個主題有關的好書——古羅馬哲學家Seneca的知名著作《論生命之短暫》（The Shortness of Life），這是一本充滿人生智慧的經典作品，非常值得大家一讀。

即知即行

- 請仔細記錄你下週利用時間的情形。準確地估算你每天如何利用你的每個小時，看看你記錄下來的資料，找出浪費二或三小時的因素，就是你最大的浪費元凶。
- 如果你有看電視的習慣，試著停掉一週不要看電視。體驗「沒有電視」的一週，看看你會如何。持續追蹤，不看電視的時候，你會把時間挪去做什麼。
- 找出有哪些時間是可以買回來的，像是雇用別人清理院子或掃除工作。（如果你停掉有線電視的服務，就能把這筆費用拿來支付這些服務費用。）

習慣的重要性

生產力的真正秘訣：長時間反覆完成小事。一天寫一千個字，每天持續進行，一年下來就能完成一本小說。（一本小說的平均字數是介於六萬到八萬之間。）

是啊，坐下來寫小說的人不計其數，但真正能完成一本小說的人少之又少。他們沒有意識到，存在夢想與他們之間的唯一阻礙是習慣。習慣是塑造生活型態最有力的方式，讓你更有生產力，促使你達成目標。每天生活裡所做的每件事都會隨時間累積。

本章要討論建立習慣的重要性，談談建立習慣的一些方法，幫助你提高生產力，實現看似無法達成的目標。

習慣能讓你……

每週一到五的早晨起床後，我會去健身房舉重，或是慢跑三英哩（其實本書第一版出版後我已經改跑馬拉松，所以經常是跑 5 到 20 英哩，不過我依舊持續舉重），多年來我一直堅持這個習慣，今後也會持續下去。做完健身運動後，我才會坐下來，檢視一天的例行工作。我知道自己每天和每週確實要做的事，雖然例行工作會隨時間改變，但也有一些例行工作我一直在做，這些都推動我往自己的目標邁進。

我在一年前落實的習慣，造就了今日的我。如果我每天的習慣是去甜甜圈店，而不是去健身，那我的實際身形絕對會和現在有著天壤之別。假使我每天都練功夫，那我現在或許是武功精湛的武術家。

對你來說也是如此。你每天所做的事，會隨時間定義與塑造你這個人。你自己可能有很多想改變的事，訣竅就是花時間持續去做。如果你想實現一個目標，像是寫小說、開發應用程式，或甚至是創業，那你就必須落實一項習慣，每天緩慢但堅定地往你嘗試的方向移動。

我寫的這些話看起來似乎是很平常的事，但你看看自己的生活和目標，檢視你的夢想與渴望，你每天都有積極努力，督促自己一步步朝這些邁進嗎？如果你曾建立習慣，讓自己一步一腳印地朝目標前進，早就實現了吧？

建立例行工作的習慣

現在該是你採取行動的時候了。不是明天或下週，就是現在！如果你想達成目標，如果你想塑造未來，而不是任由別人或大環境來左右你，就必須培養例行工作的習慣，引導自己往想要的方向前進。

好習慣起始於一個大目標。你想完成什麼事？人通常只能專注在一個大目標上，所以選一個現在對你來說最重要的目標。一個你一直想著有天要去做，卻一直沒時間付諸行動的事。

選好大目標後，就找出步驟，讓自己能每天或每週逐步朝目標前進，最終實現目標。如果你想寫一本書，你每天要寫多少字才能在一年內完成？如果你想減重，每週需要減掉多少磅才能達成目標？

大目標會形成你每日例行工作的基礎，圍繞目標制定你的行程計畫。絕大多數的人每天必須工作八小時，這部分沒有太多彈性，但你還有十六小時可以規畫與運用。十六小時裡有八小時是睡眠時間，你只剩下八小時。最後剩下的八小時裡，每天有兩小時要吃飯，最糟的是，每天只有六小時可以分配在你想做的事情上，讓你達成目標。

你可能覺得一天六小時看起來似乎不多，但累積下來，你一週會有四十二小時的可配置時間。（如果你讀過前一章，了解時間是怎麼浪費掉的，你或許就能猜到，絕大多數的人用這些時間裡的四十小時做了什麼，你看看，戒掉看電視的習慣很重要吧。）

好，現在我們知道自己的目標是什麼，下個任務就是實際規劃時間。因為你已經有一個例行工作了，就是每天都要去上班，所以最成功的做法，就是圍繞一週的五個工作天來規劃時間。建議各位每天剛開始第一或兩小時，把這段時間投入在最重要的目標上。你可能需要提早幾個小時起床，但利用這一或兩小時的時間，不僅可以堅持你想做的事，還能讓你精力充沛。

只要做些簡單的改變，你就能每天朝著最重要的目標邁進。就算只在工作日安排進度，你每年還是能朝正確的方向前進兩百六十步。如果你正在寫小說，平日每天寫一千字，一年下來就有二十六萬字。（美國文學史上的偉大著作《*Moby Dick*》是 209,117 字。）

細節

雖然到目前為止，我們只規畫了一項例行工作，但這是最重要的一件事。就算你只做這件事，看到結果你也會相當高興，但我們能做得比這更好。如果你真的想提高生產力，就要加強對生活的掌控。

我現在創業並且在家工作，所以你能想像得到我的例行工作可說是相當詳細。我有一份例行工作表，事先規範好我每天大部分的時間要做什麼。這也讓我每天能完成最大的工作量。絕大多數跟我聊過的人都很驚訝，我現在有彈性可以決定我想做什麼，但我每天卻依循一份例行工作表，然而，這份例行工作表才是我成功的關鍵。

如果你自己創業，或是在家遠距工作，一定要制定一份例行工作表，清楚定義一整天要做什麼，包含何時開始工作，何時休息。雖然你會覺得生活缺乏彈性，卻能增加你的生產力，安全地知道自己正朝目標邁進。

但就算你不是在家工作，你也需要發展一份例行工作表，包括你一天之中大部分的時間要做什麼。如果你的上班時間是朝九晚五，好消息是，大部分的結構都可以到位。

強烈建議你安排一般平常日的工作時間，這樣你才能知道自己每日和每週要完成什麼事。雖然我們談過大目標會定義你的例行工作，但你或許還有許多小目標也想進行。朝這些小目標邁進，取得進度的最佳方式是，把它們規劃進你的例行工作表裡。

決定每天開始工作的第一件事要做什麼。可能是檢查和回覆電子郵件，但或許更好的做法是，先從每天要做的事情裡，最重要的那一項開始。（電子郵件永遠都可以留到後面再來處理。）選幾個你每天或每週都會重複進行的工作任務（請詳閱第 39 章的內容，裡面所提到的定量系統可以幫助你。）每天安排一段時間來進行這些工作任務，這樣才能確保你能完成這些工作任務。我以前還在公司上班的時候，每天會固定投入三十分鐘的時間，學習我正在使用的技術，我習慣稱此為「研究時間」。

你還應該規畫你的飲食，甚至為每天該吃什麼建一張表。我知道這聽起來有點瘋狂，但我們浪費很多時間在決定要吃什麼和煮什麼，如果我們不事先規劃好要吃什麼，最終就會亂吃一通。

如果你一天的行程越有結構，你就越能控制你的生活。想想看：如果你總是受到環境左右，如果你總是事情發生了才來處理，而不是事先規劃，就會變成環境主導你的生活，而不是由你來掌控自己的生活。

例行工作時間表範例：

7:00AM——健身（跑步或舉重）

8:00AM——早餐時間（禮拜一、三、五：A 餐；禮拜二、四：B 餐）

9:00AM——從最重要的工作任務開始

11:00AM——檢查與回覆電子郵件

12:00PM——午餐時間（週一到週四：自己帶便當；週五：外食）

1:00PM——發展個人專業（研究與改善個人技能）

1:30PM——開始進行第二項工作任務、開會等等

5:30PM——規劃隔天的工作任務，記錄今天完成的工作任務

6:30PM——晚餐時間

7:00PM——與朋友、家人相處的時間

9:00PM——閱讀時間

11:00PM——就寢

小心地雷：不要過分執著於例行工作表

雖然你應該要有一份可以依循的例行工作表，但也要有彈性。有可能會有一天不見了，或是一整天的行程都亂掉，別忘了，人生總有許多不可預期的事會發生，像是車子拋錨就可能會打亂一整天的行程。你需要學著以平常心看待這些事件，然後從容以對。

即知即行

- 你目前的行事曆為何？追蹤你每天的活動，看看你依循的例行工作有多少。
- 挑選一個大目標，放進你的例行工作表裡，至少每週平常工作日都要進行。計算看看，如果你每天都能逐步朝目標邁進，一年下來能取得多少進展。

培養好習慣

是那些反覆不斷的努力造就今日的我們，卓越不是行為，
而是習慣。

—古希臘哲學家‧亞里斯多德

每個人或多或少都會有些習慣，不論習慣是好是壞。好習慣會推動我們前進，幫助我們成長；壞習慣會扯我們後腿，阻礙我們的發展。發展並培養好習慣，不必刻意努力就能保有生產力。就跟例行工作的效果一樣，推動我們緩慢但踏實地一磚一瓦築成一座高牆，習慣也是，根據我們累積的努力推動我們前進或者是後退。兩者最大的差異是，我們能控制例行工作，習慣則不然。

本章要來談談擁有好習慣的價值，以及如何培養好習慣。雖然我們無法控制習慣，但我們可以控制習慣的養成與戒除。學習如何讓生活裡的某件事，成為最有效率的事。

何謂習慣？

在深入改變舊有習慣和建立新習慣之前，我們要先討論究竟何謂習慣。這裡我會先給各位一些概念，若想詳細了解這部分，推薦各位閱讀 Charles Duhigg 所著的《為什麼我們這樣生活，那樣工作？》（The Power of Habit）。

習慣基本上會包含三件事：暗示、例行公事和獎勵。暗示是會觸發習慣的某件事物，可能是一天之中的時間、某種社群互動、特定環境或任何東西。就像我只要去電影院，就會暗示我要買爆米花。

其次是例行公事。例行公事是你做的某件事，也就是習慣本身。例行公事可能是抽根菸、跑步或在檢查程式碼之前，要執行所有的單元測試。

最後是獎勵，這是讓習慣實際在生活中持續落實的利基點，做了這項習慣能讓你感覺很好。獎勵可能只是帶給人們滿足的感受，例如，在魔獸世界裡個人角色升級時，聽到那「叮」的音效，或者是個人喜愛食物的香甜味道。

大腦真的很擅長形成一項習慣。我們會圍繞著自己所做的事，自動形成習慣。做的次數越多，就越能形成一項習慣。習慣的力量往往會基於獎勵的價值，人都喜歡獲得更好的獎勵，但奇怪的是，會變動的獎勵比已知的標準獎勵更容易讓人上癮，這就是為何有那麼多人會流連於賭場。如果你不知道會拿到什麼獎勵，或者是多大的獎勵，就會培養出一些相當不好的習慣，這也就是所謂的「成癮症」。

你可能有數百個習慣，很多習慣甚至連你自己都沒有意識到。每天早上起床時，你或許會做一個特定的例行公事，你可能每天晚上都會刷牙，你可能有各種習慣影響你工作的方式和如何工作。這就是我想在這一章談的重點，因為培養這些習慣能幫助你提高生產力。

找出壞習慣，改掉它們

把壞習慣轉變成好習慣，是最容易開始的事。如果我們能找出自己的壞習慣，把負面習慣轉變成正面的好習慣，生產力馬上就能雙倍提升。

我以前的習慣是，每天坐在電腦前第一件事就是立刻檢查電子郵件，確認一些網路交易網站和社群網路。恕我冒昧猜測，你或許每天也和我一樣做著類似的例行公事。

我先承認，我現在還在努力戒除這個習慣，想改變一項習慣確實不容易，但這是一個很好的例子，我知道自己的壞習慣，而且想把它轉變成好習慣。

現在讓我們來檢視一下這個習慣，並且將其分解成三個部分。首先是暗示，坐在桌子前這個動作就是個暗示，暗示我早上坐在電腦前，就開始做某個習慣。接著是例行公事，就是檢查電子郵件、看看促銷情報網站 Slickdeals.com 上有沒有好的交易和檢查 Facebook、Twitter 等等，這些行為是習慣本身。最後是獎勵，獎勵有兩重，一重會讓人感到心情愉快，確認我喜歡的網站，有時會有人對我的貼文按讚，或是有一閃一閃的新電子郵件在等我；另一重會讓人紓解壓力，因為這會讓我從那天需要完成的工作中分心，反而能有片刻放鬆的感覺。

我試著徹底戒除這項習慣，但這真的相當困難。這迷人的習慣還是不斷地誘惑著我，在做這項習慣時，有一半的時間裡，我甚至沒有意識到自己正自動在做這些事。既然徹底戒除它很難，我轉而改變例行公事的程序。與其確認所有我喜歡的網站，我利用暗示，讓暗示導引我朝向另一個更富成效的行動。

與其早上第一件事就檢查網站，我決定不如先規劃一整天要做的事，優先選擇那天我最喜歡的事來做，不僅能完成更多的工作，一天之初還可以從最喜歡的工作開始，而不是先做我沒那麼喜歡的工作。當然，這樣我每天一開始就不是處理最重要的事，但我能處理一些更有效率的任務，而不是浪費半小時做一些完全沒有生產力的事。

這可能要花點時間，才能把壞習慣轉變成好習慣，但好習慣最終一定能取代舊有的壞習慣，開始變成你每日例行公事的一部分。

你可以把相同的方法應用在自己的壞習慣上，但首先你必須找出它們。最好的辦法是，看看生活裡有哪些事情和例行公事會讓你有罪惡感。有什麼事是你想改變，卻又常常拖到隔天的？

試著從小事開始。選一個你已經知道的壞習慣，不用現在立刻改掉它，相反地，試著找出觸發這個壞習慣的暗示是什麼，你實際上做了什麼，是什麼獎勵激勵你去做這個突如其來的念頭。有時你會發現，這個獎勵不過是個幻覺，一個你期望能夠實現的承諾，但從有真的有過。許多人有買彩券的習慣，因為他們認為可能會中獎，即使他們從未中過。

一旦你能確實理解習慣本身，會發現自己更能意識到這一點，甚至能透過仔細研究習慣的成因，進而戒除它或改變它。

下一步就是找出是否有其他例行公事可以代替你目前正在做的習慣，有的話，就做這件能帶來類似或相同獎勵的事。

最後也是最困難的部分，就是強迫自己堅持這項新改變，讓新習慣有夠長的時間能取代舊有的習慣。只要你能給自己夠久的時間，堅持一項改變，終究能輕鬆又自在地保持新習慣。

養成新習慣

除了改變舊有的壞習慣，你還會想針對某些事養成新習慣。在前一章裡，我們談過例行工作表的重要性，但除非你養成習慣，否則你不會因為有一份例行工作表就能獲得成功。

只要能堅持一項例行程序夠久的時間，就能成功養成一項新習慣。我能培養出每週三次跑步和三次舉重的習慣，主要還是因為我能堅持例行程序數個月，幾個月後，我的意識就會自動根據那天是禮拜幾給我暗示，讓我不得不出去跑步或去健身房。

每次談到養成新習慣，我最喜歡舉的例子是 John Resig 在部落格所分享的內容，他也是我十分尊敬的開發人員。在他的部落格裡，有篇文章的標題是「每天寫程式」（Write Code Every Day），John 在這篇文章裡談到，有段時間他的兼職專案一直沒有進度，直到他培養了一項習慣，每天至少花三十分鐘寫點有用的程式碼。在實施這項新的例行程序後，這變成了一項習慣，最後讓他提升了巨大的生產力。完整的文章內容，請參閱 http://simpleprogrammer.com/ss-write-code。

養成新習慣的概念類似建立例行程序。試著想想一個你想完成的大目標，看看你是否能養成推動自己往那個方向前進的習慣。擁有越正向積極的習慣，就越容易實現目標。

選擇你想培養的習慣，思考有助於激勵你開始這項習慣的獎勵。假設你決定要培養的習慣是在檢查程式碼之前，先執行所有單元測試，如果你做到了，就決定給自己五分鐘的休息時間，檢查你的電子郵件。不過要注意一件事，獎勵本身不能是一項壞習慣，例如，我不建議每次健身後就獎勵自己一條糖果，這只會讓你的健身努力前功盡棄。

接著找出新習慣的暗示。什麼能觸發習慣？讓這個暗示成為某件你會不斷依賴的事。一天之中的某個時間，或是一週裡的某一天都是很棒的暗示，確保你不會拖延行動到其他時間才做。如果你能推波助瀾，養成另外一個習慣，甚至會有更好的效果。我以前有個習慣是每天晚上閱讀三十分鐘的科技書籍，以保持自己的技能敏銳度，後來我決定要養成每天走路三十分鐘的新習慣，就把這兩者結合在一起，現在每當我要閱讀書籍時，就覺得一定要在跑步機上走路。

即知即行

- 追蹤你的習慣。現在的生活裡哪些習慣對你的影響最大？你認為有哪幾個是好習慣，又有哪幾個是壞習慣？
- 選一個自己的壞習慣，試著將其轉變成好習慣。在你改變之前，想像一下，這麼做的一個禮拜後、一個月後和一年後，會為你的生活帶來怎樣的結果？

46

提高生產力的訣竅：分解工作

一口一口吃，終將能吃完一整頭大象。

—美國陸軍參謀長・Creighton Abrams

工作拖延的主因之一，也是生產力惡化的禍根，就是「讚嘆」問題：一直忙於讚嘆問題的大小，卻沒有真正嘗試去解決它。當我們從整體的角度來看工作任務時，會覺得它們似乎比實際情況來得大，而且令人生畏。

為了幫助你克服拖延的毛病，本章要談提高生產力的訣竅：分解工作。把大型工作任務拆解成小任務，你會發現自己有更多動力去完成它們，更穩定地朝實現目標的方向邁進。

為何更大不總是更好？

工作任務越大，似乎就越容易讓人害怕。完成整個軟體應用程式很難，但寫一行程式就很簡單。不幸的是，在軟體開發的領域裡，我們往往容易遇到大型的工作任務和專案，很少有小型的開發任務。

由於我們沒有預見未來的能力，這些大型工作任務或專案會造成我們的心理壓力，降低我們的生產力。從整體的角度來看，會覺得幾乎不可能完成大型的工作任務，但想想那些令人難以置信的壯舉，像是建造摩天大樓或橫跨數英哩長的大橋。然而，許多摩天大樓和大橋都已實際建造完成，所以我們知道這是有可能成功的事，但要你從整體的角度來看專案裡的任何一個部分，你卻覺得要完成它們似乎是難如登天。

我奮鬥了很長的時間才終於完成一個大型專案，自己從無到有建立一個應用程式。在這之前，我曾動手開發過許多應用程式，但從沒完成過任何一個專案，直到我學習拆解工作才克服這個窘境。每次專案剛啟動，我就一頭熱，但很快地就會糾結於一些工作細節，陷入無盡的思考之中，想著還剩多少工作要做，以至於從未完成一個完整的專案。專案越大，我失敗的機率就越高，

我發現不是只有我有這方面的困擾。就我在軟體開發領域裡擔任過各種職務的經驗，當我把工作分配給其他開發人員時，總會發現專案成功的最大指標是我所提供的任務大小。我要求他們做的任務越大，他們就越不可能完成任務。

我們已經談過會造成這個狀況的原因之一：大型工作任務會造成我們心理上的負擔。當我們面對大型問題時，比起採取步驟來解決問題，往往會花更多時間思考問題。人都會傾向於選擇最省時省力的道路，面對大型工作任務時，檢查電子郵件或再喝一杯咖啡，總是像一條更輕鬆的路，所以就不斷發生拖延的情形。

但拖延不是唯一讓大型專案不能成功的原因。工作任務越大，往往定義也越少。如果我要求你去商店買蛋、牛奶和麵包給我，這項工作任務定義完善，而且你也明確地知道要做什麼，執行這項任務很輕鬆，而且有很高的機率你能正確執行任務。

另一方面，如果我要求你幫我建一個網站，這個任務就大了，定義更少了。你可能不知道要從哪裡開始著手，還有許多問題需要釐清，你無法確實知道要做哪些事才能完成工作。雖然我可以寫一份說明，確切描述要建立的網站內容和我的期待，但以這種程度描述任務細節，你還是要花一些時間閱讀與理解，而且有很高的機率會發生錯誤。

大型任務往往也很難估算完成的時間。如果我問你，要找出清單裡最大的物品，你要花多久的時間才能寫出一個演算法來處理，你或許能給我相當精準的估算。但如果我問你，實作網站上的購物車功能要花多久的時間，你的估算可能不會太精準，甚至會亂猜一通。

相較於小型任務，大型任務會帶給我們精神上的挑戰，更可能造成拖延的情形，通常對任務沒有太多描述、容易出錯，而且很難估算完成時間。

拆解工作

不要絕望，還是有方法可以解決這個問題。事實證明，多數的大型任務都可以拆解成無數個輕鬆的小任務。

將大型任務拆解成更小的任務是我一直都在使用的工作技巧之一，可以讓我完成更多工作，而且更精準地估算出一項大型工作需要花多久的時間才能完成。

其實，本書的結構會這樣設計並不是巧合。你可能會訝異於本書竟然有如此多的小章節，這是因為我開始撰寫本書時，就刻意編排出許多小章節，分成好幾個部分，而不是幾個大型章節，原因有二。

首先，讀者能更輕鬆地消化本書的內容。我了解在讀一本書時，如果章節過長，就不會挑選那本書來閱讀，除非我有足夠的時間能看完一整個章節。閱讀一本章節過長的書會讓人感到害怕，像我自己就做不太到。希望你也發現了，每個章節約莫一千到兩千字，比起過長又很少分章節的文字，短章節閱讀起來更輕鬆、更不容易讓人感到恐懼。

其次，這樣的作法對我來說也比較輕鬆。我知道要寫一本書是項挑戰，很多人坐下來寫書但沒有完成，我自己也是如此，好幾次寫書卻從未真的完成過。每個小章節的篇幅大小就跟一篇長篇的部落格文章差不多，讓我更容易管理撰寫本書的各項任務。我給自己的任務不是撰寫一本巨大的書，而是撰寫八十個或更多個小章節。

把任務拆解成更小的部分，那些任務就變得更容易完成，也能更精準地估算工作的完成時間，更能正確地完成任務。就算有個小任務沒有正確地完成，在深入大型專案或事業之前，你也有更多機會修正。把任何大型任務拆解成小任務，通常會是不錯的做法。

如何拆解任務？

事實證明，拆解工作任務並不難，只要透過一次一個步驟的方式，多數的任務都能輕鬆地分解成更小的任務。引文中那個如何吃掉大象的定量做法是非常真實的事，想吃掉一頭大象，唯一能想到的方法就是一次吃一口。這個概念也能應用在多數的大型任務上，就算你沒刻意拆解大型任務，仍然可能受限於時間的線性發展，也就是開始進行某件事之前，必須先完成另一件事，以此類推。

如果你想接下一個大型任務，而且要讓任務不是那麼可怕，一開始就要決定，完成任務要採取哪些步驟。如果我被交付一項大型任務，第一件會做的事，就是看是否能把任務分解有順序的小任務。

就像前陣子我為某個客戶的專案工作，讓他們的程式碼能運用連續集成系統與部署。這是一項大工程，剛開始會覺得這個任務很難也很嚇人，與其嘗試動手處理這項任務，我先把這項大任務拆解成更小的任務。

合理的作法是，先拿到客戶的程式碼，從命令列執行構建與編譯，因為這是建立自動構建的必要步驟。理論上，下一步是要有一個構建伺服器才能簽出程式碼。接著，另一項任務是結合這兩者——讓構建伺服器簽出程式碼，以及利用命令列腳本來編譯程式碼。

就像這樣，我把整個專案拆解成小任務，突然間，難以征服的野獸就像隻小老鼠。即使整個專案像是難以解決的問題，但拆解後的每個小任務看來都平凡無奇。

你或許也發現一件事了，當你試著把大型任務分解成許多小任務時，沒有足夠的資訊能幫助你確實了解該怎麼做。記得我們前面提過的嗎？越大型的任務通常定義就越少，因此，將大型任務拆解成更小的任務時，關鍵步驟是找出缺少的資訊，也就是你建立定義完善的小任務時，還需要哪些資訊。如果你在拆解大型任務上遇到問題，無法順利分解成小任務，很可能是因為缺乏相關的資訊。

然而這不見得不好。在專案開發初期就發現缺乏資訊，總比開發到一定程度才發現來得好。把大型任務拆解成小任務時，必須確保每個小任務都有清楚的目標。嘗試確認這些小任務的目標時，常常還會發現其他方法所錯失的重要資訊。

當我和敏捷團隊合作時，通常會利用這項技巧，從客戶那獲得正確的資訊。當客戶要求你完成一些大型任務，例如，在他們的網站上新增購物車功能，此時他們通常很難確切說出他們想要的功能是什麼，但如果你將大型任務拆解成更小的任務，客戶也能更容易告訴你他們想要什麼。

拆解問題

拆解大型任務的方法同樣也能直接應用在程式碼和解決問題上。許多新手開發人員嘗試處理他們認為很難寫的程式碼，或是很難解決的問題時，常常不知所措，因為他們想一口氣處理完一個大問題，卻沒想過要先將問題拆解成更小的部分。（我必須承認，我自己現在有時候還是會犯這個毛病。）

我們會自然地做一些事來管理程式碼的複雜性，這也是為什麼沒有一個大型方法會包含所有的程式碼，而是把我們的程式碼分解成方法、函式、變數、類別和其他結構，幫助我們簡化程式碼。

不管一個程式設計的問題有多難，永遠都能分解成更小、更小的部分。如果你想寫一個困難的演算法，與其盲目地開始寫程式，不如先把問題拆解成更小的部分，有助於依序獨立解決各個部分的問題。不論一個應用程式有多大、多複雜，永遠都能淬鍊出程式碼。一行程式碼永遠不會超出任何程式設計師能理解或撰寫的複雜度，如果你願意將一個問題拆解得夠細，只要用寫一行程式碼的能力，就能完全寫出任何應用程式。

即知即行

- 你手上有因為專案規模太大，而讓你怕到想逃避的大型專案嗎？你有拿打掃車庫、寫部落格文章或處理困難演算法等等藉口，來拖延專案嗎？
- 選個你現在正面臨的大型問題，看看是否能找出好方法來將它分解成更小的任務。

47

你知道勤奮工作的價值，但你為何逃避？

本章算是說到我的心坎裡，真實呈現我的想法。要成功就必須努力，這是無法避免的事，正是因為我最後接受了這樣的想法，我的職涯和生活才因此有了巨大的轉變。

每個人永遠都在找生活中的捷徑——想成功但不想辛苦工作的方法，包含我自己在內，我們都希望不用實際投入，就能享受辛苦工作的甜美成果。最好我都不用坐下來辛苦寫作，整本書就神奇地完成了。

現實情況是，所有美好的值得、有意義的事都是來自於辛苦工作的成果。在生活裡，特別是軟體開發職涯中，如果你真的想看到成果，就必須學習坐下來，然後持續做自己不想做的事。

本章要破除一些騙子的話術。這些騙子承諾你，不用辛苦工作只要聰明工作，就能獲得很棒的回報，我們要來談談辛苦工作背後的一些動機與挑戰。

為什麼努力工作這麼難？

對我來說這真是個謎，怎麼有些事就是比其他事情難得多。為什麼我在玩遊樂器遊戲時，一玩就是好幾個小時，完全沒有問題，但是要讓自己坐下來，寫個部落格文章就這麼難，不過才幾個字，當然，也會有人爭論說，玩遊戲可是相當耗費心力的活動呢。我的心真的在乎我現在正在做的事嗎？我知道，對大腦這台負責演出的機器來說，這一切都是工作。那我的大腦又真的在乎它是否正在按遊樂器手把上的按鈕，還是鍵盤上的按鍵嗎？對我來說，一個是工作，一個是玩；一個很辛苦，一個很歡樂。

我從沒見過哪個人說他真的很喜歡辛苦工作。確實有很多人說他們喜歡努力工作，多數人也很喜歡剛投入工作或工作完成時的感受，但幾乎不會有人說他想辛苦地工作。

老實跟你說，我不認為能給你一個好理由，告訴你為何會這樣。我不知道為什麼，叫大腦傳電波給你的手，寫程式來修你應該解決的臭蟲，這種事就難得多；但是叫同一個大腦傳電波給你的手，在 Facebook 上留言或輸入你最喜歡的網站網址，浪費你的時間，這樣的事就容易得多。現實就是這樣，某些工作很難，某些工作就很簡單。

然而，在我看來，我們認為難的工作似乎都是能讓我們獲益的工作，也是最可能讓我們的職業生涯更上一層樓，或是開啟新機會的工作，所有看似簡單的工作，永遠都沒有任何好處。

只是「更聰明地」工作夠不夠？

現在似乎無時無刻，我都聽到有人宣揚聰明工作的概念，而非努力工作。雖然我同意我們都應該盡可能聰明地工作，但我不同意聰明工作能取代努力工作。每個說花少少力氣工作就能獲得更棒成果的人，都是想跟你推銷東西，或者是他們忘記了，自己過去花了多大的努力才走到今天這個地步。

宣稱聰明工作能克服努力工作的這種想法，存在一個主要的謬論。想獲得成功就要用聰明的方法工作，這確實沒錯，但努力工作的人任何時刻都能持續超越自稱聰明的工作者。事情的真相是，如果我們真的想看到行動的成果，就必須自主努力工作。

如果真的想收到效果，就必須學習如何聰明又努力地工作。想真正獲得成功，面對障礙時只有聰明是不夠的，還需要一定程度的積極進取，一定程度的恆心與毅力。

努力工作總是枯燥乏味

如果一定要推測我們為何會逃避辛苦工作的原因，我會說，辛苦工作一般都很枯燥乏味。我剛開始寫部落格時，真的很興奮，我很熱衷於這個能展現自己的新機會，但隨著時間過去，這變成一份單調沉悶的苦差事，如果我沒有學著堅持下去，就無法從這份苦差事中，看到自己的行動所帶來的好處。

我們會認為困難的事情，實際上都是我們不想去做的事，因為這些事多半不是那麼令人興奮或者吸引人。人生中從一個熱情的目標飛到下一個熱情的目標，只做自己有興趣的事，這種想法總是吸引著人們，只要你對某件事沒興趣了，就轉移到下個目標。

但這樣的想法有個盲點，問題在於你的同儕們願意在一件事情上堅持努力，隨著時間他們終將超越你。起初你或許會覺得自己領先他們，起初你在做一件事上的熱情，會給你暫時的爆發力，但那些願意長期投入心力與時間、持續做著枯燥工作的人，不僅能完成工作，最終還會超越你，把你甩在後頭，遙遙領先。

> 競賽靠的是毅力，而非速度。
>
> —John Jakes，《北與南》（North and South）作者

現實

不管是誰，現實情況就是沒有什麼事能不勞而獲。如果你想成功，真的想成功，有時就是不得不熬夜加班。在職業生涯中，可能有好幾年的時間都必須有好幾週工作六十到七十小時，放棄看電視，不能和朋友出去，辛苦多年之後才能超越其他人。你無法欺騙系統，你放什麼進去，就能確實得到什麼。在一個季節所種下的種子，在另一個季節收穫，沒有播種就不可能有收穫。

當然也不是要你辛苦一輩子，一刻都不能放鬆。完成一項成功的工作能造就之後更多的成功，獲得越多的成功後，之後的成功就能輕鬆隨之而來，只是爬第一座山時，通往山頂的路漫長而陡峭。

很少人能做到頂尖，很少人能真的看到成功，多數人的職業生涯都是平淡無奇，他們不願為了真正的成功，而投入必要的時間與犧牲，你可以依循書中的所有忠告，但如果不願意努力，並不會帶給你任何好處，一點好處也沒有，你必須自願工作，你必須願意將你所學，實際應用於工作之中才能發揮成效。

該如何努力工作？

好吧，現在你可能會懷疑，怎麼讓自己真的坐下來，做需要完成的工作。我希望能有神奇的答案，讓你突然就變成最有生產力的人，能不拖延也不反抗地承擔任何任務，但不幸的是我無法讓這樣的奇蹟發生。

我能告訴你的就只有：我們都在努力解決相同的問題。我們往往都會拖延工作，逃避那些真正重要的工作。《*The War of Art*》是我最喜歡的好書之一，其作者 Steven Pressfield 對這些會在我們前進道路上拋出障礙物的神秘的力量，稱之為阻力。他主張：每當我們努力想讓自己提升到更高的境界，阻力就會探出頭，試圖讓我們原地踏步。

如果我們想在追求的努力上成功，就必須學會擊敗阻力，但要如何擊敗阻力這個敵人呢？如何才能將「阻力」擊倒在地，讓它認輸投降呢？其實我們只要坐在桌子前，做我們該做的事。我們都必須學習推動自己，就是要工作。當然，這不是件容易的事。這也就是為什麼制定例行工作表會如此重要的原因，可以幫助你越過這些心理障礙。

我知道你不愛聽這些話，我也不喜歡說，但至少讓你知道你不是唯一有這種問題的人。至少讓你知道，我坐下來寫一本書很難，就跟你坐下來念一本書一樣。至少讓你知道，當你逃避工作，在 Facebook 上閒晃時，有一億的人也正跟你做著相同的事。

然而問題是：你想被擊倒嗎？你要承認自己就是不能專注與專心在工作上，還是要越過這些障礙，正面迎擊這些阻力？只有你自己才能做這個決定，決定自己必須去做需要完成的工作。你必須意識到終究要完成工作，所以現在做總比拖到最後來得好。你必須了解，唯一能完成目標的方法，唯一能讓你完全發揮潛力的方法，就看你是否願意鼓起勇氣，下定決心，咬緊牙關，開始工作。

即知即行

- 你拖延了哪些辛苦的工作？你因為不想做而拖延了哪些任務？選一個這樣的任務，不要猶豫，就去做，讓自己養成不拖延工作的習慣，立刻去做那些你需要完成的工作。

坐而言不如起而行

任何行動都勝過不行動，特別是如果你已經長時間陷於不快樂的窘境之中，如果這是個錯誤，你至少學到教訓，在這個情況下就不再是個錯誤。如果你繼續讓自己深陷泥沼，就無法學到任何經驗。

—Eckhart Tolle，《修練當下的力量》（The Power of Now）作者

我想最後我要談談讓生產力低落的頭號殺手：無所為，來作為第四部分的總結。在軟體開發職涯裡，對生產力最致命的問題就是不採取行動。做出明智的決策和全盤考量很重要，但你通常無法擁有你需要的所有資訊，此時你只能前進，做出選擇，然後採取行動。

本章要來談談，不管採取任何行動幾乎永遠都比你在原地踏步來得好，為何有這麼多人第一個念頭就是不採取行動，怎樣才能克服這個問題。

為何拒絕採取行動？

有多少機會、多少可能性都因為拒絕採取行動而浪費掉了、而揮霍光了。原因為何其實很明顯，我的意思是，不採取行動，如何能期望會發生什麼？我想多數人都十分清楚這件事，這道理太明顯了，那為何有這麼多人寧可什麼事都不做？

對我來說理由很簡單，而我猜你可能也是一樣：恐懼，人都會害怕犯錯，害怕把事情搞砸，害怕自己做不來，害怕失敗，害怕改變，害怕做不一樣的事。

恐懼或許是我們知道該做卻拒絕行動的主因，但最重要的是我們不能讓恐懼困住我們，重要的是學會克服恐懼，明白一個事實，就算我們採取的行動不是最好的，也比什麼都不做來得好。

很少人會對自己深思熟慮後所採取的行動感到遺憾，卻有很多人遺憾自己沒採取行動，他們因為太害羞、太謹慎或對要不要去做某件事感到猶豫不決，因而錯失了機會。

不採取行動的下場

我認識一對夫妻，他們一直因為無法採取行動而感到痛苦，丈夫非常理性，而妻子非常感性，這是非常普通的情況，問題在於，每當他們必須做出重大決定時，往往無法下定決心採取行動。

有次他們決定要改裝客房的浴室而安裝了新的浴缸，問題是他們無法決定是否要為這個浴缸加裝淋浴簾或者是玻璃拉門。一個人要淋浴簾，一個要裝玻璃拉門，他們為此爭論了很多年，沒有一方願意放棄或採取任何行動，所有的爭論點都擺在眼前，也討論了所有的可能性，就是沒有下任何決定，沒有採取任何行動。

這麼多年過去了，過去十年來，我至少去他們家住了七次，每次去他們家住，就必須跟他們用同一間浴室，而不是客房的浴室，因為客房浴室裡的浴缸沒有淋浴簾也沒有玻璃拉門。

雖然有個淋浴間，但這麼多年來卻無法使用，造成他們自己和客人的不便，都只是因為他們無法做出決定，無法採取行動。這對夫妻現在又在進行另一場史詩般的戰爭，只是對象換成了草坪，看來又要持續到下一個十年吧。

其實這對夫妻可以決定採取某個行動，即使不是最佳選擇，也幾乎能肯定結果會比過去十年完全沒有作用的淋浴間來得更好，但他們還是沒有採取任何行動。相反地，他們跟多數人一樣，在無法做出決定時，就放棄選擇，什麼事都不做。

你過去十年可能不會因為沒有淋浴簾就沒有沖澡，但想想你的生活裡，有多少懸而未決的決定，只要採取行動，搞不好今天五分鐘就解決了。有多少決定進退兩難，就只是因為你一直沒找到最佳方案，或者是害怕做出錯誤的決策，所以與其失敗，你寧可選擇什麼事都不做？生命裡多少小時、多少年、多少時間就這樣浪費在無所事事上。

或許你想學吉他，可能你對工作不滿意，你想換個新工作，也或許你的財務狀況需要大幅調整。不論你在逃避什麼，不論你為何所困，但你就是拒絕行動，現在正是起而行的時候，現在就是下決心的時候。

最糟的情況是什麼？

最糟的情況是什麼？如果你對做決策感到猶豫不決，你應該永遠都要問自己這個問題。大多數的時候，問題的答案不過是你發現自己錯了，改採其他的行動。

許多時候，你就是需要錯個幾次，才能找到正確的行動。時間拖得越久，只是讓你花越多時間走錯路，拉長你找到正確方法的時間。

大部分讓我們懸而未決的決定，往往都微不足道。我們經常不用眼前已經夠好的九十分方案，卻要多花三倍的力氣去找九十五分的方案。我們對生活這樣，對寫程式這樣，甚至連決定要不要買新電視也這樣。（雖然你可能會爭論有第三個選項，就是不要買電視，請參見第 43 章「你的時間都到哪去了？」。）

然而，對於這些微不足道的小決定，如果我們不願意冒風險選擇次佳方案或冒完全失敗的風險，反而擱置不理，有些就會對我們的生活帶來很大的衝擊。試想你現在要完成一些程式碼，為重要客戶提供一項功能，為了解決程式碼裡的問題，要比較兩個演算法，然後從中選出一個較佳方案，如果你不做選擇會發生什麼事？

或許兩個選擇產生的結果都能接受，但其中一個可能是比較好的。如果你因為想收集更多資料而延遲採取行動，最後卻反而錯過了完成的最後期限，導致你失去重要的客戶，這會帶來怎樣的後果？在這種情況下，從中選擇一個演算法來使用會比較好，就算這個演算法的效益不是最好的。盡快採取行動還有個好處，你可能會發現選擇的這個演算法無法運作，此時還有時間能實作另外一個演算法。選擇不做出任何決定，也就是拖延行動，可能會導致最糟的結果。

即使一些看似重要的選擇，會改變生命的選擇，就算是隨便選一個方案也強過猶豫不決和置之不理。許多大學生認為選擇主修科目或職業是非常重要的決定，雖然這個決定可能很重要，但也不像某些事那麼重要，但你看看有多少大學畢業生取得毫無價值的學位或一般性的專業，是因為他們沒有做出真正的決定嗎？他們只是被猶豫不決所麻痺，而無法採取行動。

移動中的車輛更容易掌控

不採取行動通常就像是坐在一台停好的車子上，還要轉動方向盤。你試過在停放的車子裡轉動方向盤嗎？這當然不容易。然而，當車子在移動時，要轉方向盤就容易多了。

然而，我們之中卻有那麼多人坐在停放在人生倉庫裡的車輛裡，猛烈地轉動著方向盤，向左向右，試圖要在車子開出倉庫車道前，決定好要往哪個方向。

你最好先坐上車，開始駕駛，這樣至少還能往某個方向前進。車子發動之後，你永遠都能轉動方向盤，往正確的路線前進，這樣做也會輕鬆得多。坐在停放在車庫裡的車子，你可能不會開錯方向，但你也不會轉到正確的方向。

一旦車子移動了，你就有動力，動力可能會帶你前往錯誤的方向，可是一旦發現了，也能輕鬆地轉動方向盤，轉向正確的方向。你甚至可能一啟動車子，就駛往正確的方向。

有時當你完全不確定該怎麼做時，最好的行動方法就是做一些事，然後沿路修正你的方向，有時這也是唯一的方式。因為你從未前進，當然就沒看到路，也就不知道需要在哪裡轉彎。開始做一些事後，你才能預測所有你未來需要採取的行動，和可能會犯的錯。

通常，要知道哪條路是錯的，唯一的方法就是去走走看那條路。當錯誤的成本很小時，選擇做某件事永遠比不做來得好。

現在該怎麼做？

好，那麼你現在要把這應用在你的生活裡了嗎？你今天開始採取行動了嗎？利用這個簡單的檢查清單，看看是否能幫助你鞭策自己開始行動。

- 有什麼具體的原因阻止我採取行動？
- 如果我需要做出抉擇，會是怎樣的選擇？我必須從哪些選項中做出決定？
- 如果我做出錯誤的決定，最糟的狀況是什麼？
- 如果我選擇錯誤，能回頭試另外一個選擇嗎？做錯的成本高嗎？
- 這些選擇之間有差異嗎？我能找到一個次佳方案，讓我立刻採取行動嗎？
- 我現在面臨的情況，有助於自我發現嗎？如果我開始採取一些行動，最終能在發現正確行動前，還有機會修正路線嗎？
- 如果我沒採取任何行動，會發生什麼事？代價是什麼？損失時間、錯失機會還是損失金錢？

即知即行

- 選擇一個你知道自己應該採取行動的事，然後填寫表 48.1。
- 找出一個你過去因為沒有採取行動而錯失的機會，例如，買賣股票、投資公司或開始創業。
- 如果事情不如預期，最糟的情況是什麼？
- 最好的結果是什麼？
- 如果行動的目標太複雜，今天無法決定，能不能做出什麼更小的決定，幫助你邁出一小步？例如，如果你無法決定要學吉他還是鋼琴，你能先決定暫時學其中一項，之後再來決定長期要學哪一種樂器嗎？

Section 5

理財

可怕的金錢會主宰你的人生，但優秀的金錢能服務於你。

—知名馬戲團經紀人‧P.T. Barnum

軟體開發是目前薪水行情最好的職業之一，而且隨著世界的運作越來越依賴電腦和軟體，未來這個行業的價值只會不斷水漲船高。但如果你不知道如何運用金錢，世界上所有的金錢都無法帶給你太多好處。眾多樂透得主、電影明星和知名的運動員賺了數百萬，最後還是失去了，因為他們缺乏理財智慧來處理他們的財富。

你可以成為一位百萬富翁，或終其一生領死薪水，這些選擇都操之在你，而且通常是基於你對管理自己財務的知識與對世界金融體系如何運作的了解。只要了解一些有關資金如何運作的知識，以及如何有效運用金錢，對於要保障你未來的財務大有幫助。

在這個部分的章節內容裡，我會介紹一些最重要的財務觀念，對軟體開發人員來說最能直接受益的觀念。還會介紹一些主題，像是如何開始投資房地產、怎麼談薪水、退休計畫等等。最後，我會分享我個人的故事，告訴各位我如何運用這個部分所談的原則與知識，達成在三十三歲退休的目標。

我知道你現在可能會想，「John，我知道這很棒，但我真的對理財沒興趣，我是軟體開發人員，我只想提升我的職業生涯。」但在你跳過這部分之前，請先這樣想吧：不論你有沒有投資和理財，你管理財務與投資的方式，會對你的生活產生重大影響，除了健康之外，這或許比其他事情還來得重大（本書也會納入跟健康有關的內容）。

事實上，職業生涯中許多關鍵的決定，有很大程度會取決於財務狀況，是否能成為軟體開發人員的機會，同樣也深受影響。了解這一點點知識就能大大地幫助到你，就算你心存懷疑，我還是會鼓勵你，認真思考，如何改變你的財務狀況可能會大幅改變你的生活和你在職業生涯中所做的決定。

49

聰明運用薪資

假設你工作了三十年，每兩週領一次薪水，實際上應該會領到七百八十張支票。工作四十年的話，就會領到一千零四十張支票。在工作期間怎樣運用這些支票會決定你要工作多久、退休時有多少錢可以運用，甚至是決定你能否退休。

了解你每個月的收入都花到哪去，真的很重要，了解這些錢能為你工作，還是會阻礙你的未來。本章會探討一些和收入有關的重要財務觀念，幫助你以更好的方式管理金錢，並且用跟以往稍微不同的觀點來思考金錢運用的方式。

停止短期思考

軟體開發人員的薪水很高，你或許認為自己有能力負擔，可以購買生活裡的一些奢侈品；然而，只因為賺了很多錢就把大把的鈔票花掉，並非明智之舉。

我阻止過很多同事買新車，只是告訴他們一個簡單的情況，就改變了每個人的想法，或至少讓他們認真地重新考慮他們的選擇。

每當有人跟我說他們要買新車，我就會問他們認為這要花多少錢，他們通常會說要花二萬到三萬元美金不等，這是一筆相當大的錢，絕大部分我認識的人，身上都沒有這麼大一筆錢，我知道多數人實際上都得省吃儉用好幾年，才拿得出這麼多錢，但似乎有很多人會很開心地拿這麼大一筆錢去買車，他們真的想這麼做嗎？

這些要買新車的人告訴我要花多少錢後，我通常會接著問他們，要怎麼付這筆錢。我常常得到相同的答案，就是「貸款」，他們還會告訴我，因為還款的年限很長，所以只要定期付少少的錢。一般來說，這聽起來很合理，直到我問了下一個問題，也是最重要的問題：「如果你現在手邊有個行李箱，裡面裝了兩萬五千元美金的現鈔，你會拿這個行李箱去換一台新車嗎？」

有些人還是堅持說他們會拿滿滿的現金去換車，但多數人明白自己不會，他們想要兩萬五千元美金的現金，而不是一台新車。但是當他們貸款三萬元美金去買兩萬五千元的新車，在未來四到六年內，每月攤還三百元美金，卻覺得這似乎是筆更好的交易。

我通常會再跟這些人聊聊。花五千元美金買一台車，也能帶你從 A 點移動到 B 點，但你手邊還有兩萬元美金可以在未來幾年花用，拿去做你想做的事，這樣你能感受到喜悅感不是更多嗎？我並不是說我的人生從沒買過新車，但是當你以這樣的情形思考時，確實很難做出合理的解釋。

問題在於多數人思考錢這件事，都只想到短期，而非長期。我們只會想這個月的花費，而非整體的花費。

我當初一開始工作時，確實也是抱著這樣的想法。我只想著每個月能賺多少錢，看著數字來決定我每個月的生活，每個月賺的錢越多，我就有越多錢能支付房租，扣掉一些吃的和基本生活開銷後，剩下的錢就能存起來買車。存的錢越多，我就能買得起越好的車子。

我記得每次加薪後，立刻就會想到每個月能多花多少錢。我還記得我會盤算每月加薪五百元美金，意味著扣稅後，我每個月還有三百元美金能支付買車的費用。

這樣的想法非常危險，會造成每個月的薪水都只夠支付開銷，更糟的情況是不夠支付。這種只思考短期花費的想法，永遠無法帶給我們成功，因為每當我們賺得越多，花得也越多。

我有個朋友經營「發薪日貸款」（payday loan）的短期信貸事業，借款給有短期資金需求的人，直到他們下次發薪日才還款。這些人至少是在絕望的情況下才向他借款，所以他藉此向那些借款人收取異常高額的利率。

有次我問他，向他借貸的人都是怎樣的人。記得我提過會這樣做的人，絕大部分一定是生活有困難的窮人，所以他們只好借款支付眼前的費用，之後收到薪水再來還款，然而他的回答讓我非常驚訝，雖然大多數的客戶確實是在貧窮線邊緣或者甚至是落於貧窮線之下，但也有相當部分的客戶是醫生、律師和其他高薪的專業人士，這些人的年薪高達十萬美金或甚至更多。

事實證明，高收入無法讓一個人聰明理財。這些從我朋友那短期信貸的醫生和律師，他們就是陷在我早期剛開始工作時的那種短期思維和心態，因為每個月都會有薪水入帳，變成完全仰賴下個月薪水來生活的月光族。賺得錢越多，開銷也越大，他們會買更大的房子和更快的車子，所有的費用都靠信用支付，認為自己這麼做是理所當然。

資產與負債

然而，只要換個思考模式，你就不會因為賺更多錢而花更多錢。從長期的觀點來思考，實際的花費是什麼，而不是根據每月的收入來決定最終的花費。

這個想法基本上是圍繞資產與負債。資產與負債的定義有很多種，我自己的看法是，資產就是某些利用價值高於維護成本的東西，意味著有資格稱為資產的東西，它所提供的金錢價值必須高於自身的成本。

另一方面，負債則恰恰相反，就是某些花費高於自身價值的東西，負債是會讓你花很多錢維護，但賣掉時卻無法獲得高回報的東西。

我知道你現在會想，這種資產與負債的定義和會計學上的定義不太一樣，但這樣的定義能幫助你，思考你所擁有或購買的每件東西是資產還是負債，某些東西能為你的生活帶來正面還是負面的財務影響。

根據我的定義，來看幾個資產與負債的例子，先看幾個明顯的例子，再舉幾個模稜兩可的例子。

資產方面的明顯例子就是股票。你所買的股票，有的會一季支付一次股息，擁有股票之後不用花維護費，每三個月還能為你帶來一次收入。雖然股票本身的價值有漲有跌，但就股票能產生金錢這點來看，根據我的定義，它就是資產。

負債的例子就是信用卡卡債了。卡債不會為你帶來任何好處，因為每個月都必須支付卡債利息，所以只會吃掉你的錢，如果能擺脫這個窘境，無疑地，才能讓你的財務狀況變好。

但某些事情在思考上會變得有點棘手，像是房子。房子究竟是資產還是負債？我最喜歡的理財書籍之一《窮爸爸，富爸爸》（Rich Dad, Poor Dad），其作者 Robert Kiyosaki 就說，房子實際上是負債不是資產，我同意他的看法，在多數情況下確實如此。

我們都需要能遮風避雨的地方，不管我們是買房子還是租房子，都必須為我們所住的房子支付費用。即使你完全擁有自己的房子，你還是在「付租金」，因為你正使用的資源，如果拿去出租可以獲得租金，當你擁有自己的房子時，基本上就是跟自己租房子。

如果房子的成本超過你租房子的基本費用，那房子就是負債。對多數人來說，房子是一筆巨大的負債，因為他們無法從房子獲得額外的利用價值，不會帶給他們比把房子出租還高的價值。

車子也是一樣的道理，你或許需要某個交通工具，但如果你付更多錢買一台車，卻無法真的提供比便宜車更多額外的價值，那車子就是負債。

資產：

- 會產生股息的股票
- 可出租的房地產
- 債券

- 可獲得授權費的音樂版權
- 可獲得授權費的軟體版權
- 事業

負債：

- 信用卡卡債
- 房子（超過你的需求時）
- 車子（超過你的需求時）
- 每月的服務費
- 會隨著時間折舊的設備

Robert Kiyosaki 在這些項目上，甚至比我還嚴格。任何能把錢賺進口袋裡的東西，他才會稱為資產，任何會從你口袋裡帶走錢的都是負債，以這個觀點來說，確實沒錯。

關鍵在於你必須清楚了解，你買的某些東西與最初的投資成本相比，能為你產生收入或更多價值；同時某些你買的某些東西，只會把你的收入帶走，或不值得你當初付出的成本。

當你能從這個觀點來看，才可能去看長期的財務狀況，而非短期。每個月的薪水都是你必須工作才能賺來的收入，每個月資產幫你賺來的錢，是你不必工作就能有的收入，如果你能把必須工作所得的金錢，投資更多在不必工作就能產生金錢的資產上，最後即使做相同的工作量或降低工作量，也能擁有更多的收入。如果你把工作賺來的錢拿去買負債，每個月反而還會花掉你的錢，就不得不更努力工作賺錢，持續支付維護負債的費用。

花點時間列出你的資產與負債，不必詳細，但就是要試著找出你最大的資產與最大的負債。如果你沒有任何資產，也不必因此擔憂，多數人也都如此。

回頭來談薪水

那麼這一切又跟薪水有什麼關係？讓我說個故事，你或許會更清楚。

我十九歲的時候，獲得一個原本不會有的絕佳工作機會。一家位於美國加州 Santa Monica 市的公司，提供我一個約聘的工作機會，每小時時薪是七十五元美金（回到 2000 年初期，當時的貨幣價值比現在還高。），這份工作基本上能帶給我一年至少十五萬元美金的收入，外帶兩星期的特休假。

這對當時的我來說，是一筆驚人的收入，而我認為自己絕對是有錢人。雖然這個機會對我來說就像金礦一樣，但我沒多久就清楚意識到，我不但不是有錢人，而且除非我賺更多的錢，不然我無法在短時間內變得富有。

當時我的生活相當節儉，我試算了一下，想知道要工作多久才能成為百萬富翁。如果我一年賺十五萬元美金，我必須付百分之三十的稅給政府，還剩下十萬五千元美金。我還需要生活費才能活下去，就算勤儉地過，一年也需要三萬五千元美金，如此一來我每年能存七萬元美金。

我計算了一下，如果每年存七萬元美金，要十四年以上才能成為百萬富翁。當然，在經過十四年後，百萬美金會因為通貨膨脹的關係，而低於當年的價值。如果你打開網頁（http://simpleprogrammer.com/ss-measuring-worth）輸入一百萬美金的數字，你會發現 2000 年的一百萬元美金實際上是相當於今日的一百三十到一百六十萬元美金，所以我其實要存超過一百萬，還要假設我的薪水會隨通膨增加。

這對我來說是很糟的一天，我意識到必須更努力工作，即使我幸運獲得這份工作，也要超過十四年才能省下夠多的錢，成為百萬富翁，更何況這段期間我還得過得極為勤儉才能辦到。再說，成為百萬富翁之後呢？即使有一百萬，也不代表我就是有錢人了，距離退休，這筆錢還遠遠不夠，我至少要有兩百到三百萬美金才能安穩過退休生活。

這點讓我意識到，如果我真的希望有天能變有錢，不只不能浪費我的薪水在會帶給我負債的東西上，還必須投資顯著比例的薪水在最終能為我賺錢的資產上。

如果你想在財務上成功，就必須學會投資。你別無選擇，除非你找到方法讓錢滾錢，否則就算你工作一輩子，努力存錢，也不可能變有錢或甚至在財務上獨立。

即知即行

- 看看你每個月經手的現金，確認月初有多少錢，錢都用到哪裡去了。大部分的錢是變成負債，還是投資在資產上？
- 計算看看你每年要存多少錢，銀行裡的存款才能達到一百萬或任何你認為能達成財務自由的數字。你有可能終身不靠投資就省下那麼多錢嗎？
- 開始問自己「我能存下多少錢？」，而非「我能花多少錢？」

薪資談判

我常常很訝異，許多軟體開發人員應徵工作時，不是沒有談薪資，就是只協調過一次，如果沒達成自己的企圖就放棄談判，直接接受雇主所提出的薪資條件。

怎麼談薪水很重要，不只是因為收入會隨時間增加，最後還能在桌上堆積如山，還有你如何看待自己的價值。在薪資談判中經營自己的態度，會大大影響之後任職公司對你的尊重程度。

一旦你成為公司的一份子，就很難改變別人對你的既有印象。如果你能巧妙的處理薪資談判，不僅表明自己的薪資立場，又能尊重未來的雇主，更可能為自己營造正面積極的形象，這對你未來在這家公司工作的職業生涯有巨大的影響。

應徵工作之前就先談判

談判個人薪資的能力會大大影響你的名聲，你看看有名的運動員或是電影明星，在這兩個專業領域裡，哪個不是因為知名度越高，談判的力道就越大？對軟體開發或任何領域來說也是同樣的道理，你越有名氣，談判時你的氣場就越強。

那麼，在軟體開發領域裡該如何建立知名度？對某些人來說這可能需要機運，但對多數軟體開發人員來說，只需要仔細地規劃策略，我強烈建議各位建立個人品牌，在軟體開發人員這條道路上積極行銷自己。

基本策略就是盡可能在許多不同媒介上曝光你的名字。不論是寫部落格文章、參與 Podcast 節目、寫書或文章、在研討會和同好會上演講、創建教學影片、為開放原始碼的專案貢獻心力，反正就是盡力去做任何能讓你名字曝光的事。

由於行銷自己不是本章的主題，在此就不深入探討。如果你有興趣學習更多軟體開發人員如何行銷自己的技巧，可以考慮加入我的課程「軟體開發人員如何行銷自己」（How to Market Yourself as a Software Developer，https://simpleprogrammer.com/ss-htm）

只要記住一點，行銷自己這件事做得越好，就能為自己建立更好的名聲，也就越容易談判，這甚至是最重要的一項因素。我合作過的一些軟體開發人員，他們沒做什麼，只是建立個人品牌和在網路上提高曝光量，就讓他們的薪水完全翻倍。

找工作的方式極為重要

會影響薪資談判的第二大因素是你找工作的方式。應徵工作的管道有很多種，並非所有的管道都公平，來看看幾個應徵工作的不同方式。

第一種情況是看到徵人啟事，就把你的履歷寄過去，最好是再附上一份不錯的求職信。事實上，許多求職者以為這是唯一找工作的方式，其實這也是最糟的方式。如果你用這種方式找工作，很難取得談判優勢，因為你一開始就站在比雇主弱的位置，你是主動找工作的那一方。

不管要談判什麼，需求最大的那一方總是不利。有玩過地產大亨嗎？有遇過這種談判嗎？你需要他們手上的地才能完成地產大亨，但他們卻不需要你手邊的任何東西，在這種情況下，局勢會如何發展？

另一種找工作的方式是經由個人推薦。你知道某人在一家公司工作，他們願意親自推薦你應徵這項職務，而你最終獲得這份工作。在這種情況下，絕對比你自己去應徵工作來得好。你每次主動求職時，其實都應該嘗試個人推薦的方式。在這種情況下，你未來的雇主甚至不會知道你是主動求職，不會表現出你的需求急迫性。由於有人親自推薦你，你就已經具有一些誠信度，基本上是推薦你應徵該項職務的人，把他的信用借給你。我相信你也發現了，推薦你的人信用越好，你獲得的誠信度就越高，誠信會大大影響你談判薪資的能力。

那還有其他找工作的方法嗎？最好的管道是什麼？當然是一家公司主動找你，直接問你要不要來工作或是想不想應徵這項職務。這種情況當然會影響你的談判力道，很顯然，這是最好的情況。如果有一家公司知道你的能力，直接給你工作而且不需要通過面試，在這種情況下，你當然能為自己開個好價碼。不管怎樣，只要是雇主直接找你，你都能站在談判的有利位置。

你可能會想，「很好，但雇主不可能會直接找我去工作，更不用說給我工作還不用面試。」我承認這確實不多見，但這是真實存在的情況。想創造這樣的機會，讓它發生，最好的方式就是為自己建立名聲，請以本書第二部分所提到的方式努力行銷自己。

先開價的人就輸了

我們已經談過最基本的原則，也是薪資談判最重要的部分，接著要深入探討實際談判的細節。

首先，你要了解一件事，先開價的人就會明顯處於不利的位置，在任何談判下，永遠都要是第二出價的人。原因在於：假設你應徵一項工作，而你預期薪資是七萬元美金，對方提供你工作機會後，第一個問題就會問你想要多少薪水，你可能會說，七萬元美金左右，或者更聰明一點，你會說個範圍，像是落在七萬到八萬元美金之間。你們握手成交，雙方都很高興，但有個很大的問題，人事經理心裡對這項職務的預算範圍是八萬到十萬元美金，因為你先開了價，所以最後你一年的薪水就喪失了二萬五千元美金，這真的太可惜了！

你可能會認為這是個極端的例子，但並不是。除非人事經理告訴你，不然你無從得知他們預期的開價。先暴露出你的價碼，明顯會不利於你，不但不會從你說的數字往上漲，反而一定會從你說的數字開始砍價。當你先開價了，薪資就沒有上漲的空間，反而可能大幅下滑。

但你會說，喔，我比這聰明多了，我只會出很高的價碼。如果你開的薪資太高，這也會讓你搞砸，可能甚至不會得到對方的回應，或者是回應非常低的薪資，所以先讓雇主出價，一定是對你最有利的情況。

唯一的例外情況是，當雇主刻意要拉低薪水時，不過這種情況不多，但如果你有合理的理由，懷疑可能會發生這種情況，就可能要先開價，以確保穩固的薪資水準。為什麼？因為如果雇主開給你很低的價碼，就很難讓雇主大幅拉高，當然，在這種情況下，不論你做什麼談判，都不太可能會成功。

如果被要求先出價，又該如何？

不要出價，只要說「不」。

我了解這個建議很難做到，但我要給各位一些具體的情況，和面對這些情況時，一些你能用的應對方式。

首先，你可能會在面試之前或應徵工作的場合被問到希望的薪資條件。如果是應徵履歷表上要求你填寫，可以的話，就不要填，讓它空白，或者是簡單寫下「根據公司整體薪資情況面議」。如果一定要寫個具體的數字，那就填零，然後稍後面試時再解釋原因。

如果是在預先篩選面試者的場合裡，對方直接問你需要或預期的薪資條件，也可以試著以相同的方式回答。你可以說這要取決於公司整體的薪資標準，包含公司福利，對方可能會說明該公司的福利規定，或者說只是要你提供大概的薪資條件。此時，你要技巧性地把問題轉向，試著問以下這些問題：

- 「在我提出或預估確實薪資之前，我想了解更多有關貴公司的資訊，知道更多未來可能要做的職務內容。不過目前聽起來，您好像想先知道雙方所預期的薪資是否能落在一致的範圍內，才不會浪費彼此的時間嗎？」

通常你會得到肯定的答案，那麼你就能接著問以下這樣的問題：

- 「對於這個特定的職務，我想您心理一定有個薪資範圍，對嗎？」

你應該又會得到另一個肯定的答案。如果你夠果決，只要就此打住，不要再問任何問題，可能就此引出薪資條件的範圍，但如果你不夠勇敢，或者是對方不願意提供任何資訊，你還可以這樣問：

- 「如果您能告訴我貴公司的薪資範圍，即使我無法說出確實的薪資條件，我也能告訴您，貴公司的薪資範圍是否符合我預期的範圍。」

這顯然這不容易做到，但如果雇主要你對薪資出個價，合理來說他們心裡也會有個預期薪資，或甚至可能先出個價，所以試著堅持看看，讓對方先說出預期的薪資條件。

如果對方堅決拒絕說出薪資條件，還有其他作法。要是你必須提出薪資條件，那就根據整體的薪資方案給個大範圍的數字，但要確保你提出的薪資範圍，底線要略高於你能接受的最低薪資。

例如，你可以這樣說，「我真的無法給出確實的數字，因為這完全取決於貴公司整體的薪資規定，但我通常會想找落於七萬到十萬元美金的工作，當然，實際上還是要看貴公司整體的薪資規定。」

如果被問到目前的薪資？

這是個非常棘手的問題，嚴格來說，這不關對方的事，但你又不能真的這樣回答。相反地，你要做的是讓這個問題轉向，有許多方法都可以扭轉情況，這邊只提出一點建議給你參考：

- 「不好意思，我不太方便告訴您目前的薪資，因為如果高於您對這份職務所設定的預期薪資，我不希望自己因此而失去獲得這份工作的機會，若工作的職務內容合適，我可能會願意接受較低的薪資；若我的薪資略低於您所設定的薪資，我也不希望低估自己的能力，希望您能理解。」

這是非常誠實的回答，通常也能在不冒犯對方的情況下迴避這個問題，你還可以說，你不方便回答這個問題，或者是你跟目前的雇主有簽訂保密協定，不能說出確實的薪資數字。

如果一定要說出薪資數字時，盡可能讓數字有彈性，可以提到整體薪資會受到獎金或福利有所變動，或者是說整體薪資是 X 元美金，但還要再加上你目前有的任何福利等等。

拿到工作的薪資條件時

如果你能避開薪資問題，最終會拿到有薪資條件的工作機會。如果對方聯繫你時沒有附上薪資條件，就不能說是拿到這項工作機會。但也不是說拿到工作機會，薪資談判就此結束，當然，除非你提出預期薪資而對方也給你這個數字。（順帶一提，如果你目前是在這個情況下，就不要再試著搞任何手段了，如果對方提出的薪資是你要的，要麼接受，要麼婉拒，如果你又提出比當初要求更高的薪資，不僅會讓對方印象不好，還可能會影響整體的工作條件。）

拿到工作的薪資條件後，你應該會想討價還價，要還價多少取決於你，但我強烈建議，盡可能跟你想要的薪資一樣高，滿足你的胃口。許多人可能會提接近資方想要的數字，認為更可能得到想要的回應，但通常這樣做會適得其反，所以盡可能提個高的數字去還價。

你可能會擔心，這樣做會完全失去這個工作機會，其實你只要有技巧一點，不太可能會因此失去這個工作機會。一般來說，最糟的情況不過是對方立場堅定，堅持他們所提出的薪資條件，然後告訴你，不是接受就是婉拒這個工作機會。萬一這個工作機會被拉掉了，你永遠都能回應對方，說你犯了錯，在權衡所有情況之後，你了解對方原本的薪資條件更合理。（這一點都不有趣，但如果你真的需要一份工作，你總是得選擇這條路。）

事實上，一旦你拿到薪資條件，就不太可能失去這個工作機會。記住，雇主已經投資了那麼多時間面試你，又花時間提出薪資條件，就不太可能會想重新又找一個人來面試，所以你要勇敢一點。

在大部分的情況下，當你回覆更高的薪資要求時，你會收到稍微高一點的薪資條件，你當然可以接受這個新條件，但我通常會建議再還價一次，但要小心一點，因為這有可能會讓對方打退堂鼓，所以要用點有技巧性的說法：

- 「我真的很想在這家公司工作，工作內容聽起來很棒，我也很興奮想跟團隊一起合作，但我對這個薪資條件有點猶豫，如果貴公司能給我 X 元美金的薪資，我今天就能確認，非常樂意去你們公司上班。」

如果你作法得宜，也沒有要求太高的薪資條件，通常會得到肯定的回覆。多數的雇主會願意多付一點點薪資，而非希望你拒絕這個工作機會。通常最糟的情況不過是他們告訴你，不會再提高薪資了。

我不建議你在第二次還價後又繼續談判薪資，如果你真的很勇敢，可以試試，但在第二次還價後，你就要承擔失去對方好感與這次工作機會的風險，你可以表現出精明幹練，但絕不是貪婪，沒有人喜歡自己被人擺佈或利用。

最後的建議

要清楚自己所值的薪資，盡可能研究你要應徵的那家公司的薪資標準，比較一下類似職務的薪資範圍。你可以從一些網站查到薪資範圍的資訊，雖然不一定可信，但你越能了解自己的薪資應該落在怎樣的條件，就越容易談判。如果你能提出確實的薪資範圍，拿出統計資料說明自己要求這個薪資的理由，就能處於更有利的談判位置。

要求薪資的理由，絕對不能說你「需要」這麼多錢，沒有人會在乎你需要什麼。反而要講，你價值這個薪資的理由，還有你能帶給公司的好處。說說你為過去幾任雇主所完成的工作，為何以你所要求的薪資投資你，對公司來說是一項好投資。

盡可能一次拿到多個工作機會，但要小心謹慎，不要造成這些機會彼此互相衝突。如果你隨時都能從交易中脫身，在任何談判中都能具有明顯的優勢，為了取得這樣的優勢，你會想同時應徵多個工作，才能排序多項工作機會。但要小心，不要玩弄不同的工作機會，而使其互相衝突，你可以技巧性地說，你手上同時有好幾個工作機會，你目前正在考慮，從中做出最佳的選擇，但要小心不要讓人覺得你自大傲慢，有自信是好事，但傲慢就不好了。

即知即行

- 盡可能多練習談判，就能克服這層恐懼。下次你去商店買東西，試著談判看看，就算失敗了，你還是能獲得一些寶貴的經驗。
- 仔細研究薪資，知道你自己值多少價碼。試著調查看看，在你工作的領域裡，哪些公司付給員工的薪資是多少，和你目前的薪資比較看看。
- 就算你沒打算換新工作，也要試著多累積一些面試的經驗。當你沒有什麼可以失去的時候（因為你不是真的想換工作），你會發現談判就容易得多，誰曉得你會不會因為這樣的練習而找到更好的工作呢。

51

房地產是最好的投資

你看看，我就知道你心裡可能正在想，跟房地產有關的章節怎麼會屬於本書探討的範疇。我懂，但是相信我，如果我連房地產都沒介紹，也不告訴你為何這是一項優良投資，本書就稱不上是「軟體開發人員的生存手冊」，還會讓你蒙受「巨大」的損失。

為什麼？理由有二：首先，房地產這項投資工具帶給我的被動收入，確實讓我在 33 歲退休，而且每一年還持續為我創造越來越多的被動收入（後續我會在第 55 章完整告訴大家我的故事）；其次是，從事軟體開發方面的工作會賺到一定程度的金錢，和許多人相比，確實特別有投資房地產的機會。

我知道大家現在會說這有風險，財務顧問會告訴你，投資在 401 退休福利計畫、共同基金或是 S&P 500 指數基金，才是聰明的投資做法。我也知道有人認為我的觀點帶有倖存者偏差，覺得我是因為投資房地產成功才會如此推崇，可是……以往我指導過許多像你這樣的軟體開發人員，教他們如何投資房地產，許多人都獲得了跟我一樣的成功經驗。所以，請相信我，這一章的內容就是這麼重要，重要到我不惜與負面評論、出版社編輯、出版商等等抗爭，也要在本書保留這個章節。因此，我只要求你以開放的心態來看本章的內容，如果你決定不投資房地產也沒關係，至少我已經盡到自己的責任，晚上可以睡個好覺。

到目前為止，我認為個人可能進行的投資項目中，房地產是最好的投資。沒有其他投資項目能保障這麼長期的利潤，又能有這麼好的財務槓桿效果，但這不是說房地產投資就很容易，房地產投資不像股票交易，只要簡單按個按鈕就能進行投資，房地產投資還需要顯著的資本，這是我認為這項投資很適合軟體開發人員的理由之一，因為這個行業的薪資通常會比其他專業工作來得高。

我必須承認這樣的看法會有點偏頗，因為房地產投資是我自己主要的投資選擇，而且在過去幾年幫我賺了最多錢。不論你是否決定要投資房地產，你都應該要對房地產有足夠的認識，了解它的運作方式和它能提供怎樣的機會給你。

不幸的是，如果你在網路上查詢「如何投資房地產」或類似的疑問，最可能出現一大堆不可信的資訊，還有一些宣稱可以快速致富的計畫。本章內容的目的就是要切斷所有這些不可靠和不能信賴的資訊，提供給你一些真正務實的建議，幫助你開始有效地投資房地產。

你可能心裡又在自問，為何這本書會納入一個章節在談房地產投資。嗯，在我過去的職業生涯中，軟體開發業的同事問我很多關於這類的問題，如何開始投資房地產。相較於其他許多專業領域，軟體開發人員的薪水往往算是相當高的，所以學習房地產投資通常能讓他們從中獲利。所以我覺得，如果不在這本書裡至少提一下房地產投資這個主題，並且提供你入門需要的基礎知識，那就太對不起你了。

當然，在這麼短的篇幅裡，顯然無法深入探討這個主題，但我能給你一些需要知道的知識，幫助你日後在選擇投資房地產時，能自己進一步探討這個主題。

為何要投資房地產？

在深入說明投資房地產的方法之前，讓我們先提一個重要的問題：為什麼要投資房地產？為何房地產是項好的投資項目？特別是投資門檻高，而且又比持有股票需要更多的維持費用。

我會推薦房地產投資的最大理由是穩定，這聽起來好像有點魯莽。當然，你已經看到房價大幅波動，所以可能會對我的想法有點存疑，讓我來解釋一下。

雖然房價的波動很大，但我推薦的房地產投資項目是出租房子，其穩定的收入來自於租金。

由於租金價格往往不會有太大的波動，所以好的房地產交易會一直保持它的身價。只要你能確保房產的貸款利率固定，它能帶來的收入非常穩定，就算租金變動，通常也是上漲而不會下降。

就算整體房價的價格會大幅波動，只要你願意堅持下去並且長期持有，考慮租金收入，而非房價上漲的價值，這項投資可說是堅定又穩固。我個人已經度過幾次房地產史上最嚴重的危機，還能毫髮無傷。

房地產也是所有的投資項目中，唯一能有最好的財務槓桿效果，而且風險又小。買一大堆股票不會有銀行願意給你長期貸款，但在房地產界裡天天都上演著這樣的情形，你只要付百分之十的頭期款，銀行就願意貸款百分之九十給你。甚至在頭期款零的情況下也可能獲得貸款，但這不是一個好主意。

這樣的財務槓桿力量很大，但也很危險，不過以房地產當作貸款的抵押品時，銀行承擔的風險比你還大。讓我們來看個例子，你就知道這個財務槓桿的力量有多大。

假設你以十萬美金購入一處打算出租的房子，你付了百分之十的費用，再向銀行貸款百分之九十。你所選擇的房子就是所謂的「浮動式資產」，意思是所有的費用都是由租金收入來支付，包含抵押貸款、稅金和保險。在這個情況下，假設租金收入能負擔所有的成本，所以不會產生額外的現金流，甚至是很少。

這是非常理想的情況，如果你貸款三十年，三十年後，一萬美金的投資會至少價值十萬美金，或許會因為房價上漲還更高。租你房子的房客基本上就是幫你付抵押貸款，你會免費得到房子，這是一筆很好的交易。

但好處不只這些。房地產投資的槓桿力量，還能讓你從房價上漲中大幅受益。房地產要在兩年後漲幅達到百分之十，並非空想。假設你的房地產在兩年後上漲百分之十，房價漲到十一萬美金，現在你會怎麼看這筆投資的投資報酬率呢？

許多跟我聊過的人，都會猜投資報酬率是百分之十，但這並不完全正確。如果你此時賣掉房子，會拿到十一萬美金，扣掉剩下未還清的貸款，假設還要還九萬美金，那你還剩兩萬美金，一開始投資的一萬美金變成兩萬美金，可以說你的投資翻倍了，一年的投資報酬率是百分之五十。你有聽過哪支股票的投資報酬率有這麼高嗎？

利用財務槓桿的力量，即使只有微幅的房價上漲，也能讓你風險小，高報酬。而且因為貸款的抵押品是房子，理論上，最大的損失不過是最初的投資金額。（雖然這樣的狀況會被視為缺點，但如果你願意持有房地產，可以忽略這個情況。）

最後，讓我們來談談通貨膨脹。還記得我們談過，發生通貨膨脹的情況時，你所持有的債券和銀行存款的價值都會減少，而房地產投資卻是抗通膨的最佳投資手段。

如果你經歷了高度通膨的時期，但你手上有房地產的貸款，雖然銀行裡的現金存款的價值下降，但理論上，隨著房價上障和有租金收入，房地產貸款也會跟著減少。這是什麼意思？

繼續沿用前面舉的例子，假設你買了十萬美金的房子，在這個例子裡，假設每月的租金收入是一千元美金，抵押貸款和其他包含稅金與保險的費用，每個月也是一千元美金。這是一個兩相抵銷的情況，或者是我們之前說的，浮動房地產。但如果面臨通貨膨脹，致使你的銀行帳戶的存款被吃掉，薪水減少，你還可以提高租金。你可以提高每個月的租金為一千兩百元美金，但同時抵押貸款和其他固定成本的費用還是每個月一千美金。這樣你會多出兩百美金的現金流，彌補通膨所造成的負面效果。

房價往往會因為通膨而上漲，考慮到美金貶值，這並不是真正的增值，只能說是避免通膨的手段。美金貶值得越低，房地產的價值就升得越高，畢竟房地產是以美金來計價。

總結一下，為何房地產是項好的投資？因為如果你買出租用的房地產，每個月還固定的貸款，租金收入穩定，就能以銀行的錢做為大部分房地產的資金，透過財務槓桿的力量，給你大量的好處。當所有事情都受到通貨膨脹的影響時，房地產投資仍然能從中獲益，作為保值的工具。

那我該怎麼做？

希望你現在對房地產投資的前景感到興奮，雖然你心裡仍舊存疑，我給你這麼多希望，卻沒告訴你該怎麼做。在這短短的篇幅裡，我沒辦法一步步教你，但我能給你足夠的資訊，告訴你流程怎麼運作，還有怎麼入門。

你要先理解一件事，聰明的房地產投資不是投機，房地產是一項長期投資。如果你以為可以透過轉手房地產和低買高賣法拍房地產，而快速致富，相信我，你會自食其果。

天下沒有白吃的午餐，想透過房地產投資獲得巨大的投資報酬，需要耐心、勤奮和大量的時間。我在投資房地產時，規劃的獲利時間是二十到三十年，我知道買一個可以出租的房地產，會帶來正向的現金流，固定返還貸款，至少三十年後，我會有一個完全付清貸款的房地產，這是我指望和期望的事，若能獲得其他好處就算是多拿的。

一般的策略，至少我會這麼推薦，就是買出租房地產，這能帶來正面或浮動的現金流，以三十年的固定利率把房貸繳清。這項策略的風險低，仍然有巨大的上漲空間，就算你碰巧遇到房地產熱潮，買在高點，實際上還是能保證你可以在三十年內付清房地產的費用。

第一步：學習

執行這項策略的第一步就是市場教育。房地產投資賺最多的時候是買，不是賣。你能找到越好的交易物件，就能賣出越好的一步。還記得我們之前提過的嗎？股票市場的流動性很高，房地產則不然，流動性高的市場通常會很有效率，意味著價格差異懸殊的情況並不多見。

由於房地產的流動性不高，價格差異通常很大。任何時候的股價是多少，花個幾秒查一下，每個人都知道，不會有所爭議。當然，你可以說股票也有低估或高估的情況，但最終的成交價還是會反映出真正的股價。

這點就不適用於房地產，房子真正的價格是多少？誰知道啊。請十位房仲來估價，會有十個不同的價格。有時候，如果有用的市場資料很少，又沒有其他要賣的房子可以比較，對房價的觀點會有更巨大的差異。

這對你來說有什麼意義呢？意思是，如果你夠聰明、夠勤奮，就能以非常優惠的價格購買房地產。你只需要找出一個好的交易物件，知道怎麼達成一筆好的交易。

要找出好的交易物件，需要兩件事：練習與市場教育，想投資房地產第一件要做的事就是學習市場，對房地產的賣價要有概念，看看那些房地產的面積有幾坪？租金行情是多少？位置在哪裡？其他你能了解到的市場因素，直到你能抓到一個感覺，了解所有房地產物件，什麼樣的房價才是好價格。

你在做這些學習時，同時還要模擬會發生哪些情境，如果要你以某個價格購買一個房地產物件，想想你會如何出價，以怎樣的價錢購買這個房地產物件，才是一項好的交易。

要估出價錢，你需要先運作所有跟房地產有關的數字。你需要基於價格，估算抵押貸款和任何其他的費用，像是稅金、保險、管理費、水電費和任何可能會發生的房子維修費用。

這項練習有點單調乏味，但是最好的方法，可以讓你抓到感覺，什麼才是好的交易，如何操作這筆交易。在你坐下來，在支票上寫下一個大金額之前，要有信心，知道自己在做什麼。我的房地產投資策略就是快速行動。

採取行動

等你對市場有一定的掌握程度，就可以行動了。我準備好要買房地產物件時，我會註冊房仲的服務，有符合我標準的房地產新物件，就通知我。如果我看到一個好的交易物件，或者是有機會用夠低的價格成交的好物件，我就會立刻行動。

我通常會在沒有看房子之前，就出個價給賣方，立即測試對方對此價格的反應，確定我能搶在其他人之前就達成這筆好交易。我幾乎總是提出最低價，低到我的房仲都不好意思跟對方提，有時候對方會接受我提出的價格，或者是還價略高於我的出價。

並不是說我大部分的報價都沒有被拒絕，事實上，我經常被賣方拒絕，但這不過是個數字遊戲，報了五十個低價，你只需要有一個賣家接受，搞不好能撿到一個低於市價百分之五十的房子，因為賣家急於脫手或者是不在乎價格。你不會相信，其實有許多賣家因為各種理由，並不太在乎價格。

當我在沒看房子的情況下報價，我會在報價裡加入應變條件，等我實際看過房子後，這個報價可能會改變。這讓我能回頭再仔細地驗證房地產廣告上所列出的各項訊息，確保沒有任何重大問題存在。如果發現這不是我喜歡的房地產物件，我也能在這個點上退出交易，不會造成任何影響。

假設房子看起來很好，你也簽了房地產合約，下一步就是檢查房子，我一定會找最好而且最細心的房屋檢驗師來檢查，我想在投入更多金錢之前，確認房子是否有任何問題。

房子檢查完之後，下一步就是申請貸款。你也可以在實際開始找房地產物件之前，就先申請，所謂的資格預審。就像你想找最好的房地產交易物件，也要為自己找最好的貸款條件。我不會在這一章談如何取得貸款條件，但建議你一定要多找幾家看看，比較不同貸款方案的利率和成本。

適當的管理

買了房地產之後，我會建議你落實房地產管理，但強烈不建議由自己來管理出租的房地產。在我看來，不值得投入精力去管理，或者是讓自己頭痛。我每個月的花費裡，最划算的就是付錢給房地產管理公司，請他們管理我的出租物件。

好的物件管理公司會打理所有一切跟出租物件有關的事項，包含尋找房客、執行租賃權、篩選房客、維修房子以及收取租金。但要找一家好的物業管理公司很難。多比較幾家，盡可能找到最誠實的物業管理公司，我至少就與三家以上的物業管理公司解除合作，原因不外乎不稱職、虛報維修費用和疏於管理出租物件。

由於要付租金收入的百分之十給物業管理公司，所以要確定你在處理出租交易時，有把這部分算到租金裡。好的物業管理公司能讓你安心投資房地產，如果你一邊投資房地產，還要一邊做全職工作，就一定會需要物業管理公司來協助你。

如果我住在高房價地區又該怎麼投資？

我明白你可能是住在矽谷或某些房價很高的科技園區，過去我在投資房地產時也曾經住在房價很高的地區。在高房價區域很難交易到好物件，先別說要能產生收入，連要打平收支都不容易，不過，請你放心，你不需要在自己居住的區域投資房地產，其實我買的房地產裡，有好幾處物件都不在我住的那一州（事實上大部分的房產都是這樣），有幾處甚至沒有事先看過就買了。

你可能會覺得這種投資做法聽起來風險很高，讓你感到不安，可是房地產投資最終完全是看數字，並非取決於你個人的感受（學習這項經驗能讓你受益匪淺）。因此，就算你覺得自己親自開車去看將來要投資的房地產會讓你更安心，也不要讓你的投資考量受限於這一點。

然而，如果我完全不提遠距投資可能遭遇某種程度的風險，還有必須做好的預防措施，這樣我也有錯。你或許會想搭機到你投資房地產的地區，親眼看看可能會買下的物件和物件所在的周遭環境。雖然這樣做可以讓你安心，順便還能收集只有去現場才能了解的資訊，但絕非必要。你也可以請房仲代為拍照或錄影，或者是請你信任的朋友代為檢查房產物件，這兩種方法我都做過。

結論就是，居住在高房價區域不應該是你無法投資房地產的原因。當你準備投資外地的房地產，只要做好額外的預防措施，並且確認將來要如何管理房產以及處理任何跟房產有關的問題，例如，維修。此外，若有必要，請做好搭機飛到當地去看房產物件的準備，不過，我其實已經 20 年沒有這樣做了。

即知即行

- 今天就走出去買個出租物件，祝你好運！
- 我是開玩笑的！相反地去找你那一區的出租物件廣告，透過所有的數字進行演練，根據不同頭期款金額，試算看看，是否有可能買那個物件，而且要確定現金流是正的，至少也要損益兩平。

52

你真的了解退休計畫嗎？

躺在沙灘上啜飲著調酒 Pina Coladas，任由海浪拍打著你的雙腳，悠閒地看著書。這是許多人想像中的退休生活，但我非常驚訝，許多人以為自己六十歲後，一定能過著這樣的生活。

事實是，熱帶海灘的退休計畫不一定能實現，更不是只有六十歲之後才一定能實現。（其實在第 55 章，我會確實說明我如何在三十三歲退休。）現實情況是，如果你想有成功的退休生活，那你就必須開始規劃，而且是現在。

然而不幸的是，我看到大部分關於退休的建議根本完全錯誤。我常常聽到一些顧問跟大家說，把錢放在退休帳戶裡，然後就忘了。確實，這對多數人來說是還不錯的建議，但我想，像你這樣的軟體開發人員，或者更重要的是挑選這本書的你，應該可以做得更好。

本章要試著改變你對退休的看法，我的建議裡有很大一部分是以美國的情況為主，因為美國有靈活的退休帳戶，像是 401 退休福利計畫和個人退休帳戶（Individual Retirement Account，簡稱 IRA）。不過本書用於處理這類退休帳戶的思維與策略，同樣也能用來規劃任何種類的退休計畫，即使你依靠的是公司提供的退休金，像世界上許多其他國家的公司制度一樣。

退休就是反向思考

規劃退休計畫的關鍵是要反向思考，確實計算你每個月生活需要多少錢，找出方法保障這種被動收入，還要留點緩衝，得以有喘息的空間，多存點錢以備不時之需。

我讀過許多文章和書，它們對於退休計畫的看法有一個很大的錯誤，就是假設退休的人和工作的人有相同的財務需求。我不會責怪這些理財顧問做出這樣的假設，但我會高度小心這些顧問所提出的任何建議，他們的工作就是告訴大家如何增加財富，但是他們本身卻不富有。

事實上，當你有大把的自由時間，而且不需要再存錢或通勤，某些費用會大幅減少。不只如此，其實一般的生活型態就已經能讓人感到快樂，但多數人的生活型態比一般生活型態還來得奢侈浪費。

這很容易落入一個陷阱，認為自己退休後不應該降低生活品質，因為你覺得在工作這麼多年後，不想做出犧牲，也不想最後的晚年只能勉強度日。但是決定退休需要多少錢的最大因素是，每個月的花費要多少。如果你現在就能省下每個月的花費，不僅不會降低你日後的生活品質，還能更快達成退休計畫。

試著這樣思考看看。如果你每個月的生活費「需要」八千元美金，所以你認為需要這麼多退休收入，如此一來你每個月就要賺超過八千元美金，才能存退休金，而且你退休時，會以每個月八千元美金的速度消耗之前存下來的退休金。

但請想像一下，如果你能節省一些費用，找到每個月四千元美金的生活方式，在這樣的情況下，不僅能更快存到退休金，退休之後，存下來的錢還能撐兩倍的時間，所以理論上，你可以更輕鬆地退休。省錢對你有兩方面的好處，一是加速你存錢的速度，二是讓你所存下來的錢能用得更久。

我要說的是，存退休金最有效率的方法就是先減少每個月的花費，沒有投資、沒有工作、沒有加薪，最能讓你受益的方法就是簡約生活。勤儉才能贏得勝利的每一天。

推測你的退休目標

找出退休後每個月需要的生活費，當被動收入（就是不需要工作也能產生的收入）能達成每個月的退休生活費，你就可以「正式」退休了。你需要確保被動收入的來源會隨通膨增加，這也是房地產投資是項好投資的原因之一。

我不太喜歡從儲蓄中拿錢出來用這個想法，沒理由因為退休，就要逐漸把積蓄用光，而且還有這麼多方法可以把儲蓄轉成被動收入。至少你還可以買債券，產生一些利息，而且幾乎沒有風險。

究竟需要多少錢才能退休？這取決於你的費用，你用什麼工具、手段來產生被動收入，有什麼投資機會。但我會以本書撰寫時的時空背景，舉個實例給大家參考。

假設你現在有一百萬美金，你要把這筆錢投入房地產，我剛好知道你可以買三個四單位的出租建物（美國所謂的四併屋是四間連在一起的獨棟房子），保守估計每間房子每個月的租金約二千四百元美金，你還要付稅金、保險、物業管理費以及其他跟出租物件有關的費用，所以保守估計每個出租物件實際能產生的收入是一千八百元美金。這表示一百萬美金每個月能為你賺五千四百元美金，一年下來就是六萬四千八百元美金。

那麼現在問題就變成：你能每個月靠五千四百元美金生活嗎？如果可以，那你就可以退休了，而且最棒的是，房地產還可以抗通膨，當然這個數字隨時都會變化，房價會上漲，通膨會讓一百萬美金的購買力縮水，還有其他尚未預見的環境因素，但整體來說，總是會有一些投資項目能帶給你類似的預期報酬。

想靠一些資本產生的被動收入生活，首先你必須先產生一些資本。你要先有那一百萬美金，才能靠那一百萬美金生活，這是最微妙的地方，現在你有兩條路可以走，特別是在美國。

第一條路：401 退休福利計畫、IRA 帳戶和其他退休帳戶

想長期累積財富，第一條也是最明顯的一條路，就是利用退休帳戶或是某些退休金計劃來存錢，在美國，絕大多數雇主提供的就是大家都知道的 401 退休福利計畫，就是從尚未課稅的薪水裡，撥出部分薪水到這個投資帳戶，有些雇主甚至還會看員工撥出多少金額到這個帳戶裡，他也提撥相同的金額到員工的帳戶。

多數人選擇這條路是正確的決定，最大化 401 退休福利計畫的效益，至少可以確保你有一大部分的收入可以不用繳稅，而且 401 退休福利計畫所產生的獲利也不會被課稅。

我不會在這裡談太具體的細節，所以沒有確實的數字，但是如果你能把稅前的收入存起來，而不是讓你賺來的收入被課稅，當然就能比以前獲得更高的報酬率。

這條路唯一的缺點就是取決於你要等到六十歲才能退休，採取這個策略就要盡可能存更多錢在退休帳戶裡，讓那些錢滾錢，複利計算直到你屆退休年齡，到時你可以動用這些錢，而且不用繳稅。

像 401 退休福利計畫這類的退休帳戶，如果你提早領出基金，必須付百分之十的違約金。這也是我為何說你只有兩條退休之路可走，如果你選擇走暫緩繳稅的退休帳戶，像是 401 退休福利計畫，那就是長期抗戰，不能改變心意，否則就要付出高額的違約金，也由於你提撥了相當顯著的收入到退休帳戶，就沒有太多的錢可以做其他投資。

但我要再次強調，任何延緩被課稅的退休帳戶都是很有優勢的，特別是你的雇主還會相對撥一些退休金給你，如果你打算六十歲之後才退休，而且你的薪水還不錯，就把退休帳戶的提撥金額拉到上限，只要你夠早開始，在你選擇退休的時候，會有相當不錯的退休金等著你，如果你對我等等要說明的第二條路沒興趣的話，就絕對要提高你退休帳戶提撥金額的上限。

小心地雷：如果是自由工作者呢？

如果你是自己創業，或許就沒有加入 401 退休福利計畫或由雇主提供的退休金計畫，但在美國，你至少還可以開設延緩繳稅的退休帳戶，本書不會包含這部分的內容，因為這會離題太遠，有興趣的讀者，可以查 IRA 帳戶或 Roth IRA 帳戶的資訊，會是個不錯的開始。

第二條路：設定提早退休的目標或努力增加自己的財富

我了解多數人完全滿足於六十歲退休這個目標，但我一直都對等這麼久才能退休沒有興趣，希望人生能早點退休，即使要在年輕時辛苦工作和冒一點更大的風險，而這正是第二條路的目標。

深入第二條路的細節前，先說說為何這兩條路會互相排斥的原因。最大的理由是，退休帳戶要到傳統的退休年齡才能動用，意思是如果說你想在四十歲退休，但儲存在退休計畫的錢，要等到六十歲才能動用，這對你來說就用處不大。

原本你可以利用投資的錢讓自己提早退休，但現在你基本上就是把投資的錢轉移到退休帳戶去。當然，也是有可能一邊把錢存在退休帳戶直到六十歲，一邊又拿一些錢去做其他投資，像是投資房地產，可是如果想兩者並行，可能會讓兩種策略的效果都不好。

如果你想早點退休，或真的想致富，也許就不應該把錢存在退休帳戶。我知道這聽起來有點瘋狂，但那就是我要警告你的原因，也是為何我說絕大部分的人應該提高退休帳戶到上限，因為這是最安全的一條路。但如果你跟我一樣，想在年輕時退休，寧可選擇更積極和冒點風險的路，就請繼續看下去。

想早點退休，你就要找出方法建立被動收入流，不僅要能超過你每個月的花費，還要保證這個收入流能抗通膨。你把一百萬美金都投入美國債券，滿足於每年產生的百分之二利息，這樣不行！你可能覺得一年能賺兩萬美金的利息，又沒什麼投資風險，不是很好嗎？但我告訴你，通膨最終會侵蝕掉你的本金和利潤。

回到拿一百萬美金去投資房地產的例子，每個月會帶來五千四百元美金的收入，你就能了解這種投資的報酬更好，不僅可以抗通膨還能有更高的投資報酬率。

唯一的問題是，要賺一百萬美金去投資房地產不是那麼容易的事，而且投資房地產也不是可以放著不管就會自己獲利的事。你可以抓到一個重點，投資基本上就是被動收入，但要投入一些時間去運用和學習，才能達到你的目的。

房地產也不是唯一可以產生被動收入的方法，還有很多方法可以滿足你的退休需求。你可以買會產生高股利的股票，股價上升之後有希望可以抗通膨。創造或購買智慧財產權，藉此收取權利金，例如，專利、音樂、書或甚至是像電影劇本那樣的東西。你可以收購一家公司或是創業，最後再把經營管理權轉手給其他人，從剩餘的利潤中賺一筆。

如同你能想像的，所有能產生被動收入的投資工具，都會伴隨著巨大的風險，所以你一定要安排多個被動收入流，分散風險。但有時就算只是想找到一種被動收入也很困難，所以，就像我說過得，這條路要成功非常艱辛，你要有心理準備才選這條路。

那麼，現在要怎樣才能獲得百萬美金，或者更多的資金？沒有錢就不能投資，而且如果你放棄傳統的退休帳戶，就沒有稅務優勢或時間，讓你能更容易累積一大筆資金。

這就是微妙之處。你必須先從能還清的小投資開始，隨著時間把方法用在更大、更大的投資上，你不可能一開始就有一百萬美金去買四併屋，相反地，你一開始要先存一萬美金作為頭期款，去買十萬美金的房子，然後錢滾錢，最後就能拿其中一或兩個去交易更大的房地產。

你必須逐步進展，才能找到出路，永遠以增加被動收入為目標。當你所擁有的資產能產生更多金錢，就能進展到買更多能產生收入的資產。這之後就會產生雪球效應，隨著時間逐漸發效，持續買更多能產生收入的資產，然後又有更多收入能買更多資產。

有三個主要的方法可以加速這個流程，第一個是我們已經提過的，就是減少費用，買最小或租最小的公寓，如果你跟父母住，更能完全做到這一點。買台二手車，或是找出不需要車的生活方式，停掉有線電視、不要外食、用二手家具，不只是節儉，還要便宜！生活費越低，你每個月就能剩越多錢來投資。（我說過這不容易。）

接著，盡可能賺更多錢。搬到大都市像是舊金山或紐約，只要你有本事，那裏的薪水會高得多，不過絕大部分會增加的費用是居住成本，聰明的話，你就能在物價高的大都市找到便宜生活的方法，才能把增加的薪水存在你的口袋裡。如果能找到副業或其他自由工作，就兼職。賺越多錢，才有越多錢能投資。

最後是進行獲利最高的投資項目。再次強調，雖然這很明顯，也不難了解，但越小心投資，才能產生越高的報酬，也才能越快賺到錢。這需要小心研究，學習協調，以及發現好交易。

就像我說過的，這不是條好走的路。大多數的人並沒有這樣的慾望，我覺得這沒有錯。在追求早日退休的路上，我睡在地板上的床墊上，每週工作七十小時，雖然我能負擔，但我選擇住在很小的地方，甚至也不知道自己會不會成功。

如果我現在進退兩難或已屆退休之齡？

並不是每個人一畢業，就能聰明地找到一條能走的路，或許你已經在退休帳戶上投資很久，但你現在正嘗試考慮提早退休。或者你因為有家累而無法動身搬到舊金山去找更高薪水的工作。

別擔心，你還是可以安排成功的退休生活，只是必須修改我的建議，看看有什麼是適合你的。我舉這兩條路是兩種極端的情況，這樣你能清楚看到它們的差異。因為最好選其中一個方向努力，這樣能盡可能花少一點力氣。

而且就算不是最佳方案，你還是可以走這兩條路之間的中庸之道。如果你已經投資退休計畫，想繼續下去，仍然可以在把退休帳戶的提撥金額提高到上限，再產生足夠的收入去投資房地產，或一些其他會產生被動收入的資產。

但是你怎麼看專家建議呢？不只我的會計師，連我的財務顧問都認為你有妄想症

這些你口中所謂的專家很有錢嗎？或者他們仍然做著朝九晚五的工作？我並不是想吹噓自己有多厲害，但是我在書中列出的建議是真的做到了，而且我靠這些建議賺到了數百萬美金，不只是擁有房地產而已。

我知道傳統的「聰明投資路線」是教你投資 401 退休福利計畫，把錢投入共同基金或指數基金，但如果你真的想累積財富，讓自己有機會在 60 歲之前退休，那麼這條路線是行不通的（甚至無法保證你一定能獲得財富）。

此處我不想針對這個論述再老調重彈，推薦你看看另一本我朋友 M.J. DeMarco 所寫的書《快速致富》（The Millionaire Fastlane），書中清楚列出傳統投資建議的問題，他稱這些建議為「致富慢車道」。本書絕對值得一讀，可能就此轉變你的人生。

就像我說過的，我明白大部分的人聽了我在本章提出的建議，都會抱著懷疑的態度並且對此嗤之以鼻，但請記住一點，我今天能坐在這裡而且很年輕就退休了，原因並不是因為我投資了 401 退休福利計畫。你當然可以聽你想聽的意見，但要確定你不是單方面接受他人的建議，而是自己經過深思熟慮。（順帶一提，如果你很好奇我既然都「退休」了，為何還這麼努力工作呢？答案是，我大可不必再繼續工作，但如同我在前幾章提過的，我選擇繼續工作是因為我喜歡創業，想追求我擁有的目標。）

再強調一次，我之所以告訴你我的生活現況，還有我是如何達成這一切，目的並不是要吹噓自己，而是我如果不告訴你，你真的能聽進我的建議嗎？比我更富有、更聰明的人比比皆是，但多數人不會像本書這樣跟你實話實說，把一切都攤在檯面上給你看。親愛的讀者，我甚至誠摯地希望你比我更成功。

即知即行

- 計算你目前每個月的生活費，如果你願意做出大的犧牲，找出方法看看能減少多少費用。
- 減少每月的生活費後，計算一下你每個月須要產生多少收入才能退休，一定要留一些緩衝空間。
- 以各種不同的投資報酬率（2%、5% 和 10%）計算看看，你每個月須要有多少收入才能退休。

53

債務危機

所有財務錯誤中，最大的問題就是負債。不幸的是，我們似乎都被訓練成，接受負債本身是件正常的事，而不了解這對我們生活所造成的嚴重性與破壞性有多高。

在軟體開發人員的職涯裡，最大的難題就是面對成功，至少在財務方面。錢賺得越多，你就越好，對吧？但不總是如此。事實上，我發現許多真的在財務面成功的人，特別是軟體開發人員，最終都會身陷債務之中，因為他們賺得越多，最終也花得越多。

真正的財務成功是錢滾錢，如果想達成真正的財務自由，就要讓錢為你工作，如果說利益給我們自由，就只能說債務奴役我們。

本章會探討債務的破壞性有多高，在負債方面一些常見的愚蠢行為。我們還會討論並非所有債務都是壞的，以及如何分辨債務的好壞。

為何債務通常都不好？

之前我們稍微談過債務，也說過負債通常不好，因為這與錢滾錢能帶給你利益的好處完全相反。當你負債時，就只能拿錢去付利息，意味著有人會因為你付出的這些錢而致富。

在負債期間，幾乎不可能又能投資，並且從投資中獲利，當然，除非這個債務能獲得的投資報酬，比你付的利息還要更高，我們之後會再討論這種情況。

當你負債時，你所購買的產品或服務，就要另外支付更多的費用。特別是你的還款金額低於所產生的利息時，滯納金還會隨時間複利。負債的時間越長，債務對財務底線的衝擊就越大，讓我們看個簡單的例子，你就能了解箇中原因。

假設你買了三萬元美金的車，貸款的利息是百分之五。假設還款期是六年。在這六年間，除了原本借的本金三萬美金要還，還要額外付 $4,786.65 美金的利息。這台車最後實際上是了 $34,786.65 美金。

然而，實際上你付出的成本不只這些，會比這還高。你所付的利息 $4,786.65 美金，實際上是可以幫你賺錢，你本來可以用這筆錢獲益，而非拿去付利息。

要計算出確實的金額是有點困難，不過可以大概算一下，每個月付利息的這些錢，六年下來是 $4,786.65 美金，投資可以產生百分之五獲利的項目，大概可以獲利 $2,000 美金，所以，這筆債務會讓你額外付出接近 $7,000 美金的成本。

這看起來似乎不是很大的金額，但這些金額會隨著時間而增加，特別是你有很多不同類型的債務時，金額更會倍數成長，你要付的利息會更高。

債務越多，你的負擔就越重，就會離財務獨立的機會越來越遠。負債的時候，就無法存錢，當然也不能投資。

你現在負債的程度有多高？總計你所有的債務，確認整體的利率是多少，每年為債務付出多少利息？

負債時常見的不智行為

好吧，或許你目前負債中，我剛好以前也負債過一次，事實上我現在也正負債中，背負約有一百萬美金的貸款，我們稍後會談這個部分。不過，如果你有債務，就要學習如何處理債務，才能盡快脫離負債的窘境。

我看過最不理智的事就是在有負債的時候還存錢，特別是有卡債的時候。我覺得這樣的行為一點都不合理。我常聽到這樣做的人辯解說，是為了緊急的資金需求或為未來存錢，但根本沒辦法能從邏輯上證明這一點。

我認識一些人身上揹了數千美金的卡債，同時帳戶裡也存著數千美金。如果你就是這情況，也不要覺得不好意思，但你現在需要立即採取一些行動。讓我告訴你為什麼。

在多數情況下，問題在於你為債務付出的利息比你把錢放在銀行裡產生的利息還高，特別是在卡債的情況下。假設你有一萬美金的卡債，而信用卡的循環利息是百分之十五，意味著你每年要付的利息是 $1,500 美金，除非銀行給你的存款利息超過百分之十五，不然你最好還是把這筆存款拿去還清債務。

你現在心裡可能會想，這建議太明顯了，大家都懂啊，但我知道很多揹著車貸的人，儘管他們的利率從中到高不等，同時卻還是選擇在銀行裡存一筆錢。除非你的車貸利率接近零，不然這絕對不合理。一般人不太容易意識到這一點，可能是因為車貸的利率通常是低於信用卡。

甚至應該在有儲蓄之前，先把房貸還清，這樣才合理。你必須計算確實的數字，因為一旦還款，情況又會稍有不同。已經還款的錢通常不能拿回來，且必須等到還清所有貸款，才能感受到債務減輕的好處。但純粹從數字的觀點來看，如果你手中金錢的投資報酬率，不能比貸款的利率高，那把錢拿去還貸款才合理。

舉個例子：假設貸款利率是百分之七，意味著每年要為剩下的貸款付百分之七的利息，所以任何你拿來付貸款本金的錢，基本上也要保證報酬率能超過百分之七。（基於貸款利息能獲得減免稅金的優惠，數字會有點變動，但如果把錢存在銀行戶頭裡，最好還是拿去還貸款。）

我常看到負債的人所犯的錯誤，其次或許是還清債務的順序。債務還款的順序對你要多久才能還清債務，會有很大的差異，所以永遠都要根據利率來安排還款的優先序，一定要先還費用最高的債務。

你一定又覺得這不是很明顯的事嗎？但我看到許多人在面對卡債和其他類型的債務時，只還最低金額，請不要這麼做，相反地，對於利率最高的債務，每個月都要儘可能還最多的錢，持續還款到還清債務為止。

不過，到目前為止，我看過最大的錯誤還是不必要的債務，也就是揹上原本不必揹的債務，這裡我要再舉車貸的例子，因為很多人常犯的錯誤就是貸款買車。人們很容易就會走進一家汽車經銷商買一台新車，而讓自己承擔不必要的貸款。

問題在於事情的順序顛倒了，通常我們做事的順序要反過來。這樣想吧，你貸款買車的時候，基本上是先買車，再存錢去為車子還車貸，當你這麼做之後，你買每樣東西都要付更多錢。

想解決這個問題，就要先存錢再買東西。是的，一開始要打破這個循環很難，可是一旦你打破這個循環，你買的所有東西都會變便宜。如果你剛刷卡買了一輛新車，請趕緊付清帳單，但如果你是正要買新車，請不要用信用卡買新車，為了打破這個循環，反而要繼續開舊車，然後開一個新帳戶「新車基金」，把準備要買車的錢存進去，雖然有時要存個四到六年，但是你應該等新車基金帳戶裡存夠錢，再拿現金去買新車，再立刻繼續存錢到下一次的「新車基金」帳戶裡。

以這樣的方式買車，就等於是獲得折扣，反而不用再多付出額外的錢，因為你為新車存的錢，會隨時間為你累積利息，而不是繳利息給別人。

不是所有債務都不好

雖然我說債務是相當不好的事，但也不是所有的債務都很糟。如果你利用債務賺取的利息，勝過你付給債務的利息，那就是好的債務。

我記得以前曾和一位同事聊過，他說信用卡公司在推一項特別的促銷方案，辦一張新卡或是辦轉帳服務，就提供給他利息百分之一的預借現金。於是他跟銀行借了預借現金的上限，用這筆錢買了一年期的定存單（Certificates of Deposit，簡稱 CD），這張定存單可以賺百分之三的利息，到了年底，他兌現定存單的錢，付清信用卡費，利用銀行的錢賺了一筆不錯的利潤。

記得我前面提過，我目前有一百萬美金的抵押貸款這件事嗎？也是類似的情況。我貸款去買房地產，因為我知道利用這筆貸款所賺的報酬，會比銀行跟我收的利息還高，我最終會把債務還清，但現在這筆債務實際上能幫我賺的錢，會比我付出的利息還高。

買房子不一定永遠會比租房子好，這要取決於貸款的利率，在某些市場下，負債買房子是可以獲利的，因為你省下付房租的錢。

在許多情況下，就學貸款也算是好的債務。如果你因為貸款能取得學位，幫助你找到高薪的工作，那這個債務就完全值得投資，但也要小心，這個情況不一定能成立。

我最近常建議高中畢業生先在社區大學念兩年，然後再轉學去一般大學完成學士學位，這樣的教育方式通常學費會便宜很多。有太多人為了從學費昂貴的學校取得學位，卻因此背負高額的債務，這樣的投資不太可能會有明顯的報酬，甚至還會讓他們破產。

背負債務之前，底線是要確認債務實際上是投資，債務所產生的報酬，要高於你為債務所付的利息，只有在真正緊急的情況下，才不得不揹上無法獲利的債務。

即知即行

- 列出你所有的債務，把他們分成兩種：好的債務和不好的債務。
- 按照利率高低排列壞債務的優先順序，計算看看要花多久時間才能還清這些債務。

54

如何累積真正的財富？

今日有大量的資訊圍繞著如何「快速致富」、透過網路賺錢、成為比特幣億萬富豪等等，老實說，難以分辨誰說的是真話，誰又只是想利用你的貪婪從中坑你的錢（讓你上當受騙）。

本章不會東扯西扯，會直接了當告訴你如何賺錢，而非只是成為有錢人；沒錯，這兩者之間有很大的差異。

這一章有可能最後會成為本書最有價值的一章。我會列出一些累積財富的原則，教你如何應用已經培養的其他技能來增加你的收入，再將這些收入轉化為被動收入，而且是終生受益。

你覺得這聽起來很難嗎？確實，這不是件容易的事，但是和那些自稱大師，只會跟你開空頭支票的人相比，我和他們之間的差異在於我已經靠自己的力量累積財富，而且還在持續累積中，除了這本書，我沒有任何東西可以賣給你，更況且你還已經買了。

所以，請繫好安全帶，感謝我的朋友 MJ DeMarco 帶我們一起搭上《快速致富》的列車（順帶一提，這是他的著作名稱，推薦你買一本來看看吧）。

「真正的財富」vs. 有錢人

有錢（rich）和富有（wealthy）這兩者間存在巨大的差異。乍看之下，兩者似乎是指同一件事，但我認識很多破產的「有錢人」，卻沒看過富有的人走到這一步。

現在你或許會說這不過是語意學上的解釋不同，但我比較偏向於將「富有」定義為個人所擁有的供應資源遠超過個人所需。根據這個定義，甚至不必很有錢或者完全稱不上有錢的人，也能視為富有。要想變得富有，只要做兩件簡單的事：

1. 個人所擁有的供應資源會自動更新。
2. 你的需求要低於供應量。

一切就是這麼簡單，不需要再做其他的事。從字面上來看，就算年收入少於定義的貧窮線，但只要開銷低於收入，而且不必為那份收入工作（也就是我所說的會自動更新的資源），就能認定為富有。事實上，我的朋友Pete（大家都稱他為 Mr. Money Mustache）就是這樣，30 歲出頭時，他便跟老婆一起退休，但收入微薄。他建立了一個部落格，探討簡約生活，很年輕就退休了。很酷的是，他跟他老婆兩個人也都是電腦程式設計師／工程師。

但這不表示你必須過著小氣或節儉的生活才能變得富有，只要你的被動收入很高，開銷方面也可能會相當高。下一章我會跟大家說說我的故事，談談我是如何有效率地在 33 歲變得「富有」。我的被動收入從那時起持續增加，即使我選擇過著簡約的生活，依舊過得很好。

我告訴你這一切的理由是？因為我想讓你了解，變得富有比變得有錢更重要。有錢是相對的數字，沒有人知道究竟怎樣才算是真正的有錢人。如果你有一百萬美金，算是有錢人嗎？那一千萬美金呢？還是一百元美金？當你擁有一千萬美金，可是你每年要花掉五百萬美金，你又能「有錢」多久？要論人生的財務成功，富有是更適合的指標；一旦你變得富有，就等於是一輩子不愁吃穿，除非發生一些不幸的事件或魯莽的行為扭轉了你的命運。

最後再提一點，我們就要進入下一節的內容。我對財富的定義有部分想法是來自於 Stoic 哲學理念，後續第 73 章會有進一步的介紹。我覺得 Stoic 哲學和佛教非常類似，認為知足常樂的關鍵不在於擁有更多，而是清心寡慾。所以，追求財富不只是跟財務有關，還會牽扯到精神層面的議題。當你的需求與慾望越低，就越容易達到富足與快樂的境界。

財富金三角

繼續這趟實現財富的啟蒙之旅前，我想先介紹一個自創的強大觀念，稱之為「財富金三角」。我之所以會說這是我自創的觀念，是因為我以自己的方式去詮釋，並且為這個觀念命名，但我要教你的這個觀念其實是基本的財務法則，所以也不能過分邀功。

請想像一個三角形。在三角形的三個頂點裡，每一個頂點分別代表以下項目：金錢、投資報酬率和時間，這些項目就是財富金三角的基礎要素。如果你想賺大錢或變得富有，只需要三個要素的其中兩個。

你是否聽過這種說法，必須有錢才能賺錢？其實不用，你不需要很有錢。就算你只有少少的錢，但利率相當漂亮，100 年後，你所擁有的錢會比你所想得還要多（不幸的是，你也有 99% 的機率會死掉）。為什麼我會堅持認為你現在甚至不應該開始投資，這就是原因之一，除非你有足夠的錢能改變現況；但我正在超越自我，後續章節會針對這一點稍作討論。

財富金三角的重點在於，以視覺化的方式去理解這三個要素之間的關係，透過複利的力量增加財富。有太多人過分強調複利有多神，但其實一點也不神。財富金三角的三要素中只要缺乏其中兩個，就會毫無價值。

玩玩複利計算器會是很好的練習，可以教你更多財富金三角如何運作的知識，遠超出我在這個短短的篇幅裡所能談到的內容。請你試著從財富金三角的要素中激發出不同的組合，看看會產生什麼火花。假設你一開始擁有大量資金，雖然利率低但投資時間充裕，會帶來怎樣的結果？如果變成利率非常高但投資時間只有五年，又會產生怎樣的結果？先試著從少量的資金開始投資，給自己 30 年的時間回收報酬，在認真賺錢的前提下，你需要哪一種型態的利率？

你只要利用複利計算器，實際嘗試各種不同的投資情境，很快就能了解為何我會如此反彈主流媒體和多數所謂的財務顧問給你的荒謬建議，因為一點都不合理。這些建議是依賴時間和誇大的利率，勉強讓你在 65 歲時退休，並不是一個好策略。

永不乾涸的井

很好，現在你已經了解什麼是財富金三角，接下來我要介紹追求財富過程中，另一個不可或缺的致富觀念，我稱之為「永不乾涸的井」。

我認識的多數千萬富翁也採用了我應用的這項策略，只是形式不同而已。這個觀念非常簡單，目的是確保永續的財富（同樣地，除非發生一些像核災、殭屍末日或醉到不省人事的拉斯維加斯之旅，否則你會合法地擁有所有財產）。

這項策略的內容是：把你從工作、事業和任何其他收入來源所賺取的金錢，全都集中投入在高收益資產上（最好是房地產），然後靠這個資產產出的被動收入生活，你的收入或預算「只」來自於資產產生的被動收入或是你投資的其他資產。如果到了月底，你的井裡還有多餘的金錢，就把這些錢全回收，重新集中投入在資產上。

一起來看一個簡短的例子。假設你每個月的工作收入是 15,000 美金（稅後），絕大多數的人每個月是將這筆錢花在生活開銷上，或許還能剩點錢作為儲蓄。然而，如果你使用的方法是「永不乾涸的井」，就可以將 15,000 美金全都投資在房地產或其他現金流收益上，例如，會產生股息的股票或債券。

然後，每個月就靠目前投資的被動收入帶來的所有金錢生活，或許會帶給你 8,000 美金，這 8,000 美金你可以全部花光也不必擔心，因為你知道下個月又會再拿到這 8,000 美金。（原理就是井會重新裝滿。）

隨著時間累積，你的井最後會越來越深，因為你投資了更多金錢，創造出更多被動現金流。最終你每個月可能會從井裡賺取 10,000 美金，而且，這個金額會隨著時間持續不斷增長。這口財富井每個月湧出的收入，你可以全數花光，因為你知道這筆錢下個月又會再次補滿，不像來自工作的收入是你必須持續工作才能獲得。

我稱這個方法為「永不乾涸的井」，就是因為一旦你啟動這個財富的種子，資產會幫你賺取（被動）收入，你可以將其中的每一分錢都花光也沒關係，因為這筆現金下個月又會立刻回來找你。

可能要花點時間累積和省吃儉用，資產產生的收入才能達到你能生活的水準，但是跟虹吸管原理一樣，一旦啟動就永遠不會停止。事實上，只要你持續將工作或事業賺來的金錢，投入更多到資產上，你的財富井就會隨著時間越來越深。

你自己看看，多數人是不是從未創造出財富，反而只能從工作和事業中賺取維生的金錢，如果有多餘的錢，才可能將這些錢投資在會產生被動收入的資產上。因此，如果你夠節儉又有耐心讓虹吸管運轉起來，就可以創造出自己的方法，成為真正的王室，擁有自己的王權。

1,000 元美金要投資在哪裡？

確實，我知道你沒有直接問到這個問題，但不管怎樣，你必須聽聽我的答案，就當作是幫我個忙，從本書第一版問世後，我都老了五歲。事實上，我經常被問到這個問題，而這個問題又與我先前談到的觀念——財富金三角和永不乾涸的井息息相關。

如果你還記得，之前我介紹財富金三角時提過，三個要素中必須具備兩個才能致富。假設你現在只有 1,000 元美金，就需要具備高利率和大量的時間。雖然財務顧問和那些為 MSN Money 專欄撰寫文章的人都會宣稱這不僅僅是投資 1,000 元美金，之後每個月還會持續增加，然後隨著時間複利，但這都是一廂情願的說法。其實每項投資都是個別獨立的選擇，伴隨完全獨立的投資報酬，這對特定的投資選擇來說是獨一無二的。

所以，就算眼前看到的投資預測很誘人，例如，以 8% 的利率，每個月投資 500 元美金，30 年後會獲得 739,106.54 元美金，這筆錢不僅不多也不是事實，因為最初選擇投資的 1,000 元美金，30 年後只會變成 10,062.66 元美金！根本不算什麼。

我知道，我知道，現在馬上要進入正題了。前面提到的一切內容，都是為了在後續的所有討論中，安插一個我要告訴你的簡單答案。那麼，你準備好了嗎？

假設你要拿 1,000 元美金（或任何少量的資金）去投資，請不要投資在股票、房地產、債券上，尤其比特幣更是萬萬不可，反而應該投資在……你自己身上。是的，你沒聽錯，就是要投資你自己。把這 1,000 元美金投資在自己的教育訓練上，這樣你才能賺更多錢，才有更多的錢可以投資。你可以拿這筆錢去參加研討會、買一些線上課程、書籍、參加培訓課程或是作為創業基金。唯有當你能輕鬆獲得一筆錢時，才應該省下來，用於真正的投資上

為什麼這個做法最有效？原因在於這項作法會增加你的收入，進而增加你的儲蓄，日後要投資時才有大量的資金，這一點其實影響很大。請記住，如果要擁有永不乾涸的井，必須盡可能產生更多的現金，拿這些現金去購買能創造被動收入的資產。因此，收入越高就能越快達成這個目的。

累積真正財富的關鍵是槓桿作用

最後我要介紹一個更重要的金錢觀作為本章的總結，就是槓桿作用，幫助你創造真正的財富。

槓桿作用是確實並且迅速累積財富的關鍵，沒有它，你只能利用自身的技能賺錢，雖然工作收入對軟體開發人員來說為數可觀，但綜觀一切，這筆收入並不多。

槓桿作用能讓你利用其他人手上的資源去擴大你的成果，獲得超出自身能力可以達成的結果。請回想你在物理課學過的槓桿運作的原理。如果槓桿的支點離你要舉起的物體更近，施力會越小，表示你正利用槓桿賦予自己超能力。

這項原理同樣可以應用在時間和金錢上，但此處我們主要是討論金錢，也就是在許多理財做法上利用槓桿作用，以增加財富。本書先前討論過，最好而且最常見的理財做法是透過房地產，為什麼會說是房地產呢？因為銀行會同意借錢給你去買房地產，而你最終能從中賺取金錢；但購買股票或債券等資產時，完全只能使用自己的資金，所以無法產生真正的槓桿作用。（雖然你可能會說，利用自己的錢為自己產生任何效能，就是一種時間槓桿。）

另一種利用槓桿作用的方法是開公司和僱用員工。當你雇用員工或外包人員為你工作，最終是利用他們的時間和經濟產出來擴大自己的經濟成果；你「花」時間管理他們的工作，以及「付」錢請他們工作，讓你從他們的勞動中獲得經濟利益。沒錯，我知道這聽起來像是奴役勞工，但是，陛下，我向你保證，這一切完全合法。

還有許多其他方式可以應用槓桿作用，但主要還是歸結於利用金錢、時間、名聲或人際關係。就投資和創造財富方面，你可以利用這些途徑中的每一項去做更多的事、產生更多的收益，而不僅是靠自己的努力。這就是資本主義的美妙之處，也是資本主義允許社經地位上升的流動性，但其他經濟和政治體系卻不允許的唯一原因。

陛下，到了我該離開的時候了。希望本章介紹的財富觀念和創造財富的這些智慧，足以幫助你走上正軌。你還可以看看其他跟房地產和投資有關的章節，或是閱讀下一章了解我的退休故事，都能獲得更具體的例子。喔，最後再讓我給你一個忠告，其實本章一開始就已經暗示你了：想要致富，最快的方法不是賺很多很多的錢，而是減少開銷。如果你能靠少少的金錢生活，只需要少量的被動收入，你就可以實現財務自由，真正主宰你的時間與人生。

即知即行

- 現在該換你玩玩複利計算器了。請找一個你喜歡的線上複利計算器，然後開始帶入不同的情境，試著針對現金、複利率和時間，選擇不同的設定量，猜猜看會出現什麼結果，許多效果或許會讓你大吃一驚。
- 現在請使用同一個複利計算器，推算出你目前的投資軌跡。如果你認為透過目前的投資策略，將來能讓你致富，那麼請將投資成果畫出來看看，其結果有可能會讓你大失所望。

55

我如何在三十三歲退休？

進入職場之後，我的目標就一直是想提早退休。大部分的原因不是因為我不想工作或是懶惰，雖然我確實有懶惰的傾向，但無非是希望人生的時間可以自由做自己想做的事。

如果你和我一樣有相同的渴望，就算你不想跟我一樣提早退休，或許也會覺得我的故事相當有趣。在我自己達成這個目標之前，我一直都很懷疑其他提早退休的人是怎麼做到的，我常常懷疑軟體開發人員有可能不靠賣掉新創公司致富，而提早退休嗎？

本章要分享我的故事。我會毫無保留地告訴你，我是怎麼達成這個目標，一路走來我犯了哪些錯誤，取得了哪些成就。

何謂「退休」？

在分享我的故事之前，我想先定義我自己所謂的退休，因為退休二字給每個人的印象都不一樣。

我說的退休，並不是指每天玩沙狐球（shuffleboard），在鄉村餐館享用早鳥特餐吃早餐和晚餐。（雖然我今天早上確實是在連鎖餐廳 Bob Evan's 吃早餐。）

我對退休的定義也不是指一整年坐在熱帶海灘上，喝著雞尾酒 margarita，雖然我不排除有這個可能性，但我不會想像退休就是無所事事，顯然我也不是什麼事都沒做，我正在寫這本書。

我反而會定義退休是自由，更具體的說法是財務自由。你不會因為受到財務上的限制，而被迫把自己的時間花在自己無可奈何的事情上。

我從來沒有想說不再工作，但我總會想，如果我不想工作，就不再工作，這就是我現在要說的重點。我有足夠的被動收入來源，而且這些收入能抗通膨，不會隨通貨膨脹而縮水，只要我想，就能坐在沙灘上，啜飲雞尾酒 Mai Tais，但我也能做自己有興趣的專案，這些專案是我想做，而不是因為財務的理由不得不做。

我先承認，應該說我還沒真的完全退休。過去我凡事只以賺錢為目的，要改掉這個習慣很難，現在我還是會投入相當多的時間，去做我不必做的事，差異在於，至少這些事是我自己選擇要做的。想自由，並不是像表面那樣容易，我寫這本書時，才只「正式」退休一年而已，我還有很長的路要走，我要找出自己想如何生活，以及我的生命中想做什麼，但不管怎樣，現在我終於重新把自己的人生找回來。（更新近況：這次出版本書第二版時，我已經「退休」五年了。過去幾年我開創了另外一項新事業——Bulldog Mindset（https://bulldogmindset.com）、跑馬拉松、環遊世界、寫了另外一本著作《軟體開發人員職涯發展成功手冊》（The Complete Software Developer's Career Guide，https://simpleprogrammer.com/ss-careerguide），還做了許多有趣的事，但就是還沒玩沙狐球！）

這一切怎麼開始？

我在第 49 章說過，就算我在二十出頭時能一年賺十五萬美金，還是要花十五年的時間，才能存到一百萬美金，而且要付出大量的犧牲與耐心。再說那個時候，我還沒有確定的計畫可以抗通膨，我不能真正的「退休」。

一開始，這令我非常沮喪，我真的不想在接下來的二十到三十年裡一直埋頭辛苦工作，存錢、勤儉，只希望自己有天可以退休。我不喜歡讓自己的人生卡在這，要到五十或六十歲才終於能做自己想做的事。

這種徒勞無功的感覺迫使我努力思考。我已經提過，我是如何投身於房地產投資，而這正是我主要的動機。我意識到，投資房地產才能讓我掙脫這汲汲營營的生活。雖然我可能有機率還是無法在年輕時退休，但至少我還清房地產的貸款時，我能有錢地退休，而我願意冒這樣的風險。

我很想說我當時應該立刻就去做一切聰明的事，去做準備提早退休的人都應該做的事。我應該要盡可能削減所有的花費，盡可能存下每一分我賺的錢，應該立刻開始做聰明的投資，但我當時卻沒這麼做。

真相是當年我才十九歲，而且我一年賺十五萬美金，我就住在美國加州的 Santa Monica 市，那裏距離海灘不過才幾條街。我走進克萊斯勒跑車「Dodge Viper」的經銷商，發現我就算能負擔得起一台七萬元美金的車子，但十九歲的小夥子要在 Santa Monica 市開一輛紅色的跑車 Dodge Viper，保險費高到可以再買一台新車，哇，這讓我逃過一劫。

我也曾有過短暫的模特兒和演藝生涯，當你住在 Santa Monica 市，這是一定要的

當然，我也不想粉飾太平。我犯過一些財務方面的錯誤，我最後花了三萬兩千元美金買了 Honda Prelude 的車子，而且貸款條件很差，但整體來說，我的生活真的十分節儉。我把賺來的錢大部分都省下來了，開始有一筆相當可觀的積蓄。

出租房子的窘境

所以，你了解了吧，時薪七十五美金的工作對一個十九歲的軟體開發人員來說，似乎太好，好到有點不太真實，特別是這個軟體開發人員當時真的沒有什麼技術能力。約莫一年半之後，約聘我的公司開始限制性裁員，我所屬的專案，因為運作得不是很順利，就算砸下昂貴的人力也沒用，真是晴天霹靂。

我必須另外找一份工作，但幾乎無法找到這種早幾年能給我這麼高薪的工作。最後我搬到美國的亞利桑那州鳳凰城，做一份薪水少的合約工作，但也不能抱怨。

約在同一時間，我在美國愛達荷州 Boise 市出租的房子，房客搬走了，但幾乎也毀了我的房子，而我當時計畫在新工作開始一個禮拜後，進行重要的家族旅行，這也太歡樂了吧，老天爺真會開我玩笑。

後來陸續也有幾個房客租了我在美國愛達荷州 Boise 市的房子，但總是遇到很糟的房客，帶來一堆麻煩。幾乎不付房租，又把房子搞得一團糟，在這間出租房子對面的瘋狂鄰居，甚至還拍下出租房子裡所有不合法又瘋狂的活動，後來有一家公司想跟我買這間房子，還問我是否可以在最後簽約前就開始整修房子。他們拆了整個房子，而你猜猜最後發生了什麼事？他們竟然不簽約了，我對這處房地產失去希望，想直接棄械投降，放棄算了。

或許房地產投資不適合我，我有一棟殘破不堪的房子，不僅無法出租，還花掉我很多錢，真是虧本生意，那我要如何才能累積更多的房地產，執行我的計畫，成為房地產大亨呢？

助力

我不想讓你覺得厭煩，就不一五一十告訴你接下來幾年我發生了哪些事。最後我就把愛達荷州 Boise 市的房子擱置在那，反正也無法脫手。後來我在美國各地遊走，搬到佛羅里達州、紐澤西州，然後又回到佛羅里達州，我計畫住在佛羅里達州，但我沒辦法在當地找到理想的工作，最後，我找到 HP 的工作，所以我又搬回了愛達荷州 Boise 市。

在搬回愛達荷州 Boise 市的前幾年，我有一份相當不錯的工作，而且我很節儉，因此存了不少錢，大約存了兩萬元美金，這大概花了我兩年的時間存下來，我沒有刻意想說要存多少，就是把每個月剩下的錢都存起來，雖然不是最好的策略。（現在我回頭想想，很納悶自己當時在那段期間，怎麼沒有多存點錢。）

我最後搬回愛達荷州 Boise 市，打算找個新地方住。我決定買個房子，這樣有天還能出租它。計畫是我先住個幾年，然後搬去新房子，把舊的這間出租。我看中一棟雙併的房子，大約是十二萬元美金，我能負擔百分之十左右的頭期款。當時雙併的房子每個月的租金大約是八百元美金，跟貸款要付的每月利息差不多，出租的話每個月可以打平。（唉！這其實不太划算，還要再加上保險、房東委員會的會費和修理費。）

後來我看到隔壁的雙併別墅要賣，就決定加快我的房地產投資計畫。我向隔壁的房子出價，同樣也付了百分之十的頭期款，這是我第二個出租物件，第三個房地產，其實買了這間雙併房子，令我相當害怕，因為這是第一間完全為了投資而買的房子。

這次我決定付錢請專業的物業管理公司幫忙，然而我沒有做太多調查，就找了一間物業管理公司，後來發現這家公司真的很不稱職，不僅房子租不出去，還常常虛報房子的維修費用，花了一段時間才找到一間不錯的管理公司。（我第一次找的物業管理公司確實很不稱職，他們很擅長從屋主身上撈錢。）

我們在美國愛達荷州 Boise 市的房子，隔壁是我們出租的房子

磨練

這個計畫進行了好幾年，我買了幾處房地產。為了達成我的目標，就是每年買一處新的房產。我持續在 HP 上班，儘可能存更多錢去買房地產。最後我其實是拿現有的房產去抵押，拿房屋淨值貸款來買新房子，因為沒有足夠的存款能付頭期款。（這是一招險棋，但對當時的我來說有用，因為那時的房屋淨值貸款利率很低。）

由於我有好幾筆房地產投資，所以我決定自己取得房地產經紀人執照，這樣我就能自己處理交易，省下相當多的仲介費。我去上了房地產經紀人執照的課程，並且通過考試，現在是正式的房地產仲介。

那個時候，我手上已經有六處房產，但沒有一個賺錢。事實上，那個時候，我每個月都很消極，我對手上房地產的成本計算錯誤，最後每個月還要從口袋裡拿出兩千到三千美金去維持這些房地產。

雖然這情況似乎真的很糟，我甚至有時每個月還得從口袋裡拿出三千元美金來支付，償還一大筆貸款的本金，但持有這些房地產也為我減免了一大筆稅，雖然緩慢，但我正持續前進中。

捷徑？

取得房地產經紀人執照沒多久後，我做了有點瘋狂的決定，我離開 HP 穩固、高薪的工作，加入一位朋友的公司，成為創業夥伴，在網路上銷售集換式卡牌遊戲，還有和他一起賣房地產。有一段時間，我還短暫地經營過口香糖販賣機，那時候我剛讀完《**富爸爸，窮爸爸**》（Rich Dad, Poor Dad）這本書，我決定除了房地產和股票之外，唯一我能想到的資產就是口香糖販賣機。

事後回過頭來看，我會做出這個決定，最主要的動機是想找到「退休」的捷徑，並非想達成財務自由，只是在「做我想做的事」。

不用說，這些行動當然沒效，當時的我相當不成熟又不理智，我不知道如何有效率工作，努力工作，我是個很糟的事業夥伴，又想拿蛋糕又想吃，只想兩全其美。

最後我離開了這個合夥事業，又找了一份全職工作，回去過著上班族的生活，但我還堅持和二十台口香糖販賣機繼續維持事業夥伴，我想或許我不適合創業。

更多的磨練

接下來的幾年，我持續在一份正職工作上磨練。隨著工作升遷，我開始賺到更多的錢，相對地也能存到更多錢。然後，我又把賺來的錢全都投資到房地產上。

每個月我還是要從口袋裡拿出相當多的錢來支付房地產投資的貸款利息，但在過去幾年，我終於累積了相當多的房地產，我有三間獨棟房子，一間四併屋、兩間雙併房子，和幾間商務辦公室，每個月我都一點一滴地還款。

有段時間，我經營口香糖販賣機的出租事業

後來我又想繞路去嘗試創業，結果當然又失敗了。當幾個朋友要開始做發薪日貸款的事業，他們又找我合夥，不過這次有付我薪水，要我為這家公司建立一套新的軟體系統，但我又再次愚蠢與不成熟，或許還有點懶惰。一年後，這個合夥事業又失敗了，我最後還是只能再去找家公司上班。

事實證明，後來我再也沒有一份工作所賺的錢，可以像十九歲時那份黃金工作般的高薪。我再度拿到這樣的高薪，是我獲得一份在愛達華洲的約聘工作，這時已經過了十年，我的時薪才又終於回到七十五元美金，那時候我才明白，多年前第一份工作那麼高薪，是多麼幸運的事。

這個時候我遇到房地產市場嚴重崩盤，許多投資房地產的朋友都很恐慌，紛紛拋售手上的房產。我很幸運，因為我買的房地產，都是三十年固定貸款利率，房價下跌並沒有真的對我造成影響。當然，我的房產市值確實是縮水了，但又怎麼樣，我的貸款利息還是一樣，也還能拿到一樣的租金。

然而，對我有影響的反而是銀行開始對新申請的貸款做限制，我的計畫是十五年，每年買一處房產，十五年過後開始賣掉最初買的房產，靠賣掉房產的利潤生活，但當銀行開始限制一個人最多只能揹四個房貸，我的計畫就相當無能為力。

為了在美國密蘇里州的 Kansas 市買一處大的房地產，在銀行融資方面，最後改採商業貸款，而非住宅貸款。起因是住在那一區的朋友問我，如何開始投資房地產，我一查才發現，那裏的房價很低，但租金卻出奇的高。

我打算買兩間四併屋，每間是二十二萬美金，這是我有史以來最大的投資，但我計算了一下，就算先付了百分之十的頭期款，每個月還是要拿出至少一千元美金，問題是我拿不到貸款。

最後，我意外地獲得幸運之神的眷顧，擁有那筆房產的銀行同意貸款給我，為了讓這筆房產從他們的資產負債表裡消失。銀行還給我一些非常有利的條件，這筆交易就這麼完成了。砰！我的資產負債表上一口氣增加了八個單位的出租物件。

這筆交易仍舊十分可怕。我每個月要為投資房地產付出數千元美金的房貸，房地產市場下跌的速度就像失速的巨石，我還投入約五萬美金，在我從未見過的巨大房產上，這筆投資不是讓我成功賺錢，就是會讓我破產。

轉機

買了密蘇里州的那些四併屋後（順帶一提，也是沒實際看房子就買了），事情就開始有了轉機。我的現金流還是負的，但是我有相當大量的房產，而且多數是由房客的租金來幫我還款。我有相當的自信，就算是最糟的情況，我也能輕鬆在二十年內退休。最好的部分是，當我真的退休時，這會帶給我豐厚的收入，如果這些房產都還清貸款，我一年或許就能坐收十萬美金的被動收入。

後來我離開一份高薪的約聘工作，轉而為一家小公司工作，這家公司提供我在家遠距工作的機會。我一直想在家工作，就算賺得少一點，我多了可以任意來去的自由，而且因為不必花時間通勤，還多了更多時間。

我開始這份新工作時，另一方面也決定要開始開發自己的軟體。我想找方法創造更多被動收入，我的職涯已經發展到一個程度，我相當有自信能開發任何東西。我學習開發 Android 的應用程式，建立了一款能讓跑步的人以固定速度慢跑的應用程式，當他們一邊跑步，應用程式會提醒他們要「加速」還是「減速」。

開始在家遠距工作不久後，我認識了一位紳士 David Starr，他最後改變了我的人生。

早幾年我就開始寫部落格，雖然不是非常熱門，但有些文章還蠻受矚目的，特別是跟 Scrum 有關的文章。David 看過我寫的一些部落格文章，而且我在 Boise 市舉辦的程式研習營和他聊過。David 那時正為一家新的線上培訓公司 Pluralsight 做一些工作，他聽說我開發了 Android 應用程式，就跟我提到 Pluralsight 有興趣開發這方面的應用程式，還有建立 Android 開發的線上課程。

我不確定自己是否能為這家公司開始開發 Android 應用程式，或嘗試建立教授 Android 開發的課程，畢竟，這個計畫的出發點，是利用我的空閒時間開發 Android 應用程式，創造被動收入。剛開始我並沒有從 Pluralsight 的做法中看到更大的機會，但我決定試試看，為 Pluralsight 建立課程。

幸運之神降臨

這個時候，我的房地產投資運作得相當順利，新的 Android 應用程式也真的為我帶來一些被動收入，一本熱門的女性健身雜誌《Shape》也介紹了我的應用程式，我一週會寫幾篇部落格文章，閱讀相當多軟體開發與房地產投資方面的資訊。

就在 Pluralsight 給我機會前，我的人生發生了相當大的改變。我知道自己沒有太多時間開始這個課程，所以就提交了一份展示模組課程去甄選，沒想到竟然被錄取了。後來我用了約三個月的時間建立了第一個 Pluralsight 課程。

Pluralsight 最棒的地方不只是付給我課程的講師費，還分給我課程的權利金。如果有開發人員訂閱了他們的服務，看了我的課程，我一季會收到一次權利金支票，當初我並沒有看出這個機會的價值，但我很快就發現了。

在完成第一個課程之後，我立刻做了兩個重大決定：一是我要搬去佛羅里達州，這樣可以住在家人附近；另一個決定是開發慢跑應用程式的 iOS 版。（第二個決定似乎沒有很大，但事實證明是個巨大的決定，因為這引導我為 Pluralsight 建立了第二個和第三個課程，教授 iOS 開發。）

那年八月我開著車，從愛達荷州 Boise 市長途跋涉到佛羅里達州 Tampa 市，在移動的過程中，我都在開發 iOS 版的應用程式，和建立 Pluralsight 的課程，不用說，我還要做一份全職工作。

我的工作條件確實也不理想，我稱自己當時的辦公室是「床鋪辦公室」，那時我住在一間兩房的公寓，房間裡的桌子就正好卡在牆壁和床的中間，我整天都在房間裡，白天做正職工作，晚上就兼差做副業的專案。

第一次收到權利金時（光一個課程就收到五千美金），我知道幸運之神降臨。這可能會真的加速我達成退休計畫，只要我拼命努力，充分利用這次機會。

辛苦工作模式

我不知道接下來的幾年，我到底是怎麼活下來的。我無法想像我現在是否還有體力去做當時的事，但我知道像 Pluralsight 給我的這種機會，千載難逢。

接下來的幾年裡，我每天八小時做正職工作，每個晚上花四到五小時建立 Pluralsight 的課程，週末工作得更兇。約兩年半的時間，我就建立了六十個課程，Pluralsight 採用了其中五十五個。我錄了很多的影片，如果你二十四小時連續看我的教學影片，要花超過一週的時間才看得完。

那段期間，我還是持續每週寫一次部落格，開始主持新的 Podcast 節目，談論健身或開發人員，節目名稱是「Get Up and CODE」，開始每週建立激勵大家的 YouTube 影片，我很想說當時的生活一點都不苦，我很享受那段時光，但事實是，我工作得很悲慘，很艱辛，只是一直想著，有天我會自由。

多種被動收入流

這個時候，我已經有多個被動收入流。部落格實際上已經開始產生一些收入，來自於廣告和聯盟銷售，來自於我自己獨立開發與發行的慢跑應用程式 Android 和 iOS 雙版本，來自於 Pluralsight 線上課程的權利金收入，每一季都有大幅的成長，房地產投資也真的有好幾個月開始看到一些正的現金流。

我搬到佛羅里達州 Tampa 市後，立刻開始為所有房產重新融資，以降低利率，此舉一口氣讓我每個月的房貸減少 $1,600 美金。我還把從線上課程 Pluralsight 所賺來的權利金，和每個月薪水省下來的錢，全部拿去還清了部分房地產的貸款。

我的目標是每個月 $5,000 的被動收入。如果我能達到這個目標，我知道自己就能正式退休。2013 年一月，我相當清楚自己達成了這個目標，我寫了封電子郵件給我老闆，跟他說我要離職，不是因為我要跳槽去其他公司，也不是因為我不喜歡自己的工作，只是我不需要再工作了，財務上的自由讓我獲得真正的自由了。

快速總結

我的故事好像有點奇怪，一開始充滿打擊，然後似乎像是獲得幸運之神的眷顧，碰的一下我就退休了。雖然我獲得幸運之神的眷顧是真的，這突來的幸運加速了我的退休計畫，但還不只這些。

只獲得幸運之神的眷顧還不夠，我還需要利用我從線上課程 Pluralsight 賺來的錢，才能真的退休。我賺了一百萬美金，甚至是兩百萬美金，但要是不知道怎麼投資這筆錢，或投資像房地產這樣的項目，我也無法達到退休的目標。只靠一或兩百萬美金是無法支撐我接下來五十或六十年的生活，我還是必須工作。

我成功的關鍵完全取決於房地產，只是線上課程 Pluralsight 最終加速了房地產的投資計畫，就算我沒獲得 Pluralsight 的機會，依照原本的步調，還是能在十年內達成退休計畫，大概是四十三歲的時候，這樣也不壞。

如果我沒行銷自己，就沒辦法讓自己有知名度，甚至就不會有機會與線上課程 Pluralsight 合作。我能遇到 David Starr，是因為我的部落格，還有在程式研習營演講。我還嘗試不斷地打開機會的大門，追求各種不同的專案，也投資自己的技能與職業生涯。我深信就算 Pluralsight 的機會沒有來臨，也能發生一些其他能改變人生的機會。事實上，我相信這是真的，因為我其實已經不得不拒絕掉一些機會。

我的看法是，確實需要幸運，我不會假裝好像我都沒獲得幸運，但從某種程度上來說，幸運是自己創造的。如果你努力工作，尋求支持，總是試著讓自己和周圍的人更好，就能大大增加你獲得幸運的可能性。

方程式的最後一塊是辛勤工作。線上課程 Pluralsight 上有許多作者，他們跟我有一樣的機會。我並不是說他們就不努力，但我積極選擇成為圖書館裡課程最多的作家。有好幾年的時間，我努力工作到三更半夜，連週末也在工作，就為了實現夢想。

有機會還不夠，很多機會甚至一生只能遇到一次，你必須充分利用這些機會，不然機會也幫不了你。

在我總結這一章的內容之前，我想提一下，我相信有個因素對我的成功有重大的影響。我不知道你有沒有信仰，我不打算在本書說服你相信我的宗教，因為這和本書的內容無關，而且坦白說，宗教是很複雜的事，但某些時候我會將這個想法表達為捐出我個人所得的百分之十作為慈善之用。

當年我決定開始十一奉獻，把我所得的百分之十奉獻給教會，實際上是把收入作為慈善公益之用，捐助印度的孤兒。當我開始十一奉獻時，隔週我的收入就增加了，增加的部分正好就是我所奉獻的那百分之十。我個人認為我的成功，有很大一部分是因為我對十一奉獻的承諾，直至今日我仍然持續這個承諾。

即使你不相信宗教，我認為還是存在一些邏輯能解釋，你越死死地把錢抓在手上，對你來說就越難聰明理財，也就越難成功。十一奉獻或是固定把你收入的一部分捐獻給慈善公益，這些都是出於自願，能改變你對金錢的看法，心理上就能從金錢的主人轉變成金錢的管理者。

我希望自己的故事能激勵你，至少能給你一個想法，如何能提早退休。我之所以想跟你分享我的故事，部分理由是希望你能知道我一路走來犯了多少錯誤。如果我有現在的知識和經驗，就能更快成功。或許你能從我的錯誤中學到經驗，避免犯這些錯。

即知即行

- 現在還不晚，請認真思考你的長期目標並且寫下。希望我的故事能激發你的靈感，幫助你看到實現目標的可能性。所以，看完本章後，你能採取怎樣的退休計畫或路線？
- 我覺得以本章這樣的做法去回顧我的失敗和錯誤，對我的成功有莫大的貢獻。你呢？你的人生到目前為止，記取了哪些教訓呢？請把這些過去的經驗寫下來，如此你才能記住並且在日後反省。
- 請試著行善，如何？你是否受到本章的啟發，準備開始奉獻呢？請挑選一個慈善單位，承諾每個月奉獻一定比例的收入。

Section 6

健身

身體是靈魂的最佳寫照。

—哲學家 · Ludwig Wittgenstein

看到標題你可能會覺得有點怪，一本寫給軟體開發人員看的書，怎麼會有部分章節內容專門在討論健身，但我認為這一點都不值得大驚小怪，事實上，我還覺得自己有責任納入這個部分。如果你連自己的身體健康都不注意，怎麼會有本錢成為一位全方位的軟體開發人員。

我在軟體開發社群裡，長期以來觀察到許多人需要健身方面的知識，並且希望有人能激勵他們。當年我踏進程式設計這個領域時，軟體開發人員給大家的刻板印象是身形瘦小的書呆子，帶著一副厚重邊框的眼鏡，上衣口袋裡還插著筆袋。現在整個形象似乎是改變了，而且變得更糟。今日許多人提到軟體開發人員，就會聯想到一個留著絡腮鬍、穿著髒兮兮白色棉T、同時還啃著披薩的胖子。

顯然這兩種典型的刻板印象給大家的觀感都不好，其實還是有很多軟體開發人員，不管男女，他們並不是這樣的形象。而且，相較於第一種刻板印象，我更擔心一些開發人員開始認為自己給別人的觀感就應該是第二種印象。

因此，這部分的章節內容，目的是要給你基本的健身觀念，鼓勵你打破這樣的刻板印象，就算是軟體開發人員，也不表示你就沒有權利擁有健康，甚至是成為一位帥氣的型男，或吸引別人目光的美女。你當然可以有型、可以健康，而這些都起始於知識與信念，相信這些目標都能實現。

你可能在想我有什麼資格談瘦身、營養和健身。我雖然沒有任何營養學位，甚至也不是有執照的個人教練，但我有豐富的經驗。十六歲開始，我就一直鑽研健身和瘦身方面的知識，在十八歲時第一次參加了健美比賽。從那之後，我訓練了許多人，其中當然也包含軟體開發人員，幫助他們讓自己更有型、進行減重、增加肌肉，以及達成其他健身目標。雖然我不是所謂的專家，但我在健身方面的知識不僅相當廣泛，更有來自實務鍛鍊的豐富經驗。

現在該我來說個小小的甩鍋宣言啦。我並非醫生，所以，各位讀者準備開始進行任何減重或運動計畫之前，請先向醫師諮詢。雖然我不確定有誰真的會這麼做，但要不要做，取決於你，不是我……或是任何人可以幫你做決定。祝你愉快！

56

健身的好處

> 健身不僅是你保持身體健康的關鍵，更是讓你充滿活力，參與創造性知識活動的基礎。
>
> —前美國總統 • John F. Kennedy

我來想想要怎樣才能激起你塑身的動力。你知道嗎？造成全球死亡率第一的疾病是心臟病，其次是中風，而塑身減重能讓你避免這些疾病，活得更久。不然還有，多運動能提高創造性，增進思考力。如果這些理由都無法打動你，那我想答案只有一個。誰不希望自己的身形更有吸引力，至少我確實是為了這個目的才開始塑身。做做重訓，減掉一點脂肪，就能讓你更有魅力，有更多機會來增加你的「遺產」。

讓我們先面對一個事實。絕大多數的軟體開發人員工時太長，而且常常一坐就是一整天，所以工作往往容易對身體造成不良的後果，因此，學習如何健身和保持健康，對軟體開發人員來說可是好處多多。

本章會帶你深入了解幾個塑身的理由，說服你現在就應該立刻起而行，不要再等明天或下週了。就讓我來告訴你幾個原因，為何健身能幫助你成為更全方位的軟體開發人員。

自信

我並不打算一開始就打著「健康」的名號來呼籲你健身。我們當然都希望保持健康，而且多數人對於如何讓自己更健康，或多或少都有一些想法，可是當我們嘴饞時，還是會想來塊臘腸披薩，或者在深夜時分衝到速食店 Taco Bell 大快朵頤一番。對塑身來說，健康這樣的理由並不是一項夠強烈的動機，但至少在你生命直接受到威脅前，讓我們先做點努力。

因此，我反而會想把焦點放在健康飲食與運動的最大好處：自信。你或許認為自信不是那麼重要，也可能會說，「嘿，兄弟。我已經夠有自信了，好嗎？」但不論你是自信過剩，還是根本不了解自信的重要，我都想告訴你為何你需要自信，而且要盡可能為自己建立更多的自信。

一項來自美國 UC Berkley 大學 Haas 商學院所做的研究顯示，自信比才能更適合作為預測成功的因子，一些其他的研究結果也顯示了這兩項因子間具有類似的關聯性。

但究竟為何健身能讓人獲得自信？原因很簡單：優美的身形能為你帶來成就感，促使你達成自己所設定的目標。自信還會展現並且投射在你與他人的對話與互動之中。另一個不是那麼科學的說法是：當一個人的外型變好，心情自然也會隨之改變。

想像一下，如果能穿上合身的緊身牛仔褲或貼身襯衫，應該會很有成就感吧。當一個人覺得自己的身材不錯而且身體健康，自然而然就會影響自身的行為與態度，改變對自己的看法，不再認為他人與其成就會對自己造成威脅，連帶地就會改變他人對你的看法與態度。

本書大部分的內容都是在鼓勵各位走出自己的生活圈，勇於嘗試需要自信的事。光只是在腦袋裡空想，真的很難生出自信。曾在健身房裡接受過我的訓練，或是讓我幫助他們減重的人，絕大部分的人都會突然發現到他們不曾擁有過的自信。

腦力

聽說運動能讓人變聰明，這是真的嗎？關於這一點，其實我也不是很確定，但最近有一份來自 Stanford 大學的研究顯示，走路能讓人大幅提升約百分之六十的創造力。在這項研究裡，Oppezzo 博士要求一群受測學生完成某些跟創造力有關的測驗，內容包含設法找出物件的用途和其他與創造力相關的活動。

研究一開始先請學生坐下來完成測驗，然後再請他們移動到跑步機上，一邊跑步一邊完成類似的測驗。幾乎所有學生的測驗結果都顯示跑步能使創造力大幅提升。即使是先走一段路再坐下來完成測驗的學生，其測驗結果也顯示出走路能提升創造力。

這項研究結果意味著，走路至少會對大腦的其中一項功能——創造力產生顯著的影響，不過我認為走路能帶來的影響應該不只這些。

就我個人的經驗來說，多運動能使身體更健康，進而提升工作效率。我還發現，在最佳體能狀態時，專注力與生產力都會更高。我跟許多其他開發人員聊過這一點，他們回報自己也有過類似的經驗。

我無法肯定運動或是身體的體脂肪比率是否真的會對大腦產生化學或結構性的變化，因而使人更聰明或更專注，也可能只是因為你對自己的感覺變好，才使你更努力工作，但原因是什麼真的重要嗎？

如果你總是感到疲倦，缺乏工作動力，或是覺得自己的工作狀態正在走下坡，你可能需要做點改變，試試減重和運動，能讓你的身體和頭腦煥然一新。

恐懼

雖然我不想現在就打出恐懼牌來嚇你，但如果你一直都處於體重過重和不健康的狀態之下，我認為還是有必要提醒你，你正讓自己暴露於罹患各種疾病的風險之中，而這些疾病其實都是可以預防的。

我在 Podcast 上主持了一個以健身為主題的節目「Get Up and CODE」，專為開發人員提供許多健身方面的資訊，節目裡我訪問過許多瘦身有成的開發人員，他們最初的目的並不是要增加自信和腦力，而是感受到自己的生命正面臨死亡的威脅。

我印象特別深刻的一次訪談，是和 Miguel Carrasco 聊他的健身過程。他原本也是那種從不注意自己體重或健康狀態的軟體開發人員，直到發生了真的很糟而且十分恐慌的症狀，那次不只讓他進了醫院，還永遠地改變了他的人生。

那天他去托兒所接兒子回家後，突然覺得左手臂發麻。想說可能是外面天氣太冷或撞到什麼東西而導致的，就不以為意。

到了晚上他突然想躺下小睡片刻，這對他來說並不尋常，因為他是那種幾乎天天都在熬夜的人。當時他老婆警覺到他這種怪異的行為，立刻問他哪裡不舒服，他才說整個身體的左半部都在發麻。於是他老婆趕緊要他去醫院，擔心這是中風的前兆。

Miguel Carrasco 到醫院之後，醫生立刻為他做了檢查，當時血壓已經飆升到 190 ／ 140，情況相當不好，而且非常危險。

原本他的血壓一直都在正常值範圍內，所以對此不以為意。但突然發生血壓飆升的情況，就不能大意了，醫生對他做了許多檢查，隔天才讓他出院，接下來的一個月他不僅監控血壓還做了更多的檢查。那次的經驗真的嚇到他了，更永遠地改變了他的心態。

清楚地記得 Miguel 告訴我，讓他在短短一百八十天內瘦下七十三磅（近三十三公斤）的原因並不是因為有一套好的訓練計畫、特別的節食菜單或上健身房，而是心態。那次的恐慌使他重新正視自己的健康狀態與健身這件事，他甚至後來還離開軟體開發人員的工作，成為一名健身教練，以自己的親身經歷，激勵與幫助其他人達成健身目標。

我分享這個實例並不是要嚇你——好吧，其實是有這個打算，但我只是希望透過 Miguel 的親身經歷讓你有所警覺，而不是聽到你發生這樣的情況，那有可能就太遲了。Miguel 很幸運，因為他發生恐慌的狀況不是太大的問題。那次的驚嚇事件對他是個警訊，促使讓他整個人動了起來。但很多人就沒這麼幸運了。有時身體根本就不會出現警訊，在你重視這些議題之前，就已經莫名死於心臟病發作，或遭受其他嚴重的身體損害。有時真的就是太遲了。

不要讓這些遺憾發生在你身上。現在就正視你的身體狀況，不要等到真的出現問題，才來關心自己的健康。我知道這可能不是你買這本書的主要動機，說真的，如果我能幫助你找到更好的工作或發展更成功的職涯，當然很棒，我也樂於見到，但是如果我還能幫助你塑身，讓你能活得更久，陪伴孩子成長，我想這才是本書最大的成功。

即知即行

- 在深入接下來的章節內容前，請對自己的健康做出承諾。或許你很健康，這幾個章節只是檢視一下你已經了解的知識，但如果你知道自己必須變健康，就請你承諾要正視自己的健康，為你的人生做出真正的改變。我會盡力提供我所知道的健身與健康方面的建議，但如果你無意做任何改變，我也愛莫能助。

57

設定健身目標

不論你想健身的目的是什麼，都要先設定一個目標，否則永遠都沒有實現的一天。就像寫程式前應該要先知道程式的目的是什麼，總是要知道讓你辛苦揮汗、廢寢忘食也要完成的最終結果是什麼吧，否則你所做的一切就只是浪費時間而已。

本章要來談談如何設定務實，而且是你能做得到的健身目標。我會帶你從短期目標下手，同時搭配長期目標，藉由這兩者來實現更棒的健身效果。想要常保健康就必須養成良好的生活習慣，而不是靠瘋狂節食和短短四小時的有氧課程。

軟體開發人員的工作多半是長期坐在辦公室裡，有時還會瘋狂地連續工作數小時，所以很難建立一般所謂的健康生活型態，因此，特別重要的是，先制定一些明確的健康準則，才能堅定地排除萬難，持續你的健身計畫。

設定具體的健身目標

我常聽到有人以「塑身」為目標開始健身或節食。這乍聽之下是個不錯的目標，但不夠具體。究竟何謂「塑身」？你又怎麼知道自己現在的身材是不是合乎標準？

沒有具體的目標，單靠運動與飲食是無法帶來好的效果。不管你心裡是否已經有特定想法，只要沒有具體目標，任何健身計畫都不太可能堅持下去，當然就無法真正地讓身體產生變化。

你可以選不同的目標來幫助你努力健身，但請不要一次嘗試多個目標。如果你想減重，就專心減重，不要想同時還能增加肌肉。如果你想透過慢跑來改善心血管方面的問題，就專心在這個目標上，不過在這個過程中你可能也會因此瘦個幾磅。

想同時達成多個健身目標是非常困難的事，因為不同健身目標的訓練方式經常會互相衝突。例如，增加肌肉和減掉體脂肪就很難並行，一般來說，要增加肌肉必須攝取較高的熱量，而降低體脂肪則必須攝取較少的熱量。

✤ 各種健身目標 ✤

- 減重（降低體脂肪）
- 增加肌肉
- 提升力量（和增加肌肉的效果不完全一樣）
- 提升肌肉耐力（提升運動的效果）
- 改善心血管方面的健康
- 提升某些運動方面的表現

設定健身計畫的里程碑

大約六年前，我右胸的肌肉曾發生過撕裂傷。當時我正在進行重訓課程的運動「槓鈴臥推」（dumbbell bench presses），某個陪練員好意想協助我訓練，於是我接受了他的提議。當陪練員試著把我的手臂往外拉而不是向上拉時，我當下就後悔了。記得那時我清楚地聽到一聲「啪嚓」，手臂立刻感到無力，垂落身旁，因為我的手臂肌肉完全從骨頭上撕裂開來。天啊！真的是晴天霹靂！

發生那次意外之後，我有好長一段時間無法練習舉重，這讓我對重訓喪失了相當大的動力，並且留下陰影，直到現在我都還不敢進行槓鈴臥推這項訓練。受傷之後，我跟多數人一樣停止運動，體重因而直線上升。

我的體重一度來到兩百九十磅（約一百三十公斤），超出標準體重九十磅（約四十公斤），而我的身高是六呎三吋（約一百九十公分）。委靡了一段時間後，我終於醒悟，受夠了自我厭惡的感覺與肥胖的外表，徹底意識到我需要減掉超出標準的九十磅體重。

要減掉九十磅體重，聽起來似乎是不可能達成的目標。究竟要怎麼做才能減掉這九十磅，回復原本的身材呢？又需要花多長的時間呢？我發現自己只要一想到要減掉這麼多體重，就提不起動力，因此，必須先找出方法把這項巨大的工作分解成更小的任務。

於是我有了一個想法，就是先制定一個小目標：每兩週減掉五磅（約兩公斤）。就算大目標是減掉九十磅，我也不再擔心這件事，只要先專注於眼前，每兩週為一個週期的小目標。我所要做的努力就是讓自己下次站上體重計時，比兩週前的體重少五磅，就是這樣！

經過了好幾個週期的兩個禮拜，我終於達成自己所設定的目標——成功減重九十磅，事實上我減掉的體重比原先預期的目標還多。在這個過程裡，我也都達成每次週期所設定的小目標。成功的關鍵在於把大目標拆解成更小的里程碑，由這些里程碑逐步引領我通往成功之路。

確立主要健身目標後，接下來的步驟就是設定一系列的里程碑，然後沿著這些里程碑，朝目的地邁進。也就是說，如果你想減重，就要先決定你每週或每兩週要減掉的體重，跟我之前減重時的做法一樣。如果你的目標是增加肌肉，或許可以設定里程碑為每週或每兩週增加一定量的除脂體重（lean weight）。

請確定你所設定的里程碑在個人能力所及範圍內。假設你決定每週要減掉十磅（近五公斤），當你無法達成這個數字時，很快就會覺得心灰意冷。因此，設定里程碑時比較好的做法是，給自己容易達成的目標，不要雄心壯志地設定自己幾乎無法完成的里程碑。一旦嘗到成功的甜美果實，這動力將會帶領你前進，激勵你達成整體的大目標。

小心地雷：我就是沒時間運動？

軟體開發人員的工作時程有時非常忙亂，甚至會經常出差，那麼要如何在工作的空檔找出時間進行節食與運動，推動自己的健身目標呢？這當然不是件容易的事，最好的做法是把健身設定為優先事項。過去我常常把慢跑或舉重的時間特別設定為行事曆上的會議事件。如果你在堅持健身計畫上遇到困難，我建議你試著採取這樣的做法，因為，不會有人想到你早上七點的會議其實是慢跑。

衡量健身計畫的進度

當你努力朝目標前進時，採取正確的方法來衡量進度也是非常重要的事，這有助於你定期了解自己是否正朝正確的方向邁進。

請思考看看，如果想知道自己是否正朝向要實現的目標前進，最好的衡量方法是什麼？如果你的目標是減重或增重，基本的衡量方法就是量體重。如果你想提升力量或增加肌肉，可能的衡量方法是繪製進度表，記錄你能舉起多少重量，以及能舉起該重量的次數。

我會盡量避免使用太多的衡量方法，否則很容易就會被這些繁雜的記錄工作壓垮。通常會選擇一種方法作為主要的衡量方式，再隨時間慢慢加入其他的衡量方法，像我是習慣使用圖表作為記錄進度的主要方式。

利用體重計測量體重或許是最常見的衡量方法，不過檢視這項資料時應該要謹慎一點，因為你每天吃的東西、喝多少水，都有可能會對每天的體重造成大幅的影響。

雖然每天都要量體重，但在實際繪製進度表時，建議你只要每週記錄一次就好。我曾經發生過體重在一天之內就浮動了十磅之多。如果改採一週記錄一次體重，不要每天記錄，就比較不會讓每天上下起伏的體重打亂進度。

養成健康的生活型態

第一次達成健身目標時，真的會讓人覺得很棒、很有成就感，但事實上情況很快就會惡化，陷入絕望、沮喪，最終使你的身材打回原形。相信我，因為我曾經不止一次在瘦下來之後又胖回去。事實上，許多靠節食減重的人最後都復胖了，原因之一是身體的賀爾蒙讓他們有飢餓感，另一個原因則是他們又恢復原本舊有的生活習慣。

達成健身目標後，不代表你的戰鬥就此結束。如果不改變實際的生活習慣，很快就會前功盡棄。你不可能永遠節食，所以必須找到一種生活方式，讓你能維持辛苦達成的健身效果。

建議你在實現健身目標後，先逐步降低節食或運動計畫的比例，不要一下子就恢復「正常生活」。目的是希望在達成健身目標前後的兩種生活型態間取得平衡，趁勢建立「正常生活」的新模式。如果你在減重五十磅之後，又馬上恢復大吃大喝的生活，當然很快就會復胖，甚至有可能比以前更重。

必須讓健康的生活習慣自然融入你的日常生活之中，讓定期運動與健康飲食成為正常生活的一部分。當然，這不是件容易的事，特別是當你採取了極端的節食或健身計畫，即便這能讓你在短時間內靠挨餓瘦下來，建議你最好嘗試比長久以來的生活型態稍微嚴格一點的節食與運動計畫即可。

在接下來的幾個章節裡，我會提供一些工具，幫助你達成目標。還會談談如何計算維持體重所需的卡路里、如何吃得更健康以及如何運動。有了這些資訊，你才能學著去達成健身目標，更重要的是，學著建立自己能終身持續的健康生活型態。

即知即行

- 寫下讓你想健身的大目標。
- 列出一系列務實而且能達成大目標的里程碑。
- 找出能讓你達成第一個里程碑的行動。

58

如何減重或增重？

減重或增重前，必須先了解變胖或變瘦的原因是什麼，而這兩者又是否與身體所攝取的熱量、燃燒的熱量有直接的關係？令人驚訝的是，這一點在健身產業裡一直有很大的爭議。

乍看之下這似乎是一件很容易理解的事——我的意思是，大家都知道熱量對體重變化會有某種程度的影響，造成爭議的重點在於，熱量的影響究竟有多大，這點就不是那麼容易理解了。

雖然我無法提出證據確鑿的資料來佐證，但我能說出堅定的理由來支持熱量是體重增減的關鍵因素。我還會說明熱量的運作原理，以及如何計算個人一天所需的熱量。

何謂「卡路里」？

在理解熱量究竟會對體重造成什麼影響之前，我們要先了解一點——何謂「卡路里」？為什麼我們要關心它？

卡路里是衡量熱量的基本單位。具體來說，就是將一公斤水的溫度提高一度，所需的熱量就是一單位的卡路里。

你吃的食物就是身體的主要熱量來源。所以我們才會以卡路里作為計算熱量的單位，和衡量人體所消耗的熱量。

在大部分的情況下，可以假設身體會消耗或儲存你所攝取的熱量。雖然有些熱量會浪廢掉，但人體可以稱上是非常有效率的機器。

計算食物的熱量時不只是以數量為基礎，所以不同種類的食物所提供的熱量不同，例如，相同量的花椰菜和奶油相比，花椰菜的熱量就低得多。

每一公克的碳水化合物、蛋白質以及脂肪，各自所產生的熱量都不同，所以有些食物相形之下就更為扎實。每公克的碳水化合物與蛋白質會提供約四大卡的熱量，每公克脂肪則會產生約九大卡的熱量。請記住，由於人體無法消化纖維，因此以纖維組成的食物，其熱量基本上幾乎可以忽略不計。

減重真的很簡單

如果熱量代表身體所需的能量，而能量又只來自於食物，要找出減重的方法就簡單多了——就是身體攝取的熱量少於身體燃燒的熱量。只要你燃燒的熱量高於吃下去的熱量，最終就能成功減重，我想不會有人反對這一點，會有爭議的地方是，如何才能精確地計算出身體實際上會燃燒多少熱量。

雖然我們無法精確地了解身體一天能燃燒或消耗多少熱量，但不用擔心，還是有一些不錯的方法可以估算出來。只要你估算的熱量在合理的誤差範圍內，幾乎可以確保你能成功減重或增重，所以關鍵在於做好合理的估算。

根據你想減掉的脂肪量可以消耗多少熱量，就能做出合理的估算——這裡我會先假設你對減重有興趣，而非增加肌肉。一磅（約 0.45 公斤）脂肪的熱量相當於三千五百大卡，如果你想減掉一磅的脂肪，身體燃燒的卡路里量要比攝取的卡路里量高出三千五百大卡，這聽起來好像很簡單嘛。（順帶一提，這項原理男女通用。）

當然，實際上並不是這麼簡單的事，不然也不會有這麼多人瘦不下來，因為很不幸的是，減重的時候不只有減掉脂肪。雖然從理論上來看，只要能多消耗三千五百大卡就能減重，但問題是這些減下來的體重裡並不全都是脂肪，有些部分是肌肉。

如果你想減重，就必須確定你所攝取的熱量會低於燃燒的熱量。這兩者之間的熱量赤字（calorie deficit）將決定你能減掉多少體重。這也意味著，如果你要減重，就需要知道兩件事：攝取多少卡路里量以及燃燒多少卡路里量。

要攝取多少卡路里？

要算出你攝取了多少卡路里並不難，現在大家所購買的食物包裝上，大部分都有貼上標籤，說明每一份食物所含的熱量。至於沒有說明熱量的食物，可以利用 APP 查詢，像是 CalorieKing。

不幸的是，這些食物包裝上的標籤所標示的熱量並不是百分之一百完全正確，請預設百分之十的誤差範圍。在餐廳吃飯時，由於主廚不太可能完美計算出每樣食物的卡路里，就要預期會有更高的誤差，像是只要在餐點裡多加進一點點奶油，整體的熱量就會大幅增加。

還有，越複雜的食物就越難計算出精確的卡路里。因此，我在節食期間會盡可能攝取簡單的食物，而且經常吃相同的食物，這樣就不用費心去查每項食物所產生的熱量。

能燃燒多少熱量？

不過，要計算出身體能燃燒多少熱量就有點難了，當然，還是有不錯的估算方法。

不論你是參加賽跑，還是躺在沙發上睡覺，身體都會燃燒熱量。人為了維持生命會需要補充一定量的能源，而人體每日所需的基本熱量就稱為「基礎代謝率」（base metabolic rate，簡稱 BMR）。

只要根據個人的體重、身高、年齡和性別，就能推估出基礎代謝率。這項計算結果能告訴你，人體維持生命一天所需的熱量，因此，若想知道身體一天能燃燒多少卡路里，計算基礎代謝率會是很好的出發點——至少能知道自己會燃燒多少熱量。

利用線上工具就能輕鬆地知道自己的基礎代謝率：只要在網路上搜尋關鍵字「基礎代謝率計算」或利用這個網頁查詢（http://simpleprogrammer.com/ss-bmi-calc）。例如，我的身高是六呎三吋，體重是兩百三十五磅，年齡是三十四歲，經過計算就可以知道每天的基礎代謝率是 2,251 大卡。

由於絕大多數的人不可能只是無所事事地坐著，所以基礎代謝率並不能精確地表示你每天所能燃燒的卡路里。為了得到更精確的估算，可以利用 HBE 公式（Harris Benedict Equation，簡稱 HBE），這個公式會根據你每天的活動量來估算一天能燃燒的熱量。

HBE 公式：

幾乎沒有運動 = BMR × 1.2

運動量低（每週一到三天）= BMR × 1.375

運動量中等（每週三到五天）= BMR × 1.55

運動量高（每週六到七天）= BMR × 1.725

重度運動量（每天兩次）= BMR × 1.9

像我每週的運動量是慢跑三次和舉重三次，透過 HBE 公式可以知道每天會燃燒的熱量是（2,251 1.725 = 3,882）大卡。但如果我想減重，會採取比較保守的態度，以次一級的運動量估算，也就是說，每天能燃燒的熱量是（2,251 1.55 = 3,489）大卡。

現在，請試著輸入你的個人資料，計算每日能燃燒多少熱量。不過，在計算之前，你也可以試著自己推估一下，看看估算的值有多接近計算出來的卡路里。

利用卡路里達成目標

現在你已經知道熱量的原理、計算攝取了多少熱量的方法，以及如何估算身體能燃燒的熱量。接著就能利用這些資訊來規劃減重或增重的基礎計畫。

假設我想減重，目標是每週減掉一磅的體重。利用現有的資訊，要怎樣制定健身與飲食計畫，才能達成目標呢？

首先，從身體每天能燃燒的熱量為出發點。在不改變每日生活作息的前提下，我的身體每天可以燃燒三千五百大卡，所以要是我一整天都不吃東西，我就能瘦下一磅的體重，但這樣的舉動也會讓我暴怒煩躁。

如果我預計一週瘦下一磅，就表示該週的總熱量赤字是三千五百大卡，一週有七天，所以每天分配到的熱量赤字是五百大卡，也就是說我每天要多消耗五百大卡才能瘦下一磅的體重。

假設我每天能燃燒三千五百大卡，一天所攝取的最高熱量是三千大卡，應該就能如願消耗掉五百大卡的熱量赤字。合理來說應該沒有問題，但實際上可能無法得到我所預期的結果。

就算計算出來的數字說我能在一週瘦下一磅，但實際上會有各式各樣的原因使我無法達成這個目標。例如，對攝取食物的熱量估算錯誤，每餐低估了一百卡路里，這會導致每天實際所攝取的總熱量比預期高出三百大卡。或者是每天的活動量低於原先的估算，儘管我已經先採取保守的估算方式，仍舊可能會發生每天實際能燃燒的熱量不如預期的情況。

為了確保能實現目標，我會把每天實際攝取的熱量再降低百分之十或減少三百大卡。意思是說我會試著一天只攝取約 2,700 大卡的熱量，讓我更有自信能達成目標。

你可以利用相同的步驟來制定自己的減重或增重計畫，但請注意一點，在減重初期，基礎代謝率會下降，所以最後你可能要進一步減少每日所攝取的熱量，或增加每天的活動量，才能持續減重。

爭議：變胖不只是關乎熱量攝取與消耗的問題

我知道現在有很多健康專家會跟你說，變胖不是你的錯，不過是熱量攝取與消耗的簡單問題，但在大部分的情況下，這只是多數人一廂情願的想法。

這些專家的某些觀點在現實環境裡還是有用。荷爾蒙在增重和身體組成上，確實發揮了巨大的作用；某些人的基因傾向讓他們擁有更高的體脂肪，實際上可能擁有更大的骨架。

不過……就算是這樣，本章告訴大家的資訊仍然是事實。結論就是，在熱量不足的情況下，體重就會減輕，熱量太高則體重會增加，這就是人類身體（也就是熱力學）的運作方式。

後續第 63 章會有進一步的討論，但如果要減重和調節荷爾蒙（例如，會引發身體儲存脂肪的胰島素），我發現最好的做法是透過斷食。不管怎樣，後續章節會有詳細的介紹。不論你有多希望減重這件事會因此而有所不同，現在只要知道這不「只是」熱量攝取與消耗而已。

即知即行

- 記錄你每天吃進身體的熱量，至少要追蹤三天。這能幫助你了解自己每天所攝取的總熱量有多少。估算熱量之前你也能先猜猜看，自己預想的熱量與實際估算出來的熱量相差多少。
- 計算你的基礎代謝率，再利用 HBE 公式計算每天約能燃燒多少卡路里。把這項計算結果與每日攝取的熱量相互比較後，你會變瘦還是變胖？
- 利用這項資訊，從熱量與活動量兩方面著手，制定你的減重或增重計畫。

59

找出動機並且持續下去

能否實現你所設定的健身目標，最困難的地方其實不是設定目標、知道怎麼做或者甚至是投入心力去努力，反而是擁有持續健身的動力。

軟體開發人員的工作經常很忙，又擔心其他事會中斷自己正在構建的程式以及需要修復的問題，所以總是會有一些藉口來推延運動和節食計畫，心裡老想著以後再來進行。問題是，所謂的「以後」一直沒有來。

如果你想成功減重，成為身材健美或身體健康的電腦工程師，就需要學著激勵自己，讓自己保持動力。本章的用意在於提醒你，哪些因素其實會讓健身計畫裹足不前，了解之後請趕快付諸行動，然後堅持下去。

動機

每個人做事的動機都不一樣。可以激勵你的動機，未必就能影響他人。所以，重要的是，花點時間思考最能激發你持續下去的動力是什麼。什麼事最能讓你迫不急待開始新的一天？相反地，什麼又會導致你逃避，不想面對？

如果能找出一項因素，激勵你達成健身目標，這項動機就會幫助你離開椅子，開始動起來。例如，假設我請你到某家店去拿個東西，你不見得會有動力去做，但如果我請你到那家店去拿一千元美金，可能我話都還沒說完，你就已經跳上車，在前往那家店的路上。你看，動機是否正確真的會有不同的結果。

適當的獎勵時機

錯誤的獎勵時機會扼殺你的動力，所以請不要在目標確實完成前，就獎勵自己。

我上個禮拜處理了一些客戶委託給我的工作，這位客戶在我實際完成工作之前，就先預付了二十四小時的顧問費給我。照理來說，客戶預付費用給我應該能激發出我的工作潛力，在一週內積極完成價值二十四小時費用的工作量，但事實上並沒有，這次我完全沒有動力。為什麼？

因為在我實際完成工作之前，銀行帳戶裡已經有一筆為數豐厚的報酬，這並沒有激發出我的工作動力。

同樣地，這種問題也會發生在你身上。我總是看到有人為了激勵自己開始新的運動計畫，而買了一雙漂亮又昂貴的慢跑鞋或者是嶄新的跑步機。然而當你花了四百美金買了一台全新的食物調理機，以為這能激勵你擁有健康飲食，事實上卻恰好相反。因為你已經得到獎勵，所以動機自然就隨之消失。事實上，在達成目標之前就獲得獎勵會使人失去努力的動力。

相反地，試著告訴自己，如果可以持續慢跑三個月，就獎勵自己一台嶄新的跑步機和全新的慢跑鞋。告訴自己，如果可以持續一整週的健康飲食，就來個獎勵購物之旅，到有機超市 Whole Foods 買上一堆健康食品。你一定要試著這麼做，實現目標之後才能獲得獎勵，這樣才會有源源不絕的動力。

事實上，已經有些科學報告提出證據來支持這項觀點。有興趣了解「意志力」的讀者，可以閱讀 Kelly McGonigal 所著的「輕鬆駕馭意志力」（*The Willpower Instinct*）一書。作者舉出幾項研究，顯示在達成目標之前就獎勵自己，會讓人誤以為自己已經實現目標。

維持動力的技巧

好吧，就算你找到一項很棒的動機，成功變身為全新且健康的自己，你還是有可能會慢慢喪失動力——相信我，我可是經驗豐富。我陷入委靡不振的次數可以說是不計其數，如果你跟那些放棄節食的人聊過，或許會發現大家的問題都一樣。所以需要找一些方法來破解失去動力的原因。

有個好方法是四處張貼能激勵你的照片，提醒自己想擁有這樣的身材。這些照片會幫助你持續且專注地往目標邁進。下次你嘴饞想吃巧克力蛋糕時，就會發現阿諾·史瓦辛格正盯著你的臉看，「你…真的…要吃掉…那塊蛋糕…嗎？」

把你的進度繪製成圖表，持續提醒自己已經走了多遠，也是很有效的方法。像我今天晚上本來不想為這本書寫任何一個章節，但我提醒自己已經來到第 58 章囉，這立刻就激發出我繼續動筆的力量。有時只要清楚知道自己已經在這一條路上走了多遠，就足以激勵人持續努力下去。人都不喜歡中斷自己的連勝紀錄。

另一個能幫助你維持動力的強大技巧是「遊戲化」（gamification）。遊戲化背後的原理很簡單：就是把一項你不喜歡的事變成遊戲。現在有許多健身應用程式都致力於協助使用者，透過遊戲養成運動與健康的好習慣。

✤ 健身遊戲化的應用程式 ✤

- Habit RPG
- Super Better
- Fitocracy
- Zombies, Run!

你也可以找個舉重或慢跑夥伴，或者甚至是開始新的節食計畫，找朋友一起挑戰。有個人可以一起聊聊和分享經驗，雖然有好有壞，但可以使你的健身旅程更愉快，讓你持續保持動力。我一直都覺得，是因為有個舉重夥伴，才能讓我持續去健身房運動。

此處列出幾個想法，希望能幫助你堅持自己的目標。

- 聽有聲書：在慢跑或舉重時聽有聲書或 Podcast 節目，能讓我每天都期待運動這件事。
- 邊跑步邊看電視：規定自己只能在跑步機上運動時才能看電視，會讓你更有跑步的動力。
- 外出：如果你喜歡戶外活動，外出會是一項很棒的動力。
- 遠離小孩：我們都需要休息，並且有自己獨處的時間。現在許多健身房都有提供托兒服務，在你運動時幫你照顧小孩。

就是要完成！

如果你能保持動力，這當然很棒，但有時就是必須叫自己認命，然後加油振作，不管有沒有動力，都要堅持下去。事先做好規劃，然後對自己承諾會完成這些行動。

一早剛起床，覺得懶洋洋的時候，並不適合決定你要不要慢跑。在辦公室吃著免費甜甜圈時，也不是決定是否要節食的最佳時機。事先規劃才能幫助你理性地決定，在預定的期限前堅持到底。

透過事先規劃，能盡量減少生活中需要作出判斷的時機。確實了解自己每天應該吃什麼，做什麼運動，就不會做出錯誤的決定，使自己過度依賴激勵這項手段。

當你發現自己缺乏堅持下去的力量時，原則會代替動機鼓勵你。每次我累到不想跑步的時候，有時會用原則來提醒自己，這也是我非常重視的一項原則——有始有終。找幾個能激勵你人生的格言，遇到困難時提醒自己，堅持不懈。

✤ 勵志小語 ✤

- 做事要有始有終。
- 成功的人贏在決不放棄，放棄的人永遠贏得失敗。
- 一分耕耘，一分收獲。
- 人生苦短，即知即行。
- 人生所有的困難或美好，一切終將過去。
- 滴水穿石。

請注意：你永遠都必須應付酸民們的惡意批評，這會削弱你的動機。請前往以下連結，看看我提供的彩蛋章節，學習如何消弭這些威脅：*https://simpleprogrammer.com/softskillsbonus*。

即知即行

- 提出你想塑身或改善健康的理由。從這些理由裡，挑出三個最大的動機，然後印出來貼在你每天都會看見的幾個地方。
- 挑幾個本章所介紹的維持動力的技巧，融入你的生活之中。可能是找幾張名人的照片激勵你，把這些照片貼在你能看見的地方，或是下載新的健身應用程式，讓你的運動計劃更有樂趣。
- 達成健身計劃的某個里程碑後，給自己來點獎勵。繪製進度表，鼓勵自己達成目標時就能獲得獎勵。
- 當你想中斷前進的步伐時，就停下來自問：如果不放棄，三個月後、一年後我會怎樣。不管怎樣，堅持下去，成功終將到來。

60

鍛鍊肌肉

（小聲）嘿！對啦，就是站在那邊的你。你想鍛鍊肌肉嗎？（點頭）很好，我可以幫你，不需要使用禁藥，只要學會基礎的阻力訓練（resistance training），你也能輕鬆地增加肌肉。

本章要來談談如何鍛鍊肌肉。只要你願意投入心力練習，擁有人人羨慕的肌肉並非難事。本章內容包含身體肌肉的生長原理，了解刺激肌肉生長的方法。還會再談一點飲食資訊，探討吃哪些食物可以使肌肉的「生長」最大化。

身為一名宅…，呃，我是說電腦專業人士，擁有健美的肌肉是一項優勢。這不只讓你的外表出眾，還能打破一般人對業界專業人士的刻板印象，甚至是對你的職涯發展有所助益。

如果你是女性，也不用擔心，我知道你不想讓自己看起來像筋肉女。這我同意，如果女性像綠巨人浩克那樣，確實不太吸引人，但你不需要擔心，除非你體內的雄性激素過高。否則一般的舉重訓練並不會讓你變得虎背熊腰。

本章所談的原則男女適用。舉重的訓練方式與性別無關，如果你是女性，舉重還能讓你的身型突出，改善體質。只要你沒有使用化學賀爾蒙，想變得壯碩真的很難，而且是非常難。所以，美女們，真的不要擔心，一起來練舉重吧——喔，別忘了還有深蹲（squat）！

肌肉的生長原理

人體真的非常奧妙，會因應外界環境而產生自適應性。如果你常常拿粗糙的物品，就會長出繭來保護雙手。如果你練習長跑，身體就會調整心血管系統讓你跑起來更輕鬆。如果你練習舉重，身體就會生長出更強壯的肌肉。

訣竅在於利用身體的效率，不過人體不會因為你想看起來健美，就只生長肌肉。要生長肌肉，必須實際投入心力練舉重，就算你站在鏡子前一整天，想像自己是大力士 Hercules，也不可能長出肌肉來。

訓練時要注意你舉起的重量，如果重量不夠，就無法帶給身體足夠的挑戰，人體也就會認為沒有理由增長肌肉。因此，關鍵就是增加肌肉的訓練量，藉此逐漸提升肌肉的負擔，而人體為了因應這個變化，就會生長出肌肉來。基本上，就是讓身體相信你需要更強大的肌肉，它就會去創造肌肉。

提升肌肉的大小只是肌肉適應訓練負擔的一種方式，還可以增加肌肉的力量與耐力。如果你希望肌肉大小的生長狀態能達到最佳化，就必須施予肌肉某種適當程度的壓力。

基礎的舉重訓練

聽到要開始練舉重，好像很嚇人。其實舉重也有分各種不同的訓練，困難的是，要知道自己該做哪種訓練。幸運的是，基礎的舉重訓練很簡單。

首先，我們要了解一些跟舉重有關的專有名詞。練習舉重時，通常會把訓練內容分成幾個動作，每個動作做幾組，每組重複幾次。假設你要做舉重訓練裡最常見的動作「深蹲」，這個動作基本上就是從站立姿勢慢慢變成半蹲的姿勢。

「重複一次」就是指一個動作的完整循環，在我們的例子裡，動作就是深蹲。通常會做一種動作數次（例如，深蹲十次），然後休息一次，這樣就是一組循環。基本上「一組」就是指完成一個動作所需的連續環節。

假設目標是做三組深蹲動作，每組重複十次，那就是每做十次深蹲就休息一次，重複這一個循環動作三次。（簡短備註：你可能會發現每組重複次數設定在較低的 4-6 次，自己才能真的練出最大的肌肉量。所以如果你覺得 8 到 12 次似乎對你沒效，請試著調整看看，像我就發現 6 次最適合我。）

各種訓練目標

記得我們前面已經提過身體的肌肉會有不同的適應方式，而肌肉如何適應主要是取決於舉重訓練的內容。剛剛我們已經定義過動作的重複次數與組數，接著要談如何利用舉重訓練達成不同的目標。

力量

如果每組重複動作的次數少，休息時間長，主要的訓練效果是增強肌肉。肌肉變強壯後，自然會跟著變大，不過，即使是相同大小的肌肉，其力量也會有明顯的差異。這是因為肌肉變強壯後不一定會跟著變大，或者是說，至少效果不會像其他特別訓練方法那麼顯著。

一般來說，如果你的目標是增強力量，動作的重複次數要設定在一到六次。但只有限制重複次數還不夠，在每次重複範圍內要盡可能舉起最大的重量。最大重量的判斷方法是，假設目標是重複舉起該重量四次，而你的體力無法再負荷第五次舉重，就表示這個重量是你目前可以舉起的最大重量。

大小

接著你可能會想增加肌肉大小，這也是最常見的目標。增大肌肉就是所謂的「肌肉肥大」（hypertrophy）。訓練的原理是每組動作的重複次數中等，休息時間的長度也中等。要使肌肉增大的效果最大化，每組動作的重複次數要設定在八到十二次。同樣地，要盡可能重複舉起最大的重量。重複動作的次數越多，在到達肌肉本身的極限之前，你會感受到一股燒灼感。俗話說：一分耕耘，一分收獲，就是這個道理。

耐力

最後，你可能會有興趣的目標是增加肌肉耐力。我很確定你現在一定在猜——是不是要進一步增加每組動作的重複次數？沒錯，如果每組動作的重複次數非常高，休息時間很短，就能將肌肉的耐力強度提到最大。這也意味著，身體在承受負荷的情況下，不會那麼容易感到疲勞。

想達成增加肌肉耐力的目標，每組動作的重複次數要設定在十二次以上。如果想提升效果，可能會需要重複二十次以上。但請注意：如果你的目標是專注於訓練肌肉耐力，就不會增加肌肉大小，甚至有可能會發生肌肉縮小的情形。就如同短跑選手與長跑選手兩者在肌肉與身型上的差異情形。

開始訓練

好吧，你現在可能正在疑惑，實際上到底該選哪種舉重訓練？又該如何開始？好消息是，這並不沒有像健身雜誌和健身大師所說的那樣複雜。你可以從一些基本的舉重訓練開始，就能在最短的時間內獲得最好的效果。

首先，我們要來談談，在一週的時間內要如何分配日常訓練量。我是非常熱衷於重訓的人，所以一週會安排三天的訓練，建議你先採取本書所提供的基本訓練計畫，有興趣的話，再以此為基礎，提高訓練的頻率。

剛開始進行訓練時，你可能會想把舉重訓練的重點擺在全身，不過最後你還是必須把這些訓練拆開，調整為哪幾天鍛鍊哪個身體部位。（你需要增加訓練量，身體才能持續適應。）

我把舉重訓練分為三種：推、拉和腿。「推」這類型的訓練就是把重量往外推，盡可能遠離自己的身體，通常會用到你的胸肌、肩部三角肌和三頭肌。「拉」這類型的訓練就是把重量拉進來，盡可能靠近自己的身體，一般會用到背部肌肉和二頭肌。最後是「腿」這類型的訓練，當然，就是訓練腿部肌肉。

剛開始進行訓練時，你可能會想在同一天進行推、拉和腿這三種類型的訓練。建議你每個身體部位只要做一種訓練即可，然後再來決定要提高哪種訓練的運動量。第一次練舉重時，你的肌肉會感到痠痛，稱為延遲性肌肉痠痛（delayed onset muscle soreness，簡稱 DOMS），這樣的酸痛感會在訓練的隔天出現，通常會持續一週左右的時間，不過別擔心，這是正常的，只要你持續訓練，這種酸痛感就會慢慢改善，出現的頻率也會隨之降低。

進行全身訓練約二到三週後，就可以考慮把訓練計劃拆成兩天（上半身和下半身）或三天（推、拉和腿）為一個訓練週期。

另一個簡短備註：之前撰寫本書第一版時，我發現最有效的鍛鍊是採取「推、拉和腿」的日常訓練計畫，但是過去兩年來，我一直在嘗試全身訓練計畫，每週進行三天，就像我推薦給初學者的訓練方式。每次進行全身訓練計畫時，我發現真的能獲得更好的效果。聽我這麼說就知道了，現在為了進行進階版的全身訓練計畫，我每次需要在健身房待 1.5 到 2 小時，才能有足夠的運動量和訓練組數來鍛鍊全身。所以，你可能也會想嘗試看看。執行這套日常訓練計畫後，我一直維持在相當好的體態，身高六呎三吋（約 190 公分）的我，目前體重約為 220 磅（約 99 公斤）、體脂肪率約為 8%，不過每個人獲得的效益可能會所有差異。

該進行哪種訓練？

現在已經有一個基礎計畫，也知道達成目標的方法，接下來你需要知道自己究竟該進行哪種舉重訓練。在這一節裡，我會推薦幾個全方位的訓練，而且適用於身體的每個部位，但由於篇幅有限，我無法討論每項訓練的細節，推薦一個我很喜歡的健身網站 Bodybuilding.com（http://simpleprogrammer.com/ss-bodybuilding），你可以在這個網站上找到許多訓練方法的圖片、影片和完整的說明。

如何挑選適當的訓練方法，一般原則是盡可能多做複合運動，就是會涉及多個身體關節的舉重訓練。訓練裡涉及的關節越多，表示涉及的肌肉也越多，當然，能得到的訓練效果也越好。在我推薦的訓練裡，許多方法都可以鍛鍊不同的肌肉，但會有一個主要肌肉群最常被鍛鍊到。

一開始你可能會想練少一點，或許是一到兩組的訓練動作，最後再慢慢增加為三到五組。我通常會盡可能訓練二十到二十五組，大約花一個小時的時間，超過這個時間對身體不一定有利。

最佳的全方位訓練

可以做的訓練很多，它們也都各自衍生出不少變化，以下列出的基本訓練，我自己幾乎都固定在做，也會推薦給其他人練習。你可以從中挑選一些最適合你的訓練動作。

推

胸肌

- 臥推（Bench press）：這是胸肌訓練的核心動作之一。學習正確地完成這項動作，還可以利用上斜臥推或下斜臥推，針對不同部位的肌肉加強訓練。
- 啞鈴飛鳥（Dumbbell flys）：這是另一個效果很棒的胸肌運動，能真正地幫助你增加胸肌。

三頭肌

- 三頭肌過頭伸展（Overhead triceps extensions）：我個人偏好坐著進行這項動作，在訓練過程中，我發現這是所有三頭肌訓練裡效果最好的動作。這項動作會帶動整個三頭肌，幫助你的手臂真正地變大。
- 滑輪下壓（Cable pushdowns）：這項動作其實對三頭肌的作用不大，主要是針對三頭肌外側頭的肌肉，使你的三頭肌呈現完美馬蹄形（如果你不知道馬蹄三頭肌的樣子，請在 Google 搜尋引擎上搜尋圖片）。

肩部肌肉

- 槓鈴肩推舉（Military press）：如果你採取站姿進行這項動作，對訓練腹肌的效果很好。只是在做這個動作時要小心，剛開始練習時配合的重量要輕一點，重點是學習正確的訓練方式。整體來說，想要訓練肩部肌肉，這項動作的效果最好，也是非常不錯的複合運動。
- 啞鈴側平舉（Side lateral raises）：這項動作可以幫助你訓練肩部外側的肌肉，這個部位的肌肉相當難練，所以儘管這項動作不是複合運動，我還是非常想推薦給你。

拉

背部肌肉

- 單臂啞鈴划船（One-armed dumbbell rows）：這是一項相當痛苦的訓練——至少對我來說並不輕鬆，但這項動作對增長背部肌肉的效果可說是絕無僅有。一次只練一隻手臂的效果最好。

- 引體向上（Pull-ups）：這項動作是基本的背部肌肉訓練，可以建立背闊肌，就是背部側邊的肌肉，使你的身形像V字形，就像有翅膀似地。如果你剛開始無法獨力完成這項動作，可以採取機器輔助的方式，直到能自行完成（提示：一旦你已經鍛鍊出更多的背闊肌和二頭肌，就可以開始做負重引體向上這個動作）。

二頭肌

- 啞鈴交替彎舉（Alternating dumbbell curls）：這是效果最好的二頭肌訓練，而且如果你正在做其他的背部肌肉訓練，真的只需要做這一項，因為任何的背部肌肉訓練都會用到二頭肌。只是要試著不要讓身體搖擺，騙自己這樣會比較輕鬆。

腿部肌肉

- 深蹲（Squats）：這項動作可說是舉重訓練之王，沒有其他動作能比深蹲讓你感覺效果更好，幾乎所有的腿部肌肉都會用到，甚至能鍛鍊到核心肌群。請學習進行這項動作的正確方式，而且不要逃避。
- 硬舉（Deadlifts）：這是另一項腿部肌肉訓練，主要效果是鍛鍊腿筋和背部下半部肌肉，但有點難學。放輕鬆，根據自己的步調來配合重量。這項訓練可以鍛鍊全身的肌肉到某個程度，只是很費力，所以我會建議重複動作的次數不要超過五次。在練習這項動作時，絕對要花時間學習正確的方式，如果姿勢不正確，真的會損傷背部下半部的肌肉。
- 小腿上提（Calf raises）：要怎麼訓練小腿都沒關係，只要訓練時帶點變化，如果身體龐大，小腿卻很纖細，這樣的身形看起來會很怪。
- 弓箭步下蹲（Walking lunges）：我已經開始做這個動作來取代深蹲和硬舉，而且看到更好的訓練效果，而且臀大肌部分獲得的效果特別顯著。開始定期做弓箭步下蹲之前，我的臀部很平坦。所以，如果你不喜歡做深蹲和硬舉，或是做這兩個動作時會出現問題，這是一個很好的選擇。

如果只能選幾個訓練做，依據鍛鍊價值我會推薦：深蹲、硬舉、臥推、負重引體向上和槓鈴肩推舉。就算只做這幾個訓練，也絕對能增長肌肉。

那腹肌呢？我認為只要進行上方說明框裡所提到的核心訓練就已足夠，不過，後來我改變想法了。我開始大量鍛鍊腹肌，一週做幾次訓練，而且發現就算體脂率較高，我也能看到鍛鍊腹肌的成果。所以，鍛煉腹肌確實能帶來一些好處，但前提是你要像鍛鍊身體的其他部位一樣，進行大量的訓練（下一章會進一步談這個部分）。

請確保你已經清楚了解每項訓練的內容，並且正確地學習每項動作的進行方式。每次訓練一開始的重量要輕，再根據自己的步調，逐漸提高重量。

飲食

如果沒有正確的飲食習慣，就算你投入了大量心力進行訓練，也可能不會有任何效果。幸運的是，飲食控制並不難。只要確保自己攝取的熱量夠多，還有足夠的蛋白質。

建議每磅除脂體重所需的蛋白質量為每天一到一點五公克。也就是說如果你的體重是兩百磅，身體的脂肪率為百分之二十二，你的除脂體重就會是一百六十磅，每天至少要攝取一百六十公克以上的蛋白質，身體才有足夠的能量生長肌肉。

試著多吃健康的食物，這樣大部分攝取的熱量才會用來生長肌肉，而不是脂肪，但必須了解一點，多少一定會攝取到脂肪，這是無法避免的情況。肌肉生長時也會隨著增長脂肪，這是很正常的現象。

至於需不需要額外補充營養品，其實不太需要。不過訓練之後來杯蛋白奶昔，對你的身體會有幫助。如果喜歡的話，也可以試試肌酸（creatine）。這是我到目前為止，唯一覺得有效的營養補充品。它能讓你多舉起一點重量，使肌肉看起來更厚實。最後一點是，我以前推薦過支鏈胺基酸（branch chain amino acids，簡稱 BCAA），但我現在已經不再信任這類的營養品。我親身實驗過，而且看不出來跟其他營養品之間真正的差異，甚至可能帶來一些負面的效果。我要再次強調，你真的不需要攝取額外的營養補充品，不過，我還是會推薦大家服用維生素 D3，因為多數人都攝取不足，但需要搭配維生素 K2 一起使用。

即知即行

- 找個健身房辦張會員卡，然後制定你個人的訓練計畫。如果你害怕自己的方法不正確，不如請位私人教練帶你做幾個星期的訓練，再開始獨立訓練。但別再等了，立刻起身為自己做點努力吧。
- 開啟網站（http://simpleprogrammer.com/ss-bodybuilding）查詢本章所介紹的訓練。看看影片，學習這些訓練的進行方式。在不搭配任何重量的情況下，先練習看看這些動作。

61

打造腹肌

如果要說有哪個健身問題是每個人都想知道答案的，應該會是「如何擁有六塊肌？」腹肌似乎是衡量一個人身材健美與整體身形吸引力的經典指標。擁有腹肌會讓人覺得自己是某個特別俱樂部的一員，好像能不受一般人際關係法則的約束。

那麼要如何訓練才能擁有腹肌呢？才能到達健身領域的更高境界——擁有像泳裝模特兒、好萊塢名人和古羅馬雕像般的完美身形呢？這當然不容易，但答案出人意外的簡單，只要做仰臥起坐或捲腹（crunch）這兩項動作即可。

本章要揭開腹肌鍛鍊的神秘面紗，告訴你如何訓練才能擁有人人羨慕的六塊肌。

從廚房開始訓練腹肌

現在我有一些好消息，也有一些壞消息要告訴你。先來說好消息，你不用再練那些捲腹和累人的上腹部動作了，其實沒有效果。壞消息是，想擁有腹肌要做一件無比困難的事——訓練自己，使體脂肪下降到非常低的比例。

大部分的人都以為，只要反覆訓練腹部的肌肉就能擁有腹肌。雖然這樣想也沒錯，就像訓練身體其他部位的肌肉一樣，利用漸進式阻力訓練來增大腹肌，然而多數人沒有腹肌並不是因為肌肉不夠大，而是看不到腹肌。

如果不能讓體脂肪顯著下降，就算你做遍所有腹肌訓練，包含仰臥起坐、捲腹、舉腿等等，腹肌還是不會浮現。絕大多數做重訓的人都擁有很棒的腹肌，即使他們並沒有做任何直接鍛鍊腹肌的訓練，像我就從未直接訓練過腹肌。問題在於，人體的腹部區域是最容易堆積脂肪的部位，這一點對男性又更為明顯。

除非你天生麗質，脂肪都恰好不太喜歡儲存在腹部，否則可能要讓整體的體脂肪降到非常低的情況，才有可能看到腹肌。就算沒有這個情況，以我們所了解的重量訓練知識，你或許也可以猜到，捲腹和仰臥起坐主要是建立腹部的肌耐力，阻力訓練的效果其實不足以讓肌肉肥大。

想要六塊肌，就從廚房開始你的訓練之旅。雖然我們已經討論過不少跟減重有關的知識，但這裡要談的重點和你超重十、二十公斤甚至更多體重的情形不同，當你的身材已經相當不錯時，需要做的是減脂。打造腹肌需要降低體脂肪率，相關的減重和營養資訊請詳見第 58 章。

因此，想擁有腹肌之前，需要先讓身材處於相當好的狀態。依照前幾章所提供的建議，要做到這點不難，只要花時間就可以實現。可是一旦體脂肪到達平均水準，想再降低就要靠一些嚴格的紀律逼自己訓練，或許還要付出相當多的犧牲。

身體討厭腹肌

當我們看到一張張健美模特兒的照片，羨慕那令人驚嘆的明顯腹肌，心裡會想「嘿，這傢伙身材真棒。」但我們的身體可不是這樣想的，如果它能表達出自己的觀點，你會聽到跟大腦所想的截然不同的反應。身體看到同一張照片會說，「呃！這傢伙要死了，他快被餓死了，他的身體怎麼不趕快救救他？」

你必須先了解一件事，身體是非常複雜的機器，它才不管你穿泳衣的時候身材好不好，它的主要目標是生存，讓你活下去。對身體來說，六塊肌是很嚴重的問題，這表示你離餓死的日子不遠了。你當然知道自己明天還是會吃充足的食物，但身體會傾向於為可能會發生長期災難而做好準備，所以它要未雨綢繆，儲存脂肪以備不時之需。

身體認為生存才是對你有利的目標，所以會不計一切手段捍衛你的脂肪，阻止你減肥。在減掉脂肪的同時，也會隨之失去一些肌肉，這是不可避免的事，但當體脂低到某個程度，身體會啟動一個邪惡計畫阻止你的減肥大計，提高肌肉互相殘殺的程度。基本上，身體是這樣想的，只要讓更多肌肉廝殺，燃燒熱量，就能守衛你珍貴的脂肪。

仔細一想，這還蠻有道理的。肌肉每天都需要熱量來維持，所以你的肌肉越多，能燃燒的卡路里當然就越多，然而當熱量短缺時，身體會覺得你企圖餓死自己，就會消耗肌肉來產生熱量，這樣不僅能補充不足的熱量，就整體來說，肌肉少了，也就不需要那麼多能量了，真是一石二鳥的計畫。

當身體發現你為了穿上泳衣而努力剷肉的企圖，不僅會很壞地消耗你的肌肉，還會做一些其他惹人厭的事，例如，提高飢餓激素的分泌量，讓你餓到不行，還有減少瘦素的分泌量，讓你沒有飽足感。基本上，人失去的脂肪越多，就會越餓，更難感覺到自己已經飽了。

本章不會再解釋更多細節，我想你應該已經抓到重點了。一旦體脂肪低到某個門檻以下，身體為了維持生命，會拚了命地啟動各種防禦機制。

如何才能減脂？

不幸的是，沒有妙方可以解決這個問題。擁有極低體脂肪率的專業健美運動員，多半都有服用過類固醇和其他你不會想碰的藥物，這些藥物對身體的傷害很大，而且非常危險。如果你真的很好奇專業健美運動員和健美模特兒是使用了哪些極端的「減脂」藥物，可以在 Google 上搜尋減肥禁藥二硝基苯酚（DNP）。這種產生劇毒的化學藥品，基本上會停止線粒體（mitochondria）的功能，中斷小學就學過的三磷酸腺週期（ATP cycle）的運作，把身體整個變成一個有毒的熔爐。（免責聲明：請勿服用減肥禁藥二硝基苯酚、同化類固醇（anabolic steroid）或任何其他違法的藥物來減脂或增加肌肉，這不值得你為此付出生命。）

對於不能貿然停止身體線粒體運作的一般人來說，應該採取怎樣的方式？答案就是長期嚴格控制飲食。如果你想讓體脂肪降到能看到腹肌，需要仔細計算每天攝取的卡路里，確保體重不能掉得太快，也不能掉得太慢。還要有鋼鐵般的紀律，特別是在排山倒海的飢餓感來襲時，但我相信你終究能達成目標。

除了飲食控制計畫，某種程度上，連偶而正常一下的欺騙餐（cheat meal）也必須放棄，還要讓自己進行重訓，就像嘗試增加肌肉一樣。雖然在限制卡路里的情況下，很難持續重訓，但如果能做到，就可以在減重的同時，降低現有肌肉間互相抵銷的情形。不斷地進行重訓，就像是給身體一項訊息：我還需要這些肌肉，請不要消耗他們。

你可能也會想嘗試所謂的高強度間歇訓練（high-intensity interval training，簡稱 HIIT）來幫助你減脂，高強度間歇訓練是在短時間內密集進行的有氧運動，例如，短跑衝刺上山，或在一、兩鐘內，以最快的速度跑步。已經證實這種有氧運動可以同時燃燒脂肪，又能保留減脂組織，比起一般的有氧運動，像是長跑，效果要來得更好。

整體而言，如果想擁有六塊肌，就要讓自己有紀律地投入大量的訓練。事實上，這也是你與身體脂肪的一場殊死戰。

實際訓練腹肌的時機點和方法

自從本書第一版問世以來，我的想法已經有了一些改變。因為一些經營健身頻道的 YouTube 網紅雖然體脂率比我高得多，卻似乎總是擁有明顯的腹肌。

過去幾年來，我定期進行重訓，開始訓練我的腹肌。訓練過程中我注意到一點，在體脂率較高的情況下，我也能擁有明顯的腹肌，原因在於我的腹肌本來就比其他人更大。呃，這聽起來很合理。這一點現在不是差異很大，你還是必須擁有相當低的體脂率，才能看到腹肌。不過，如果你的體脂率維持在 10% 左右（這是就男性的標準來說，女性稍高一點，是 17% 左右），而且一直沒看到腹肌出現，就要考慮某些因素。

如果你真的想訓練腹肌，如同本章先前提到的一樣，請將數百次的捲腹、仰臥起坐和側身扭轉拋到腦後，轉而專注於真正的重量訓練。使用可以設定重量的腹肌訓練機，甚至是在做捲腹或舉腿動作時，抓舉額外的重量。如果你想看到真正的效果，一定要進行大量的鍛鍊。

此外，值得一提的是，腹肌的外觀有很高的程度會受到遺傳的影響。有些人天生就擁有出色的腹肌，甚至是八塊肌；某些人的腹肌就顯得不對稱，最多也只能練出四塊肌；絕大多數的人則永遠不會發現自己的腹肌，除非投入大量的心力，努力鍛鍊才有可能看到腹肌。

即知即行

- 從網路上搜尋各種體脂肪比例的人的照片，看看你是否能找出，擁有明顯六塊肌的體脂肪比率會是多少？這項數據會因為男女有很大的差異。
- 請提出能讓你擁有六塊肌的明確計畫。像是你的減重計畫是什麼？你打算減掉多少體重？要是不知道怎麼做，當然也就很難實現目標。所以，如果你想完成很少人能做到的事，請現在就開始制定能實現目標的進程。

62

啟動跑步計畫

不管是想要減重還是改善心血管方面問題的人，都可能會對跑步有興趣。我這樣說或許不恰當，但老實說，我討厭跑步。我曾試著去喜歡這項運動，當我看著跑步機上正在倒數的時間，或是看一眼手機上顯示還剩多少英哩數時，我告訴自己這很有趣，但事實上，我就是無法喜歡上跑步這項運動。

雖然我不喜歡跑步，但不管怎樣，我還是跑了。我每週固定三天會跑步，每次跑三英哩，就這樣持續了五年。就算不喜歡，現在我還是會固定跑步，這已成為我日常生活的一部分。但要讓自己開始跑步並不是件容易的事，如果你從未有跑步的習慣，不可能一出門就要你跑三英哩。好吧，或許你可以，但我剛開始跑步時，可是連一條街都跑不完。

本章要來談為何你要先制定跑步計畫、跑步能帶給身體哪些好的影響，以及如何開始跑步。

簡短更新近況：自從本書第一版發行以來，情況改變了。我曾經真的很討厭跑步，但現在的我熱愛跑步，而我決定保留本章原先的介紹內容，是想讓大家看到我是如何改變對跑步的態度。後來我也跑了更長的距離，真的是相當多英哩。本章稍後會聊到這個部分，以及我是如何慢慢地轉變我對跑步的態度。

跑步的好處

如果我的觀點令你覺得不悅，請不要介意，因為我真的不喜歡跑步，但即使我對跑步的熱情不高，卻也不能否認這項運動所帶來的眾多好處。顯然除了折磨自己之外，你應該會覺得一定有些因素能讓我願意投入跑步這項運動，對吧？

和多數人一樣，能讓我願意開始跑步的最大因素，就是為了改善心血管方面的健康問題。跑步當然不是唯一能強化心臟功能和增加肺活量的方法，還有很多運動都能達到相同的效果，但跑步是最簡單的一項運動。不管你人在哪，只要走出去就可以開始跑步，真的是相當簡單。（雖說如此，但如果你的關節有問題或是有其他無法跑步的情況，騎自行車或游泳也都是不錯的替代方案。）

同樣地，跑步也是能燃燒多餘熱量的好方法，雖然只有跑步不能讓你減重，想成功減重，多數還是得限制身體所攝取的熱量，但跑步還是能對減重產一些影響。已有研究證實跑步能抑制食慾，所以肚子餓的時候出去跑一跑，不僅能降低飢餓感，還能讓你更接近減重目標，可謂一舉兩得。

雖然我原先真的不太享受跑步的過程，但現在每次跑完後，我總是感覺很棒。這不只是我個人的發現，有幾篇研究報告也支持這個論點——一般而言，跑步能讓你更快樂。跑步是治療輕度憂鬱症最好的天然良藥，會讓你覺得自己整個人都很棒。如果你聽過「跑者愉悅感」（runners' high），或許就能體會我所說的感覺，跑步確實能產生提升情緒的化學作用。不過，可能是因為我剛開始跑的距離不長，所以沒有感受到這種效果，或許這也是我當時無法愛上跑步的原因吧。

跑步還有很多其他好處，像是強化膝蓋和其他關節、增強骨骼密度、降低罹患癌症的風險，還可能延長你的壽命。（比起其他好處，某些好處更容易被證實。）

開始跑步

如果你以前從未有跑步的習慣，要一次跑好幾英哩似乎是不太可能。但幾乎每個人都有能力跑相當長的距離，甚至是馬拉松。

長跑的關鍵是制定跑步計畫，隨著時間逐步增加跑步的距離。有些馬拉松的標準訓練計畫可以訓練你在三十週內，從勉強能跑完三英哩，到逐漸跑完馬拉松全程二十六點二英哩的距離。

但就算你想跑馬拉松，還是要先有能力跑完三英哩或五公里的距離。這是一個很好的起點，一旦你完成這個里程碑，就可以參加許多五公里路跑賽，再決定是否要繼續更有野心的訓練。

在經過好幾年的空白之後，我又開始跑步，這次我使用了一項最近很夯的跑步計畫「Couch-to-5K」。這項計畫一開始是由跑步團體「Cool Running」所創（http://simpleprogrammer.com/ss-couch-to-5k）。

計畫的想法很簡單：每週逐漸增加跑步的距離。訓練計畫一開始只要短時間走路和跑步，在訓練計畫結束前跑完全程五公里（但不一定是逐步增加距離）。

這個訓練計畫最棒的地方是，它是設計給沒有任何跑步經驗、可能身材不好的人。整個訓練計畫要花兩個月的時間完成，在訓練過程中，每週跑步三次，每次跑二十到三十分鐘。

在實施這個訓練計畫時，我找了一個行動應用程式來輔助訓練，這使我的跑步訓練變得極為輕鬆容易。這個應用程式能記錄我的訓練過程，提醒我何時跑步，何時走路。你可以從官方網站（http://simpleprogrammer.com/ss-c25k）下載 iOS 版，或者在應用程式商店搜尋「couch to 5K」，就能找到應用程式。

給新手的建議

開始練習跑步時，最重要的是要有決心。就算你心裡決定開始進行「Couch-to-5K」的訓練計畫，要是沒有持續每週跑三次，事實上還是不會有任何進展。如果不堅持下去，不要說進步了，反而會比原來更退步。建立耐力需要時間，但失去它卻可能是一瞬間的事。

還有剛開始練習時，不要太在意進度。可能剛開始的幾週會邊跑邊走，這也是「Couch-to-5K」計畫所主張的做法。隨著時間慢慢增加跑步距離，最終到達目標。你必須堅持下去，而且有耐心。如果一開始就把訓練弄得很辛苦，很快地你就會沮喪，然後放棄。

越跑越……有趣？

撰寫本書第一版時，我確實很討厭跑步，但不管怎樣，我還是跑了。然而，就這樣跑了兩年後，我出現了突破點。那天我跟平常一樣出去跑 3.1 英哩，不過，那次我是一邊慢跑一邊錄製 Podcast 節目（當時我覺得這是很聰明的做法）。不管怎樣，重點是我在錄製 Podcast 節目的過程中，察覺到自己如果能邊跑步邊說話，或許有能力跑更長的距離。那次我不是跑 3.1 英哩，反而跑了 7 英哩多。

那一刻我意識到原來我是畫地自限。開始跑步以來，我沒有跑得更快、更輕鬆，原因在於我一直沒有前進，我沒有進一步推動自己。我只是想透過周而復始的跑步習慣，希望自己跑得更快、更輕鬆。

我開始跑更長的距離，而且越來越長，最後終於接近半程馬拉松的長度，那時我心裡想，「我敢打賭我可以跑半馬」。於是，我真的去跑了，從那一刻起，我就迷上了馬拉松。我報名參加了好幾次半馬，然後開始將跑步的距離拉得越來越長。事實上，今天我寫完本章的近況更新後，準備出去跑 10 英哩，這是全程馬拉松訓練計畫的一部分，之後我將第 4 次參與全程馬拉松的活動，以前的我「從沒」想過自己可以連續跑 26.2 英哩。

是什麼改變了我？我是怎麼愛上跑步的？這個嘛，我的發現是，當你跑的距離拉長時，實際上會開始體會到更多心理健康所帶來的效益。你會擁有更多跑步者的喜悅，不斷推進的路程會鼓勵你繼續跑下去。此外，我很享受跑步時間，因為我會邊跑邊聽有聲書，依照我安排的瘋狂跑步計畫，一整年下來，我最後可以聽到 50 本左右的有聲書（我是以 3 倍速聽）。雖然我從沒想過這句話會從我口中說出，但我真的愛上跑步……哇。

如何開始拉長跑步的距離？

希望我的故事能引發你對跑步的興趣，如果有，現在你可能會想跑超過 5 公里以上的距離。請別誤會我的意思，對於初學者來說，剛開始跑 5 公里也是非常具有挑戰性，但是，如果你想跑更長一點的距離，以下是我的建議。

跑完「Couch-to-5K」計畫後，請直接報名參加半程馬拉松。由於半馬訓練計畫通常需要花 12 週，所以你至少要給自己這些訓練時間，接著為自己找半馬訓練計畫（有非常多現成的適合計畫可以選擇），然後開始按表操課。

乍聽之下，你可能覺得這似乎不可能辦到，但就跟跑 5 公里一樣，如果你以前沒有跑步的習慣，也會覺得似乎不可能達成。然而，只要你跟著訓練計畫，任何人都可以跑完半程馬拉松，而且，你會驚訝自己輕而易舉就能完成。每天只要跑完你應該跑的英哩數，不知不覺中，你就能跑完全程 13.1 英哩，而且毫不間斷。當你跑完幾次半馬或準備迎接更大的挑戰時，接下來一樣是制定一個完整的馬拉松訓練計畫（通常至少要 16 週），就可以開始上路跑了。

另一種選擇是聘請跑步教練，費用相當便宜。先前我聘請教練時，教練會給我一個精確的訓練計畫，幫助我準備比賽，並且給我跑步方面的回饋意見，每個月大約是 130 元美金。這是相當不錯的選擇，尤其是當你想改善自己的跑步情況時。不管怎樣，你不需要跑超長的距離就能感受到跑步帶給你的好處，不過，如果你願意跑得更遠，或許能從中發現更多樂趣。

即知即行

- 在「Cool Running」的官方網站上了解「Couch-to-5K」訓練計畫的內容（http://simpleprogrammer.com/ss-couch-to-5k）。
- 如果你想開始跑步，請下載應用程式「Couch-to-5K」，在你的行事曆上規劃每週有哪幾天要跑步，然後下定決心完成計畫。你可以找個人陪你一起進行訓練計畫，這能讓你更有責任感，也更有樂趣。

63

減脂增肌的秘訣

當年我寫完本書第一版後，沒多久就決定去夏威夷旅行兩個月，慶祝我正式退休。那時我唯一擔心的問題是，去夏威夷旅行兩個月會完全打亂嚴格的飲食習慣，這是我保持身材精實和健身動力的方法。

我不希望自己從夏威夷回來，身上會多出 20 磅的贅肉（類似過去旅行的經驗那樣），但也不想錯失享受自我和外出享用美食的機會，所以我想出了一個計畫。這個計畫在當時聽來有點瘋狂，但也因為這個小小的計畫，從此徹底改變了我對待食物和飲食的方式。

我的「計畫」是，只吃晚餐。沒錯，我知道這聽起來一點都不像是個計畫，但我的理由是，如果只吃晚餐，既然我已經將一整天的熱量都省下來給這一餐，那麼晚餐幾乎能吃任何我想吃的東西。於是，我決定在整趟旅行的過程中執行這項計畫，那次旅行回來後，我的身體承受了有史以來最小的傷害。

事實上，發生了令我非常驚訝的事。兩個月回來後，我的體重不僅沒有增加，還確實減下了約 15 磅的體重，力量和肌肉也跟著增加了，我比以往感受到更大的衝擊。這趟旅程中我沒有吃雞肉和花椰菜，一天也沒有吃到 6 餐，而且在整個斷食期間，我持續舉重和跑步……這究竟是怎麼回事？我是不是碰巧發現了什麼？我必須找出這個答案。

訣竅 在本章開始探討斷食和一日一餐（one meal a day，簡稱OMAD）的內容之前，我要建議你在進行任何型態的斷食之前（包括一日一餐），請先跟醫生討論你想嘗試斷食這件事。在某些醫療情況下，這可能是不健康的行為，我不是醫生，所以無法就你個人的特定情況提供建議。如果有某些醫生認為你這樣做太瘋狂了，請不要感到驚訝，或許值得你多跟幾位醫生談談。

最有效率的減重方式

那次旅行回來後，我做的第一件事，就是對斷食進行大量的研究。我很好奇自己是否發現了健身界的聖杯，以及其他人是否也有類似的經驗。結果，我發現我正在做的一切，竟然跟我過去在健身和飲食上認知到的所有好方法完全相反。

沒多久我就發現，有其他人也正依循類似的規則。像是健身專家 Ori Hofmekler 的暢銷書《*The Warrior Diet*》，跟我的做法雖然不太一樣，但非常類似。此外，我還找到另外一本加拿大醫師 Jason Fung 的著作《**肥胖大解密**》（The Obesity Code），他不僅提倡一日一餐，甚至主張應該延長斷食的時間，只要喝水。

過去我一直被洗腦，一個人如果長時間不吃東西，身體就會進入飢餓模式，然後失去肌肉，留下脂肪。顯然，這是個赤裸裸的謊言。我研究得越來越深入後，就開始發現根本沒有「飢餓模式」的存在，實行斷食時，身體實際上是進入保存肌肉的狀態。這當然很合理，你想想看，我們的老祖先以前一天可能吃不到三塊食物，或許還必須在身體最飢餓的時候，使用更多肌肉的力量去獵殺一些食物來吃。

請相信我，我已經試遍了所有時下流行的節食方法，甚至在生酮飲食蔚為風潮之前，我就已經實行過這一整套方法。我還試過低脂飲食和低熱量飲食，甚至連間歇性斷食我都試過，每天斷食到下午 1:00 或 2:00 之前，但事實證明，想要減重同時又能保留肌肉，最有效的方法就是不要進食。沒錯，就是如此，我要再說一次，這是很明顯的事實。多數人如我們從未想過這麼基本的解決方案，因為有這麼多人告訴我們必須吃東西，不吃東西是不健康的生活方式，但事實並非如此。我手上有一些研究可以支持這項理論，但對我來說更重要的是，我還有個人的實際經驗可以證明它確實可行。

自從發現這個事實後，我就大力提倡斷食是最有效果也是最有效率的減重方式。強烈建議你在實行任何種類的斷食規則前，一定要先向醫生諮詢，但實施一些時間相對較短的斷食法，例如，兩到三天的喝水斷食法也能收到跟你以前曾經試過的任何減重方法一樣的效果。

斷食帶來的其他好處

我知道你現在可能正在想，作者瘋了吧，這種飲食一點都不健康；也可能是想，「哇嗚，John 教大家要降低食慾，這建議太棒了……哇，John，你實在是太厲害了。」事實上，斷食的目的並不全是為了減脂，雖然它確實可以讓你減掉大量的脂肪。斷食還能就健康方面提供各項好處，深入探討這些好處之前，我要先聊一點斷食的發展史。

首先帶大家思考一件事。在全世界的主流宗教裡，幾乎每一個宗教都會把某種程度的斷食或完全斷食作為宗教實踐的一部分。耶穌曾經在野外斷食過 40 天 40 夜；回教徒每年到了齋戒月時，會有一個月的時間只在落日之後才進行飲食；印度教徒則是一個月會有兩次斷食日；佛教徒的斷食歷史更悠久，包括一日一餐，教徒們稱其為一種「共修」。如果你知道這麼多宗教都把斷食作為宗教修行的一部分，一定會覺得這其中一定有某種好處，對吧？

沒錯，事實證明斷食有相當多的好處，而且各界還在持續發現更多的好處。首先，跟我自己的發現一樣，斷食實際上會保留肌肉，而不僅是限制熱量（這部分的解釋已經超出本章的內容範圍，請參閱 Jason Fung 博士的說法：https://simpleprogrammer.com/ss-fasting-muscle）。以前我嘗試減重時，每天會奉行少量多餐，所以一天會吃 5-6 餐，並且減少每一餐的份量。我發現雖然脂肪減少了，但總是會隨之失去大量的肌肉；然而，我開始實踐斷食之後，我發現自己可以保留更多的肌肉，即使有時整體攝取的熱量更低。事實上，在每次為期二到三天的斷食結束後，我發現自己有時候反而能在健身房創造出個人佳績。

此外，對許多第二型糖尿病患者來說，已經證實斷食能完全逆轉他們的病況（https://simpleprogrammer.com/ss-diabetes）。本章稍早提到的加拿大醫師 Jason Fung，他治療過許多第二型糖尿病患者，以往他的標準治療法就是為這些患者注射胰島素，並且監測他們的血糖，以保持血糖穩定，直到他發現斷食才改變他的治療方針。Jason Fung 醫師讓他的病人斷食，發現他們身體的胰島素敏感性增加了，不僅減輕了體重，許多患者甚至完全逆轉第二型糖尿病。

而且，一直有研究顯示，斷食對某些只能代謝醣類的癌症類型，可能會產生影響。斷食本質上會讓癌症細胞的食物供應不足，造成它們死亡，同時間，其他正常的細胞還是可以利用脂肪作為燃料。更多和這些資訊有關的研究和文章，請參見以下連結：https://simpleprogrammer.com/ss-fastingcancer 和 https://simpleprogrammer.com/ss-fastingcancer2。

最後一項要介紹的好處是，斷食已經被證實具有延緩老化和延長壽命的效果。這項研究雖然尚未進行人體實驗，但在老鼠和其他哺乳動物身上已經獲得證實，想要延長壽命，斷食是最有效的方法之一，研究相關內容請參見：https://simpleprogrammer.com/ss-fastinglifespan。這項研究背後的科學原理很複雜，但可以歸結為一個稱為「自噬」的想法，亦即當人體內真的以較為虛弱和生病的細胞為生時，就會產生更強壯的細胞。請想像成是你的身體系統利用閒置的週期時間，對身體進行大掃除。

不用說，我已經成為斷食的大力支持者，這不只是為了減重，還有保持最佳的身心紀律。

一日一餐實踐法

在日常生活中導入斷食的做法之一是，每天基本上斷食 22-23 小時，有助於控制或是減少體重。我在本章稍早的內容提過，我是在偶然的情況下有了一日一餐這個想法，然後開始自己嘗試，當時我不知道還有其他人也在實踐這種斷食法。然而，近年來這項斷食法變得相當流行，還被稱為一日一餐（OMAD，英文發音為 Oh-MAD）。

女性讀者在進行斷食前，請先閱讀這篇文章：https://simpleprogrammer.com/ss-fastingwomen。某些研究支持有些女性進行斷食可能會引發一些問題，尤其是長期斷食，但男性方面似乎沒有任何問題。

一日一餐背後的基本概念非常簡單：就是一天只吃一餐，如此而已，真的沒有其他好說的了。這是最簡單的節食方法，幾乎任何人都能做到，我的看法是，如果你想減重，這會是最簡單的方法。我在健身和減重方面擁有大量的指導經驗，在我指導過的客戶裡，幾乎所有人最後都會依循一日一餐實踐法，可見得這項方法是多麼有效又簡單。FB 上甚至有幾個大型社團專門討論如何實踐一日一餐，我自己的 YouTube 頻道上也有完整一系列的影片介紹這項斷食法（https://simpleprogrammer.com/ss-omad）。

現在我常被問到的一個問題是，我每天到處走來走去時，是否會一直感到飢餓。我的答案是，「並不會」，但我通常是下午三點左右開始有飢餓感。我發現至少要花兩週左右的時間，身體才會慢慢習慣這種飲食計畫，之後就會變得輕鬆許多。其背後的原因已經超出本書探討的範圍，我只能說這與掌管身體飢餓感和飽足感的荷爾蒙、飢餓激素和瘦體素有關。

此外，雖然一天之中你要選擇吃哪一餐，真的不是很重要，但我發現每天選擇只吃晚餐會比較容易實踐，尤其是在有社交和家庭互動的情況下。你可能還會感到好奇的一點是，在餵飽孩子和其他家人的同時，自己要如何實踐一日一餐。老實說，這會有點挑戰性。我自己就曾經在美式家庭餐廳 IHOP（International House of Pancakes）待了超過一個早上的時間卻只喝咖啡，同時看著其他人吃鬆餅。所以結論是，就算你幫其他人準備餐點或是其他人坐下來吃飯，不代表你也必須這麼做。

每天實踐一日一餐的理由

過去五年裡，我持續實踐一日一餐。是的，你沒看錯，這五年來我每天只吃一餐。不過，我在這裡承認，有幾天我確實有違規，每天不只吃一餐，但違規次數屈指可數。

所以，你的下一個問題肯定是：「那麼，John，你願意長期實踐一日一餐，這其中一定有什麼原因，對吧？除非你就只是喜歡折磨自己？」好吧，雖然我折磨自己這一點是眾所皆知的事（年初我跑了 Dopey 挑戰賽、5 公里、10 公里的馬拉松，還有半馬和全馬，連續幾天參加了一場又一場的馬拉松賽事），但就這個情況來說，我這麼做並不只是要折磨自己，我是真的很喜歡這種飲食方式，這就是我實踐一日一餐的主因。

我喜歡實踐一日一餐的主因其實不在於身體因素，而是來自於心理層面。還記得我之前跟你說過我嘗試的每一種節食法嗎？你能想像我都是怎麼吃的嗎？好吧，每一種節食法幾乎都會有一個共通點，就是具有某種程度的剝奪性。這些節食法會說你不能吃這個、不能吃那個、只能吃這個、只能吃這麼多等等，我想你應該已經抓到重點了。我之所以喜歡一日一餐，是因為當我只吃一餐時，只要是在合理的範圍內，我幾乎可以吃任何我想吃的東西，而且我覺得很開心。

當你在一餐之中吃掉一天的所有熱量時，這會是相當豐盛而且滿足的一餐。現在請先不要誤會我的意思，我這麼說並不是公開要大家吃得不健康。我的飲食仍舊十分健康，即使有時我會去餐廳吃一些不健康的食物，但我不會因此有罪惡感。現在當我吃著健康的食物，這一餐我可以吃正常份量的餐點，甚至比正常再多一點，比起一天吃 5 到 6 餐但份量小的健康餐，一日一餐給我的滿足感更高。

說到這種一天吃 5 到 6 次但份量小的健康餐，如果你想依照這種典型的體態雕塑飲食計畫，會需要大量的準備工作。我實踐過很長的一段時間，記得當時我花了很多時間烹煮食物、準備食材，還為了食物或飲食而煩惱。然而，當我一天只吃一餐時，一切情況都變得極為簡單。如果我想煮，一天也只要煮一次就好，不會打斷我的工作。或者是出去外食，同樣地，我一天也只要煩惱一次要吃什麼，而且只要付一家餐廳的帳單，而不是三張。

我還發現一點，當我試圖「健康飲食」或節食時，我必須一直做出判斷，一日一餐之後，這個問題就消失了。如果我硬性規定自己一天只吃一餐，而且下午 5:00 前不進食，我就不必常常做出決定，例如，決定早餐是否應該吃蛋白還是馬芬麵包，或者是我應該出去吃午餐，還是吃別人帶來上班的杯子蛋糕，甚至是決定我應該吃多少杯子蛋糕。當你在生活之中做出的決定越多，你就越容易做出錯誤的決定。贏得人生的好方法之一是減少做決定的機會，特別是要做出誘人的決定。

但如同我之前說過的，除了心理層面的好處，一日一餐還能帶來身體上的益處。自從我開始奉行一日一餐，我的生活一直處於有史以來最好的體態。我可以維持非常低的體脂率，同時又能保留肌肉，這是以前的我從未做到的事。而且，由於我已經教會自己的身體習慣在斷食狀態下鍛鍊，不需要持續依靠碳水化合物來獲得能量，所以我能跑數英哩也不會遇到極限。每週我會固定跑 40 到 50 英哩和練 3 回舉重，全都在斷食狀態下進行，而且只在訓練之後進食。還有一點，雖然我無法證實，但自從我開始實踐一日一餐後，我覺得我幾乎沒有生病，而且我發誓，我已經延緩身體老化的情況。我現在是 39 歲，但多數人會猜我是 26 到 30 歲，而我相當確信這一切都跟一日一餐有關。

如果你想開始實踐一日一餐，這件事情不難，只要花點時間調整，還需要一點意志力和紀律來讓你度過調整期。剛開始會感到非常飢餓，以為自己沒有吃早餐和午餐就走不動了，但我發現大約兩週後，身體就會形成新的常態，實行起來就會容易許多。此外，你想想，過去有多少次當你努力解決某些程式問題或其他活動時，你根本忘記了要吃早餐和午餐？

不管怎樣，你不必跟我一樣奉行一日一餐或者是實踐斷食，但我認為我應該跟你分享我的發現，因為這種型態的飲食法確實改變了我的生活。說真的，我無法接受自己又回到以前嘗試過的任何一種飲食方式。請你自己親身試試，看看會帶給你什麼樣的效果。

即知即行

- 建議你在進行任何型態的斷食之前（包括一日一餐），請先跟醫生諮詢你想嘗試斷食這件事。在某些醫療情況下，這可能是不健康的行為，我不是醫生，所以無法就你個人的特定情況提供建議。
- 試試為期兩天的斷食計畫，這兩天只能喝水。這對你的決心是很好的考驗，也是對個人巨大的挑戰，如果能做到，你會為自己感到驕傲。
- 為自己安排至少一週或是兩週的時間，嘗試實踐一日一餐。看看這樣的方式會如何影響你的日常計畫，以及相較於少量多餐，你是否更喜歡來一頓大餐。

64

站立工作與其他飲食訣竅

身為軟體開發人員，你可能會像我一樣，不管什麼事都喜歡找找看有沒有捷徑或訣竅，有助於更快、更省力達成健身目標。我一直都在找各種方法，試著提升效率，同時又能減少所需投入的心力，讓我事半功倍。

過去幾年來，我在日常生活中嘗試過相當多的訣竅，讓減重、增加肌肉和保持健身的目標更簡單。本章要再分享幾個技巧與訣竅，算是特別給大家的好康，現代人大多幾乎一整天都坐在電腦前，這些訣竅絕大部分都能幫助你改善整體健康。

站立式辦公桌與跑步機

你曾想過站在跑步機上，一邊走路一邊工作嗎？可以在工作時燃燒多餘的熱量，聽起來似乎不錯。事實上，我還真的這麼想過，而且距離工作桌不遠處就有一台跑步機，上面還有書架可以放筆電，所以我立刻就採取行動了。

白天工作時，我經常會有一、兩個小時的時間是在跑步機上，一邊走路一邊工作。這樣我每天只要花少少的努力，就能額外多燃燒一些熱量。我把跑步機的速率調低，低到不會妨礙我打字或使用滑鼠，又能輕鬆地走路。

原先我打算一整天都在跑步機上工作，但這其實不太實際。感覺上在跑步機上慢走似乎不花什麼力氣，但實際上試過還是有點費力，而且不如坐在桌子前工作來得方便，特別是我還有個大螢幕。

後來我發現把跑步機的坡度調高可以燃燒更多熱量。在相同的步伐速度下，更斜的坡度可以燃燒更多的熱量，當然，也很容易打字和使用滑鼠或觸控板。調整做法之後，我還能把一天的工作時間壓低一個小時左右。

小心地雷：如果不是採取遠距工作的方式？

當然，要採取我這樣的做法，必須是在遠距工作或是工作環境非常彈性的情況下才有可能實現。所以，在大部分的工作環境下，比較簡單的替代方案是「站立式辦公桌」。雖然站立式辦公桌沒辦法燃燒像跑步機那麼多的熱量，但如果大部分工作時間都在站立的狀態下，還是能燃燒相當多的熱量。

還有個好康一定要分享，就是站立對你的健康明顯比坐著好太多。已經有許多研究顯示，久坐對人體健康的傷害很大（請參見 http://simpleprogrammer.com/ss-health-sitting for an example）。

好康不嫌多，再來一個，如果你跟我一樣是採用番茄工作法，可以在五分鐘的休息時間裡做一些伸展操、伏地挺身、仰臥起坐或其他運動。

飲食訣竅

想成功塑身，最麻煩的一點是處理食物。要吃得健康，一般來說需要事先花點時間調理和準備餐點。去餐廳吃當然比自己料理容易得多，但如果你想更健康，還是要盡可能減少外食，自己準備餐點。

我一直都在找簡單的方法能讓自己吃得健康，因此，我開發了幾個簡單又實用的飲食訣竅。

微波蛋

第一項飲食訣竅是要吃蛋。蛋是很棒的食材，不但富含蛋白質，還可以調整吃多少量的全蛋和蛋白來控制總熱量和脂肪。唯一的困難是把蛋白和蛋黃分開，而且烹煮方式很麻煩。

不過，我找到一個方法可以簡化調理工作。首先，不要買全蛋，改買蛋的替代產品，基本上就是只買蛋白的部分。你可以在雜貨店買到紙盒包裝，雖然蛋的替代產品要冷藏，但這是取得純蛋白來源的最佳途徑，而且非常方便。

那要如何調理呢？我發現調理蛋和蛋白最好的方法是利用微波爐。剛開始我也很懷疑這樣的作法，但實際調理後，這樣的方式轉變了我的想法，一旦你熟悉用微波爐調理蛋之後，你會發現其實很難區分微波爐和平底鍋兩者做的蛋料理，只要你喜歡炒蛋的話。

在我開始一天只吃一餐之前（請參見第 63 章），我習慣吃早餐，每天第一餐都是微波蛋料理搭配冷凍菠菜。先把一些冷凍菠菜放在可微波的容器裡加熱數分鐘，直到解凍為止，然後倒入蛋的替代產品、真的蛋或混和這兩個。（我的經驗是至少加一顆真的蛋，味道會更好。）最後，我會加熱蛋一到兩分鐘，再拿出來攪拌一下，然後加熱到蛋變成全熟的狀態為止。

在吃之前，我還會在蛋上加上一些切達起司或莎莎醬，如果需要控制熱量，我會改用低脂切達起司。只需要不到十分鐘的時間，就能完成這道料理，因為沒有使用太多的材料、調味料等等，所以很方便就能完成。在蛋裡面加一點菠菜也很棒，不僅可以增加飽足感，而且菠菜的營養成分對身體很好。

因此，訣竅的重點是攝取大量的蛋白，但不要在調理工作上花太多功夫和時間。我通常是以增加肌肉或保留肌肉為健身目標，而這兩者都需要高蛋白的飲食。

原味低脂希臘優格

下一個飲食訣竅是利用原味、無脂肪的希臘優格，這是另一個超級方便、不需要調理的蛋白來源。大部分的雜貨店都有賣原味、無脂肪的希臘優格，成分幾乎是純蛋白質，熱量又低，唯一的問題是味道不太好。調味過的優格吃起來味道當然不錯，但問題是含糖量太高，所以不是很健康。不過，別擔心，讓我分享一個好方法給你。

事實證明，只要下點功夫，你就會有味道更好、高蛋白、又低熱量的優格，只要加點檸檬汁、香草精或其他低熱量的調味料，再加一點零熱量的代糖——我個人偏好的代糖品牌是 Truvia。

喜歡的話，你還可以加點新鮮水果或冷凍果物。加一點水果可以多點風味，熱量也非常低。

冷凍肉

在肉類調理方面，我也有幾個不錯的方法。我一直都很討厭料理雞肉，不止是料理很花時間又很難，還有我很怕雞肉。我知道雞胸肉是健美運動員最主要的食物之一，但我就是不喜歡雞胸肉，也一直都煮不好。

幸運的是，我發現可以買到已經調理好的冷凍紅燒雞胸肉，甚至還有脂肪更低的紅燒雞腿肉。目前我有找到幾個不同的品牌，在美國最常見的牌子是 Tyson，可以在幾家大型量販店買到，像是 Costco（好市多）、Sam's Club 或 BJs。

為了能快速又健康的品嘗雞肉，我會在要吃的時候，直接拿幾塊冷凍雞肉放在微波爐裡加熱幾分鐘。雖然自己調理新鮮雞肉可能會比較健康，但這種已經調理好的雞肉食品的便利性拯救了我，讓我不會因為麻煩而衝動地出去買速食來吃。更何況，它的味道真的很棒。

同樣地，我也找到了冷凍火雞肉丸。我會知道這項食品是因為讀了一篇加拿大演員 Ryan Reynolds 的專訪文章，得知他為了演出某個角色而塑身時，大部分的飲食都是吃火雞肉丸。這似乎是個不錯的想法，所以我就去買來吃吃看，事實證明，火雞肉丸是一項很均衡的食品，蛋白質、碳水化合物和脂肪的組成都非常平衡。

多數的雜貨店都有賣火雞肉丸。只要用微波爐加熱幾分鐘就可以吃了，真的很方便。

外食訣竅

不在家吃飯時，我也找到相當多的方式讓我吃得健康。大部分的外食餐廳裡，都有提供某些高蛋白、低碳水化合物和低脂肪的食物，以下這幾家是我常去外食的餐廳。

不想煮飯時，基本上我會外出去 Chipotle（美國的連鎖速食店）用餐。我會點一碗黑豆飯取代白米飯，因為黑豆飯的纖維含量很高，然後點雙份或三份的雞肉或牛排，再加上墨西哥式炒青菜（fajita veggies），但只加一些生菜，不加起司、酸奶油等等配料。這樣的餐點內容看起來似乎不是那麼吸引人，但熱量低、蛋白質含量很高，對我來說是相當美味的一餐。

如果是去麥當勞用餐，我通常會點 1 到 2 個蛋白滿福堡。如果真的想減少熱量，我會改點 3 到 4 個蛋白滿福堡，然後不吃英式麵包的部分，或是只點不含英式麵包的滿福堡配料。

星巴克還有一個非常好的選擇是用蛋白做成的一口餐點，這項餐點的熱量超低、蛋白質含量很高而且味道很好，是跑步時用餐的絕佳選擇。

聘請私廚或利用膳食服務

由於我一直都很忙碌，而且真的不想出去採購食物或煮飯，所以我發現另一個很棒的訣竅就是聘請私廚或利用膳食服務。

選擇這項做法確實不便宜，但對我來說很值得，因為可以節省時間。我在廣告網站 Craigslist 上刊登廣告，聘請了一位私廚幫我準備餐點，精準地符合我對巨量營養素的需求；巨量營養素（macronutrients），簡稱 Macros，指飲食中脂肪、碳水化合物和蛋白質的比例。所以，我可以精確地告訴他們每一餐應該要有多少熱量，以及我希望餐點裡含有多少蛋白質、脂肪和碳水化合物。然後，他們每週會幫我配送一次或二次餐點，我只要吃這些餐點，非常輕鬆就能堅持我的飲食，很簡單吧。

另一種我試過的替代方案是膳食服務公司，或是將預先製作好的餐點宅配到家的公司，這種做法類似私廚，但可能無法精確地指定巨量營養素的比例和計算餐點熱量，許多在地餐廳和商業公司現在也都有提供膳食服務。

即知即行

- 請思考本章有沒有訣竅是你可以應用在生活中，幫助你更輕鬆達成健身目標。
- 檢視一下你自己現在的行程表和健身計畫，確認日常生活中最煩人和最耗時的部分是什麼。有沒有訣竅可以讓事情更簡單呢？

65

科技達人的健身小物

我是個標準的科技小物狂，你呢？我熱愛用一些科技產品讓生活更輕鬆。當我坐在這用鍵盤敲打著這章的內容時，正享受著被五台螢幕光芒和一台電腦所包圍的樂趣。為什麼？好吧，我喜歡說這會提高我的生產力，從某種程度上來說確實有這樣的效果，但現實是，我就只是想擁有很多個螢幕而已！只要是跟科技有關的東西都能讓我產生動力，特別是跟健身結合時。（事實上，在本書第二版發行時，我已經安裝了一台超寬螢幕，看起來就像是中間沒有分隔的雙螢幕，我非常喜愛這個螢幕！）

本章要介紹幾個科技裝置，它們能幫助你達成健身目標或者是讓你的健身之旅更有樂趣。我們正處於一個前所未有的時代，許多嶄新的科技幫助我們更了解自己和身體的運作方式，而這類與個人自身有關的知識稱為「量化生活」（quantified self）。本章會帶你看各種科技裝置，從中選擇最有用的裝置來幫助你找到自己的量化生活。

簡短說明：各位還記得我先前在第 59 章提過的警告嗎？在你實現目標之前，不要購買一堆健身裝備作為獎勵。這個邏輯的精神仍然適用此處，所以請善用你的判斷。

計步器

我覺得先從計步器開始談最適合，因為這類的裝置是現今最常看到的科技裝置。

我算是計步器的大粉絲，因為我覺得這項裝置能確認實際的活動量，只要知道活動量，就能改變你的行為，幫助你更朝氣蓬勃。

目前市面上已經有很多種穿戴式的計步器，但是在開發人員圈子裡最流行的品牌莫過於 Fitbit。Fitbit 計步器有很多型號，最陽春的計步器是記錄你一天內所走的步數。Fitbit 還會自動同步數據到你的手機，讓你隨時查看。

如果你還沒買 Fitbit 或其他廠牌的計步器，我會強烈建議你買一個。這些計步器的價格都相當便宜，但它們能對你每日的活動量給出見解，這些見解可是無價的。此外，我還會建議你買可以使用手錶電池的款式，一顆電池就可以持續用好幾個月，因為我發現在使用 Fitbit 計步器時，最大的煩惱就是要記得定期充電，要是忘記充電就不能用了。

但我也覺得你最後可能不會想再用計步器。大約有六個多月的時間，我固定都會戴 Fitbit 計步器，我不再戴的原因是因為意識到我能估計自己一天大約能走多少步，這是因為我先前透過 Fitbit 計步器的數據，已經很熟悉日常生活中大約會走多少步。

如果你經常跑步，可能需要考慮某些更進階的裝備，例如，Garmin 手錶。我目前使用的型號是 Garmin Fenix 5x，具備計步器和其他多項功能；這款手錶也非常適合在騎腳踏車和游泳時，追蹤活動的情況。此外，Garmin 也有針對這些活動，設計了某些特殊手錶。

無線體重計

我最喜歡的科技裝置是無線體重器，是一家公司 Withings 所設計的產品。這個體重計最酷的地方是，不管我在何時量體重，它都會透過無線的方式自動把體重上傳到雲端，甚至可以和多位家人一起共用，體重計會自動偵測是誰踩在上面，如果無法偵測，會請使用者手動指定要量體重的人。這項功能聽起來似乎是件微小又簡單的事，但對我來說，只要站上體重計就能輕鬆擁有完整的體重歷史紀錄，真的是一項很棒的設計。

這台體重計不只能追蹤體重，還會記錄體脂肪率。雖說體脂肪率的精確度還有待商榷，但我關心的是隨著時間體脂率的變化。就算我獲得的數據不是百分之一百正確，但我能了解相對的變化，就能知道體脂肪率是上升還是下降。

我強烈推薦購買像我這種無線體重計，這能讓你知道目前的體重和變化的趨勢。有人說衡量什麼就能改善什麼，就算你每天都會站上體重計，但唯有看到圖表記錄著隨著時間產生的變化，才能真正激發你想把圖表的趨勢往正確方向移動的動力。

我其實已經量體重和體脂肪率長達七年之久！所以，我能看到這些測量項目隨時間變化的情形。

複合裝置

我在寫本書第一版時，市面上沒有任何一款複合裝置可以提供走路步數、心跳率、壓力程度和睡眠情況，但現在幾乎每一家公司製造的穿戴式裝置都具有這些功能。其實我在本書第一版的內容裡有寫到，有傳言說 Apple 這家公司正在製造一款可以提供這些功能的手錶。

Apple Watch 已經釋出好幾代而且經過數次更新，想在健身與健康方面獲得大量資料的人，這是非常好的選擇。我擁有 Apple Watch 很多年了，發現它真的非常好用。

之前我也提過，我同時還有使用 Garmin Fenix 5x，但我是將這款手錶與外部心跳率監測器配對。我非常喜歡這款手錶，因為外觀設計得很不錯，而且除了心跳率、走路步數和其他統計資料外，還提供了複雜的跑步資料。

Fitbit 現在也有出自己的版本，還有其他數家競爭對手也在生產智慧型手錶和穿戴式裝置，都能提供大量的資料。所以，你應該先搞清楚什麼樣的功能對你來說最重要，根據你的需求搜尋適合的產品。有些裝置在某些方面表現得比其他家突出，例如，我為了買 Garmin Fenix 5x 而放棄了 Apple Watch，因為前者能提供更詳細的跑步指標。

重訓專用的智慧型穿戴裝置 PUSH

另一項讓我感到興奮的裝置是 PUSH。我也是因為主持 Podcast 節目「Get Up and CODE」，才有機會訪談到這家公司的執行長，因而對這項健身裝置的特殊設計有一些了解。

我對 PUSH 這項裝置最感興趣的部分，並不是它會記錄步數和活動量，而是因為它是專為改善重量訓練計畫所設計的裝置。基本上只要在做重量訓練時，把這個裝置放在手臂或腿部，就能記錄你重複進行動作的次數和組數。此外還會記錄你產生的力量、平衡感的程度、移動重量的速度等等。

對我來說，這些資料簡直是不可多得，就像金礦一樣。在做重訓時要記錄重複的次數和組數，一直是很大的麻煩，而且我也一直很想知道訓練之後，對舉重速度會產生怎樣的影響。

耳機

我在進行健身訓練時，主要使用的科技裝置就是耳機。訓練時我通常會聽 Podcast 節目或是有聲書，所以我喜歡有副好耳機，而且是可以與手機相容的款式。

然而，最大的問題是有線耳機。我無法使用耳塞式耳機或任何有線的耳機，因為跑步的時候，會拉扯掉耳機線，耳塞式耳機會猛然從耳朵裡掉出來。此外，每次伸手去抓耳塞式耳機時，耳機線總是會纏繞成一團。

幸運的是，我已經找到一對不錯的無線耳機。當年我寫本書第一版時，可以選擇的耳機不多，目前我主要使用 Apple 的耳機 AirPods，不管是健身還是日常生活都非常適合。現在有大量的競爭公司提供類似的無線耳機，所以你應該不難找到一副好耳機。

推薦大家絕對值得投資一副好耳機。藍牙科技使今日的無線耳機都有不錯的音質表現，而且很簡單就能跟智慧型手機連接。有一副好耳機，就能好好利用訓練時的閒置時間。或許會想訂閱 Audible（http://simpleprogrammer.com/ss-audible）聽聽有聲書。

應用程式

別忘了，還有應用程式這項科技產物。目前已經有滿坑滿谷，針對各種不同目的開發的應用程式。這些應用程式的數量之多，真是不勝枚舉，所以我會給你一個還不錯的想法，告訴你可能要找哪些類型的應用程式，以及一些我個人偏好的應用程式。

跑步應用程式會記錄你跑步的情形。事實上，我自己也開發了一個跑步應用程式，有 Android 和 iOS 版，原先是叫做 PaceMaker，現在已改名為 Run Faster（商標爭議之故）。這個應用程式會記錄你的跑步狀態，在你跑步時幫助你維持一定的步伐速率，告訴你要「加速」或「減速」。雖然我自己開發了這款應用程式，但我還是要說還有更多比這更好的應用程式，能幫助你追蹤跑步情形。（不過我還是想打個廣告，如果你要保持一定的跑步速率，Run Faster 真的是不錯的選擇。）

我最喜歡的一款跑步追蹤應用程式是 Strava（也非常適合在騎腳踏車時使用），主要是用來追蹤跑步進度。這款應用程式具有許多跟跑步相關的特色功能，包含時間分配、地形的海拔變化和心跳率，還能讓你跟朋友之間共享健身活動的情況。

我使用的另外一款應用程式是追蹤重量訓練計畫。我以往是用筆和筆記本來記錄，但現在有應用程式可以追蹤訓練情形，真的是簡單又方便，應用程式還會告訴你下一步要做什麼訓練，以及之前做了那些訓練。如果你從未追蹤過重訓計畫的進度，絕對要從現在開始。

不過，我試過幾款不同的應用程式，到目前為止還沒有哪一款能讓我在使用上覺得特別興奮。最大的問題是實際建立訓練計畫時非常耗時，又無法分享這些訓練計劃給其他人。（我老婆跟我一起練重訓，每次要重新在她的手機手動輸入整個訓練計畫的內容，讓我感到非常厭煩。）

最後我安裝了 Bodybuilding.com（http://simpleprogrammer.com/ss-bb-mobile）。我選擇這款應用程式的原因是，它能讓我透過網站在線上建立訓練計畫，並且把儲存的計畫分享給任何人。雖然有些功能在使用上不是那麼直覺，不過後來我也找出解決之道，所以整體來說其實還蠻好用的。

即知即行

- 請準備一個無線體重計，每天穿著同樣的服裝，在同一時間站上體重計測量。不論你的健身目標為何，這是你必須確實踏出的第一步。
- 請依照優先順序，列出你想追蹤哪種類型的資料及其原因，然後據此搜尋某些可以幫助你追蹤資料的科技小物。請不要為了購買而亂買一些科技小物，否則就是浪費，買來之後也不會正確使用。
- 請取得有聲書服務的帳號，開始在健身時聽有聲書。相信我，這會是你做過的決定裡最好的一個。還有，你甚至可以聽本書的有聲版，提醒你在本書學到的一切知識。

Section 7

心靈

你不征服自我，終將被自我征服。

——美國勵志大師・Napoleon Hill

本書已經談過改善職業生涯的務實作法；利用行銷開啟機會的大門，得到源源不絕的機會；透過學習與教導他人來擴展思維，努力不懈地保持專注力以提高生產力；基本的理財知識及有錢人的思考方式，讓財富為你工作，而不是你為財富工作；最後是鍛鍊身體與塑身。但還缺少一個能把所有部分連結在一起的樞紐。

如果我們是簡單的機器，或許就無所謂。現實是我們不是機器，是人類。我們不只是有大腦的軀體而已，不是只要下達指示，大腦和身體就會去實現所有一切。在我們背後還有一股力量在驅動我們，一股強大的力量帶我們走上成功之路，但也可能讓我們一敗塗地。你可以隨意稱呼這股力量，根據本書的目的，我稱此神秘力量為「心靈」。

這部分的章節內容會談大腦與身體之間無形的連結，會激勵我們的行動，最終控制我們能否發揮潛力；還是無助地落後，相信自己是大環境下的犧牲品。這部分的章節目標是讓你裝備工具，征服你會面臨的最大敵人——自己。

66

心理影響生理

本書到目前為止所談過的內容，絕大部分都至少有點科學根據，但現在我們要進入一個無法量化的領域。接下來我要談的主題，大多是基於我個人的經驗與觀點。

既然這樣，那你為何要認真看待我提的這些主題？的確，這是個好問題。我想告訴你，我相信是我在這裡談的這些內容引領我邁向人生的成功之路，但或許你不想跟我一樣，也可能你並沒有為此感動，在這個情況下，我想更有力的論點會是這個部分所談的一些想法，也不完全是由我自己所提出的。

這部分的許多觀念來自於更棒的著作，這些著作的作者都比我更有名、更成功，但更重要的是，來自這些書籍的一些觀念，是二十世紀偉大人物能成功的共同點，特別是心理影響生理這個觀點。

我有個習慣，每次有機會跟名人或是極為成功的人聊聊，我就會問他們，影響他們人生最大的好書是哪一本？令我驚訝的是，他們所回答的書籍，都集中在某兩、三本書上，這真的讓我無法置信。第 70 章「我的私房書單：邁向成功之路」將為各位奉上這些我彙整過的好書。

從心做起

只要你相信自己的能力，幾乎沒有什麼做不到的事；神奇的是，心理會影響生理和成功的能力。「只要你相信自己，就能實現。」這樣的想法很容易被大家駁斥，但這個觀念確實有幾分道理存在，把這個觀念反過來看，就會覺得這確實合理：如果你不相信自己能做到某件事，就真的無法實現。

如果你想付諸行動，即使是想執行最小的計畫，也必須學著駕馭你的心靈，掌握它。但這不容易，你無法只靠意志力驅使自己去相信某件事。你曾坐下來，試圖努力過嗎？

如果你願意，現在就試試看吧。試著讓自己相信大象是粉紅色的，你能說服自己相信這件事嗎？就算你的人生就只能靠它了，你還是能說服自己改變這種簡單的信念嗎？幾乎找不到任何方法能讓大腦相信一些獨斷的資訊。

這不是說你永遠都不可能相信大象是粉紅色的，只要能找到讓人信服的證據就能立刻轉變你的想法，但通常不太可能找到足以讓人信服的證據，強迫自已相信一個完全不合邏輯的謬論。事實上，你的心靈非常強大，就算有人提出令人信服的證據，完全違背你目前對大象顏色的印象，你可能還是會繼續堅持自己目前所信、能感到安心的信念。

你會發現掌握心靈的力量，似乎不是那麼容易取得。某種程度來說，我們是大腦生物發展過程中的犧牲者，但我們不是動物，是人類，所以我們有能力克服這種基本生物發展的過程，因為我們有自我意識、能自由選擇，有自由的個人意志。

我或許不能說服自己大象是粉紅色的，但我能一再重複肯定，根據自己的喜好改變我的信念。我有能力塑造自己的想法，你也一樣能做到這點。

但改變自己的信念有什麼好處？如果你能掌握改變自己想法和思考方式的獨特力量，為何更為重要？改變實體世界會改變你對現實的認知嗎？

這就是事情有趣的地方，我不會正面回答你「是」，因為如果我這麼做，你可能會停止閱讀這本書，然後把它丟到垃圾桶裡。當然實體世界的真實現象不完全是由你的想法與信念所形成的……對吧？

在我回答這個問題前，讓我們先退一步，想想實體世界裡實際上是如何變化。假設現在桌上有個方塊，而你想把方塊移到其他位置，如果你不相信自己能做到，甚至連試都不會試，但如果你真的相信這有可能實現，相信自己能移動手拿起方塊，然後放在桌上的其他位置，大腦就會控制你的身體去做這些動作。理論上，你相信的是自己有能力塑造現實，雖然其實是利用你的身體間接塑造這個實體世界。

這是個謎，我們的意識究竟是如何傳送訊號給神經，進而移動我們的肢體。當然，我們知道化學與物理的運作過程，但我們不知道是什麼原因讓它們運轉。我們不知道無形的大腦如何直接控制實體世界，實際上如何觸發第一個神經元。

我並不天真，我也相信有一大堆人都能告訴你，人類真的知道這是如何發生的：每個人都是充滿化學物質的軀體，這些化學物質能與環境相互作用，我們的軀體永遠都能自動進行這一連串完全基於環境情況所產生的化學變化。但如果你相信這是真的，那你為何會選擇閱讀這本書？我又為何能寫這本書？不管是哪種複雜的連鎖反應，都必然會發生這兩種行為，我們兩人都只能一路向前，沒有選擇，或者實際上還有一些其他東西是我們不知道的……例如，自由意志，讓我們能自由選擇的能力。

心理與生理的連結關係

當我使用「心理」和「生理」這兩個名詞時，我會把心理定義為身體裡無形的部分。無論你是否將此稱之為精神或個人意識的機制，這都與身體本能的功能不同，當然也包含大腦。

這個區分非常重要，因為當我說心理影響生理時，也是指會影響你的大腦。我不想離題太遠來證明這點，事實上安慰劑效應（placebo effect）已經證實，大腦以為身體攝入的是藥品，但實際上人吃的是用糖做成的假藥丸或一些其他的替代物，就像小飛象的羽毛賦予它飛行的力量，你的大腦也會以無意識的方式控制你的身體。

我們知道心靈能透過思想的力量來操控宇宙，透過身體實現行動，我們還知道，我們所相信的、所以為的，都有影響現實世界的能力。

從表面的意義來看，這意味著你所思考的內容會成為現實，至少是在身體與心靈的能力範圍內可以實現。這個原則會體現於許多不同的形式和哲學之中，有個受歡迎的原則是「吸引力法則」（law of attraction），這個原則所談的狀態就是「物以類聚」。如果你抱著消極的想法，就會產生負面的結果，反之亦然，下一章會對此有更深入的討論。

你可能聽過這本書，Rhonda Byrne 所著的《秘密》（The Secret，Atria Books/Beyond Words 出版，2006 年），這本書有點神祕，而且讓我為之瘋狂，但仍然有切中一個重要的真相，這個真相在過去已經以許多方式揭露，未來仍會持續創新與發現：人能透過積極的正念，改變他們的信念和控制思想，同樣地也能透過這樣的力量實現他們的想望。

我不想在此對你故弄玄虛，我可是很務實的人，所以我相信應該有實際的說明，可以解釋這個機制大部分的運作方式，但我也不會故意假裝神秘的部分都不存在，然後故意忽視它。

> 信念轉成思想，思想化做文字，文字觸發行動，行動成為習慣，習慣建立價值，價值決定命運。
>
> —印度民主領袖•甘地

不論現實世界的機制如何運作，重要的是去理解，了解你在各方面的思考會影響與塑造你生存的現實世界。你甚至不需要閱讀本章，只要環顧四週，就能了解這個說法的真理。

想想每天和你產生互動的人，你注意到了嗎？某些類型的思維會導致某些類型的行為與結果。你有認識哪個非常成功的人，會對生活抱持負面態度，缺乏個人信念，對自己與他人也缺乏信心嗎？你看生活裡有些人不斷地宣稱自己是受害者，但這真的是因為外力所迫使的嗎？甚至你反思自己的生活，有多少次，你因為過度恐懼或擔心，而扼殺所有實際可能成真的機會。

如果你真的想塑造生活的方向，並且控制它，就必須學習駕馭心靈的力量，也就是思想的力量。不論本章是否說服你相信心理和生理的關聯性，如果你稍微相信個人心態與信念能對人生帶來正面或負面的影響，接下來幾章的內容會提供你一些務實的建議，告訴你如何塑造自己的心態，讓自己的成長更富成效。

即知即行

- 尋找心理與生理之間的連結。試著找些你自己生活中的例子，在這些情況下，你的思想影響了現實生活，不管是藉由正面或是負面的方式。
- 你上次獲得巨大成功經驗時，你的心態如何？
- 你上次遭遇巨大失敗時，你的心態又是如何？

67

正面積極的心態：重新出發

讓我先問個問題：如果要將你的想法歸類，你認為自己是正面還是負面？請先跳脫樂觀主義或悲觀主義的標籤，客觀來看這點。許多樂觀主義者表面上看起來滿懷期待與希望，然而背地裡卻暗藏各種足以毀掉他們努力的想法與情緒，。

有科學證據顯示正面思考（不只是個性外向的樂觀主義者）可以改善健康、延長壽命，和建立人生中的各項優勢。更重要的是，反過來說，負面思考會有完全相反的效果，負面思考不僅真的會對自身造成傷害，還會妨礙你的努力，阻礙人生的成功。

本章要談正確的心態。實際了解何謂正面積極的態度，為何這對你的幸福生活如此重要，以及如何培養強大、正面積極的態度，實際上這也會有感染力。

負面思考

我相信你或許知道，擁有正面積極態度的意思是什麼，但這句話經常被濫用，以致於失去其真正的意義。此外，如果你的態度通常呈現消極的一面，承認吧，其實多數的人都是這樣，那麼聽聽善意的提醒，對你沒有壞處，一起來了解一下正面積極的真正含意及其重要性。

許多個性外向的人會拒絕正面的想法，因為他們深信不切實際的樂觀主義具有自我毀滅性。我常聽到有人反對某個想法時會說「我是很實際的人」，這樣的人應該多想想彩虹、獨角獸和熱帶海邊的沙灘等歡樂的事物。

相反地，我會說正面思考和現實主義者，兩者並不是相互矛盾的事。事實上，正面思考的應用是現實主義的終極形式，因為你的信念會讓你相信自己有能力改變現實，你不是現實環境的受害者。

正面思考的根本信念在於，自身力量比所處環境更強大。這種觀點就是想著前方一定會有好事發生，不論目前的處境如何，你都有能力可以改變自己的未來。這種至高無上的信念，相信人類力量的偉大成就是世界強大的力量。某種程度上，這種信念能喚醒心中的力量，這股力量或許沉睡著，但不是那麼不切實際的事。

正面積極的態度來自於這些思想的累積，隨著時間衍生出一股由內而外徹底改變你的力量。當你具有正面積極的態度，就不會抽離現實，居住在個人的幻想世界裡，反而會生活在一個理想世界，在這個世界裡你看到未來最好的可能性，並且努力帶進現實世界。

從更實際的層面來看，正面思考是選擇好的想法而非不好的想法。人生中遇到的各個情況，是好是壞取決於你的心境。事情本身並沒有「好、壞」之分，而是透過你個人的闡述來決定事情的好壞。正面積極的人往往會認為情況好多於壞，並不是因為這些情況從客觀面來看就是好的，而是他們認知到自己手中握有選擇的力量。

以下是我很喜歡的一則故事，用來說明這個觀點，再貼切不過了：

> 從前從前有個農夫，有一天他唯一的馬掙脫柵欄逃走了，農夫的鄰居們聽到馬逃走了，紛紛來到馬廄一探究竟。這些鄰居一出現在馬廄，全都說，「喔，運氣真差！」農夫回答說，「怎麼知道這就是運氣差呢？」

一個禮拜後，農夫那逃走的馬回來了，而且還帶著一整群的野馬，農夫和他的兒子趕緊把馬都關進馬廄裡，此時他的鄰居聽說馬關進馬廄，又來看他們。鄰居們看著馬廄裡滿滿的馬說，「喔，運氣真好！」農夫回答說，「怎麼知道這就是運氣好呢？」

幾個禮拜後，農夫的兒子受了嚴重的傷，腳都斷了，原來是他試圖馴服新的野馬時，從馬背上跌下來。幾天後，農夫兒子的腳因傷口感染，高燒不退而陷入昏迷，鄰居們聽說了這次意外，又都跑來看農夫的兒子。鄰居們站在那又說了，「喔，運氣真差！」農夫回答說，「怎麼知道這就是運氣差呢？」

同一時間，中國因為有兩個敵對的軍閥爆發一場戰爭，需要更多的士兵參戰，一名上尉來到村裡徵召年輕人上戰場打仗，當他看到農夫的兒子，不僅斷了一條腿，還因為高燒陷入昏迷，看也知道農夫的兒子根本無法打仗，所以就把他留在村子裡。幾天後，農夫的兒子燒退了，鄰居們聽到農夫的兒子沒有被徵召去打仗，而且恢復健康，紛紛跑來探望他。此時，鄰居們站在那又說了，「喔，運氣真好！」農夫回答說，「怎麼知道這就是運氣好呢？」

正面思考的正向力量

還記得嗎？我說過，正面思考能帶給你的人生一些真正有形且具有科學根據的影響。我不是開玩笑的，已經有研究證實正向思考能帶來以下這些效果，這些結果都是來自於實際的科學研究（更多資訊請參見 http://simpleprogrammer.com/ss-negative-thinking）：

- 培養友情
- 婚姻美滿
- 更高的收入
- 更健康的身體
- 更長的壽命

這些經過科學證實的結果，足以說服我應該找方法治療我的星期一症候群，但有些現象還是很難透過科學研究的方法證實，像我從衡量自己的生產力，了解到一個事實：我的態度會直接影響我的工作績效。當我有正面積極的態度，就越有能力處理我所面對的障礙，我會把這些障礙視為挑戰去克服他們，而不是讓負面情緒壓在我身上。

此外，除了自我感覺良好，如果沒有其他的理由能讓我們正面思考，那還值得去做嗎？可是體驗正面的情緒，不是比負面情緒感覺更棒嗎？貸款、卓越成就的願望、足球練習、電視影集、深夜零食，這都不能算是我們人生真正的目標嗎？我們不就只是想快樂嗎？如果是，那為何不去戰勝它？

重新建立你的態度

然而，只是心裡想著要正面積極是不夠的。你可能會一邊拼命地想要有積極的態度，同時卻又對自己的願望不抱希望，因而譴責自己。

還記得我怎麼說的嗎？人無法輕易地改變自己的信念。這是真的，你沒辦法輕易地改變自己的觀點，讓自己從消極態度轉變成積極的態度，但說來奇怪，從另一個方向來看，這似乎是一條更為容易的路。

改變想法

想改變態度，就要先改變想法；要改變想法，就要先轉變你的思考模式。你的習慣會定義你的思考模式，因此，想真正改變人生中任何事，就要回到最根本的方式——培養習慣。

然而，我們要如何培養正向思考的習慣呢？這與你培養任何習慣的方式大致相同，必須有目的性地、堅定地且有自覺地重複一件事，直到能下意識地控制這件事為止。

你可能有時無法以正向思考的方式來回應一件事。當你一邊開車，一邊滑著手機檢查訊息，因而撞上前面的車子時，你很難以意志力讓自己接受「所有一切都是好事」，這時你只會想著「這一切可能會很糟」。你甚至無法控制自己，會想大聲辯解，並且有著……負面的想法。

當你面臨選擇時，其實有能力以意志力創造正面的思考。現在請先停下你手邊正在做的事，思考一個正面的想法。快點，讓我們假裝大家都圍坐在感恩節桌子旁，思考一個快樂的想法。夠簡單吧，關鍵在於，整天都要積極、用心地習慣於這樣的思考模式，提醒自己，就算無法控制當下對任何情況的反應，其實還是有能力可以控制自己自覺地選擇思考經驗。

常常實踐這樣的思考方式，就越能控制自己的意志，聯想到樂觀正面的畫面，然後撥雲見日，進而形成正向思考的習慣。有時，你更能以正面積極的態度，回應任何意外事件或可能發生的不幸。訓練大腦從積極的觀點看事情，而非消極的觀點。

冥想

我承認自己不是很擅長冥想，但我真心投入一些時間培養這個習慣。一些研究顯示，有冥想習慣的人更能體會到正面思考的情緒，所以你也能試著把冥想作為提升正向能量的魔咒。

順便介紹一下，目前最受歡迎的冥想應用程式是「Headspace」，在應用程式商店中搜尋，你還可以找到相當多其他這類的應用程式。

讓自己多點樂趣

我相信你一定聽過這句格言，「只知工作，不知玩樂，人生將索然無味。」事實證明，還會讓人變得相當負面，且帶有不滿的情緒。回想起來，許多我陷於負面情緒狀態的時期，都可以追溯到自己當時忘記要玩樂，我發現花點時間放鬆自己，給自己找點樂趣，更容易正向思考，這或許不是什麼重大的發現，但還是有些值得參考的地方。

好書

我會在第 70 章推薦一些很棒的好書，幫助你培養正面積極的態度。如果你也正在尋找一些資訊，可以參閱 Norman Vincent Peale 所著**《向上思考的祕密》**（The Power of Positive Thinking，Touchstone 重新出版，2003 年）。

重點是正向思考不會偶然發生，也不是一夜之間就能強加在你身上的能力。你要積極努力，推動自己往正向思考，但這絕對值得你投入努力，不只能讓你更長壽、更健康、人生更成功、讓你的人生更愉快，或許還能讓你周遭的人也生活得更開心。

即知即行

- 捕捉你的想法。寫作能幫助你了解腦海裡所思考的事，專注心力在你想專注的事情上。本週記下你的思考日誌，有時間、有機會，就把你的想法寫下來，不論這個想法是正面還是負面。這些記錄下來的想法裡，讓任何有重大意義的想法實現在你的生活裡，在每天的生活之中天定期建立這些想法。
- 檢視你的思考日誌，絕大部分描述的內容是正面還是負面的想法？負面想法從何而來？正面想法又是哪些？
- 承諾自己要積極控制自己的想法，同時盡可能努力喚起更多正面的想法。不管你發生什麼情況，花點時間去搞清楚，整個宇宙並不是針對你或要跟你對立，不太可能只有你會發生這樣的事。強迫自己去發現事情背後的一線生機，不是只移除負面的想法，還要以正面積極的想法來取代。

68

如何轉變自我形象？

擁有快樂的想法與正面的態度還不夠。從負面態度轉變為正面態度，你當然會實現更多成功，不只是在健康方面，但要真正達成人生中的成就，你必須學習如何規劃你自己的大腦，實現你的目標。

> 無法激勵自己的人必定滿足於平庸，不管他們的其他天分有多令人印象深刻。
>
> —二十世紀初鋼鐵大王•Andrew Carnegie

真正的戰爭是對抗平庸，這起始於大腦。你怎麼看待自己是一種神奇的魔力，這能限制你的發展，也能成為激發你前進的能量。

本章會檢視如何規畫大腦，創造正面積極的自我形象，讓你能設定大腦自動實現目標。

自我形象

自我形象就是，去除別人對你的所有觀感，擺脫你哄騙自己，自我感覺良好的謊言與欺瞞後，此時你如何看待自己。

非常有可能，你甚至不知道自我形象是什麼，因為這很大程度是埋藏在你的潛意識之中，你可以告訴別人各種關於你自己真真假假的說法，但你無法愚弄自己的潛意識。在我們的內心深處，都居住著一個自我形象，真正地反映出大腦所認為的真實自我。

自我形象非常強大，因為大腦往往不允許你做任何與自我評價衝突的事，你很難克服這樣的人為限制，因為你可能甚至不知道他們的存在。

想想，現在有個小男生認為自己不擅長傳接球，那他有沒有機會成為一名偉大的投手？多數情況下不行，而且肯定不行，除非他改變自我形象，才能看見自己內心深處的另一道希望之光。大腦自身會設置心理限制，使小男孩的行為符合其所想的自我形象。

你或許有類似這樣的限制，但你甚至沒意識到，你把這些限制當作是不容置疑、不能改變的事實，認為這只是生活裡的一部分。你覺得自己笨拙嗎？懶惰嗎？數學不好嗎？很難與人相處嗎？注意力不集中嗎？內向或保守嗎？

這些聽起來似乎都像是人格特質，更像是基因的一部分，如同你的身高或眼睛的顏色，但其實不是。確實有些身體特徵是你無法改變的事實，但許多你對自己的想像，以為是真的事實，其實只是展現出你後天獲得的自我形象，很多情況下，這些都是隨機產生的。

或許當你還是孩子，在晚宴派對上躲在父母身後，你曾聽過像這樣的話，「這孩子很害羞呢。」在那之前，你可能一點都不害羞，但從那一刻起，你的大腦收到這個想法，並且植入你的自我形象之中。

自我形象很難改變

事實證明，你真的有能力改變自己的形象。你曾經聽過這句話嗎？「讓成功弄假成真」，這個觀念背後涵義是，如果你重複做一件事，而且表現得像自己所想的樣子，最終就能名符其實。

這似乎是個簡單的概念，老實說，真的很簡單，但我們幾乎不會以這樣的觀念思考，有時也很難相信，對於那些我們以為是人格特質的一部分，我們真的能改變它們。

這幾乎就像是我們得了某種病，自虐地擁抱自己的弱點與局限性，彷彿這才是我們身為一個人最重要的部分。問一個脾氣不好的人，是否願意改掉自己的脾氣，有相當高的機率會得到否定的答案「不」。對他而言，這就像是問他願不願意放棄一條手臂或腿，因為他深信，壞脾氣是他這個人的一部分，從這樣的束縛中解脫，相當於是對自己最嚴重的背叛。這就是潛意識的強大力量，堅持維護你對自我形象的觀點。

但事實真相是，你的習性並非如此，你不會傾向於在社交場合表現出尷尬，或毫不遲疑地發脾氣，你並不像自己外在所呈現的樣子。事實上，你的表現會對你本身的看法產生巨大的影響。你可能也發現了，自己穿短褲、夾腳拖和正式西裝時，兩者的感受與表現有多麼不同。

如果只是暫時改變自我形象並非難事，困難的是相信這能成真，而且希望真的能實現。如果你接受自己有能力改變自身所抱持的某些核心信仰，就能根據自己的喜好改變自我形象。（這個概念稱之為「定型心態」和「成長心態」，推薦一本和這項主題有關的超級好書——Carol S. Dweck所著《心態致勝：全新成功心理學》（Mindset: The New Psychology of Success））

想像有股力量，能讓你成為任何你想要的形象。想像自己從害羞、不善交際的人，變成社交達人、迷人且耀眼，不在乎世人的眼光。想像自己能成為夢寐以求的領導者，或是擅長運動的人。

這一切都是有可能改變的，我保證這是真的，因為我從許多方面改變了自我形象。我以前年輕的時候，總覺得自己像個呆子。我不是說像個書呆子，我自認還蠻聰明的，雖然我從未真正地做些學術研究或把學術當作興趣。我不善常社交活動，往往希望別人來找我組隊，而且極度害羞，害羞到我甚至不敢打電話給陌生人。

高中二年級時發生了一件事，我沒辦法確實說出到底發生了什麼，因為連我自己也不知道。可能是瞎貓碰到死號子或是遇到挫折讓我有了想法，反正就是我決定自己要成為怎樣的人，然後就成為那樣的人了。

轉變不是一朝一夕的事，但很快。我丟掉了自己的舊衣服，買了一身全新行頭，符合我想成為的形象。我開始練舉重，加入摔跤和田徑隊。（在這之前我真的不太運動，因為我認為自己沒有運動細胞。）我決定不再當個害羞的人，所以我假裝自己不害羞。我強迫自己去面對那些尷尬的情況，不斷地告訴自己我現在是怎樣的人，我在大腦裡設定了新形象的模樣。

神奇的事發生了，我習慣於這個新形象。當然我還是成為一名程式設計師，但高中畢業後，我從事了模特兒和演藝工作。我從原本害羞的個性，完全轉變成不害羞。我從一個沒有運動細胞的人，變成每週跑步和舉重的人。時至今日，我仍在改善我心中的自我形象，控制自我形象，使其能為我加分，而非成為我的絆腳石。

重新規畫你的大腦

如何才能有目的性地重新規劃大腦？如何才能像我多年前所做的那樣，改變你的自我形象？公式很簡單，就是花時間，持續且正確地執行。

一開始要對自己想成為的形象有清楚的輪廓。大腦有一種神奇的能力，會去找你擺在它面前的任何目標，你只要想像這些目標，給大腦夠清楚的輪廓，大腦就能引導你往需要的道路前進。

描繪出你心中理想的形象，在你的心中建立一個堅定的畫面，你想成為這樣子的人，沒有任何限制能束縛你。想像你自己更有信心，大膽地走進房間；想像你自己正優雅地跑步與跳躍，而不是被自己的腳絆倒；想像你自己能激勵別人，打扮時尚。別讓任何人為限制加諸在你身上，除非是明顯無法改變的身體特質。（例如，想像自己身高更高就沒有意義，除非這樣想能讓你更有自信，只是別以為這樣就能讓你長高。）

等你心中對自我形象有了輪廓，就能進行下一步——表現出「彷彿」的樣子，就是表現出你「彷彿」已經成為自己希望的樣子。不管是說話、談吐、穿著，連刷牙的樣子，都要像你想成為的形象。別關心現實情形，別在意別人說你「變了」，反正就是假裝你已經達成想要的目標，新個性就會自然而然延伸出這樣的行為。

你還會想給自己充分的正向肯定，在潛意識裡深深植入這個新思維的種子。事實證明，正向肯定不只是狂熱自助者噴發出的莫名行為。如果你給大腦夠多的時間，告訴大腦夠多的次數，大腦就真的會開始相信某些事。記得我們之前提過的嗎？要改變信念是多麼困難的事。如果你持續提供一致的訊息，就能改變大腦的信念。

建議你找一些名言佳句和圖片，提醒自己你想擁有的嶄新心理狀態。以積極肯定來填滿你的每一天，藉此確定與強化你的新信念。花時間在心裡想像自己變成你想成為的形象。許多運動員正是以相同的流程來改善他們在運動上的表現，在重要的比賽之前，他們會鍛鍊自己的精神。這些運動員會在腦海裡真的進行一場比賽，彷彿看見自己的成功。研究顯示，這種假想練習跟現實中實際的練習，能帶來一樣的效益。我曾讀過一個故事，是講職業足球隊 Seattle Seahawks 會讓球員進行冥想活動，在活動中會告訴球員去想像比賽的成功。

重要的是注意自己所說的，你對自己的描述，就是你所相信的信念。潛意識仍舊是個敏感的孩子，它能聽到你的聲音，相信你所說的話。如果你常說自己笨拙或忘東忘西的，你的潛意識就真的會這麼相信。

即知即行

- 將你所有一切的人格特質列在一份清單上，不論好壞。試著想想，不只是你對自己的看法，還有他人對你的看法。這份清單可能不完全正確，許多方面的自我形象都深埋在你的潛意識裡，但這是一個很好的起始點。
- 在這份清單裡，有哪些方面是你認為無法改變的？想想這些方面是真的無法改變，還是因為你認為無法改變，就加諸在自己身上的限制。
- 試著改變自我形象裡，至少一項你認為負面的人格特質，利用本章的建議來做，嘗試「弄假成真」方法，利用正向肯定來強化你的新信念。

69

真愛與兩性關係

我盤算著自己是否應該納入這一章，因為我不是兩性專家，本書其實也不是在談愛情。但如果我不稍微著墨一下這個主題，本書就稱不上是真正給軟體開發人員的生存手冊。

很難用短短一個章節的篇幅來談愛情和兩性關係，這牽扯到太多東西，所以我決定濃縮這一章的內容，談最重要也是最相關的議題，不論男女，最可能在夜裡讓某個軟體開發人員虐心的議題。

為何軟體開發人員很難找到真愛？

要試著解決這個問題，就要回到軟體開發人員給大家的刻板印象。當然，我明白，就像所有的刻板印象一樣，你可能不是那種典型的書呆子、不善交際的軟體開發人員，但如果你是，或至少某個部分是，或許就會對我接下來要談的事心有戚戚焉。

網路上有個很熱門的萬用臉貼圖，稱為「邊緣人」（forever alone）。基本想法就是指一個人感覺很孤單，從未找到「愛情」。根據我的經驗，許多軟體開發人員，特別是在年輕的時候，就跟這張圖一樣。

不幸的是，認同這個貼圖文化和感受，實際上會加劇問題。這是一種命運，人類如何相愛和兩性關係如何運作的問題。這真的是貓捉老鼠的遊戲，不管任何時候，就是一個願打一個願捱，其實只要雙方偶而切換一下立場，就不會有問題，但當一方總是在追逐，另一方通常往往會越跑越遠。

追求一段愛情太難，這也是許多人經常面臨的問題。當你走出去，努力試過，最終只落得沮喪。沮喪會帶來排斥，往往又對自尊造成很大的打擊，招致更嚴重的沮喪。這是個惡性循環，許多人困在其中，進退兩難，不知如何脫身。

在這樣的情況下，多數人往往就會隱藏他們的真心與情緒，開始把痛苦與寂寞的感受，投射在其他世界裡。「如果他們能感受到我的痛苦，明白他們正在傷害我，就能了解我。」看看那些在 Facebook 上的貼文，想讓世界知道他們有多悲傷、多寂寞，絕望地請求他人的關注與同情。

我相信你一定發現了，這種行為所造成的效果恰恰與預期的意圖相反。當你告訴全世界你是多麼無力與脆弱，人們往往會對你避之唯恐不及。坦白說，這麼做對任何人來說都沒有吸引力。

了解遊戲規則

愛情是場遊戲，這是真的。不論你如何盡力嘗試想退出這個系統，都不可能做到。許多人會想，「我不玩了，我只想做自己，誠實面對自己的感受」。雖然我能理解這樣的情緒，但既然你正閱讀這一章，我就必須問你，這樣對你有幫助嗎？

別誤會，我可不是教大家當個不實在的人，或是無恥之徒，而且就算是想吸引異性的注意，你也不希望自己的行為過於主動和直接。我的意思是，你需要意識到這確實是場遊戲，要想點策略來用。

我從男性的觀點來舉個例子，其實我也只能這麼做，畢竟我是男性。假設有個女孩很吸引你，你關注她好幾個星期了，想接近她並且跟她說，「我愛妳。打從我第一眼看到妳，就愛上妳了。」這聽起來像是個浪漫的事，傾心投入新的愛情，但非常有可能你的行動會得到負面的回應，根據貓捉老鼠的遊戲規則，這並不是很有策略性。

我就算不是心理學家也能告訴你，人通常都會想要自己沒有的東西，或者是他人也想要的東西。慾望越高，沮喪也越大，別人就越不可能要你。我相信你在學校的遊戲場經歷過這種情況，你曾經追逐過其他孩子，試著要他們跟你一起玩嗎？人生就是一個大型的遊樂場，如果你想趕跑其他人，那就追趕他們。

然而，就只是坐著，什麼事都不做，等著愛情來找你，也不是個好策略，而且你會等上好長一段時間。相反地，解決方案是把你的自信投射到行動裡，以從容、自信的方式接近某個人。「我自己一個人也能過得很好，並不需要另外一個人，但我認為你很有趣，想多認識你。」（我是不會一字不漏地這樣講啦。）

訣竅在於你必須表達出這樣的心意，你必須對自己有自信，真的相信自己不需要其他人也能過得開心，你必須真的相信，你和他人相處，能為他們的生活帶來好處。這並不是說你是天上掉下來的禮物，要來填補他人人生裡的空白，這意味著你對自己有足夠的尊重，只會出現在自己想在的地方，只會跟想和你在一起的人相處。

當然我不能保證你一定會成功，真的無法保證，但如果你能了解支配多數兩性關係的這種微妙心理——你跑我追，會有更好的機會找到你的真愛。這不只能應用在愛情上，所有的關係都適用，一個沮喪又需要朋友的人，真的會發現自己沒有朋友。如果你看到來面試的人就像大街上快要餓死，急於找救濟品的人，你同樣會有相同的反感。

我必須要有自信，對嗎？

我知道，我知道，你會說，說的比做得容易，對吧？突然就決定要有自信，確實不是件容易的事。要假裝自己有自信也是相當困難的事。那究竟該怎麼做？

你可能要先回到前兩章，規畫你的大腦，讓自己成為正面積極、有自信的人，沒道理你不能成為真正有自信的人，只是要花點時間和努力。

你還要關心一下健身那部分的內容，因為塑身是建立自信的絕佳方式，甚至不用試也知道。我見過許多人在舉重和塑身後，不僅身形改變了，連帶讓他們的心理層面也跟著轉變。再來就是，思考自信的意思和輪廓，會涉及到勇氣，如果你現在想接近某個吸引你的人，不要爭論，不要遲疑，現在就展現你絕佳的自信。某些領域暱稱這為「三秒鐘規則」，這個想法基本上是說，從你遇到某個人的那一刻起，有三秒的衝動時間，過了這三秒，你的猶豫不決就會投射出你缺乏自信，事情最後的結局可能會讓你失望。我承認這項規則確實不容易依循，但嘗試看看，也不會少塊肉吧？這引導出我們下一個，也是最後要談的主題。

這是一場數字遊戲

人很奇怪，喜歡各式各樣的東西。你只要花點時間在網路上搜尋，會看到各種稀奇古怪的結果，就能證明這是真的。我為何要提這個？因為這意味著，不管你多奇怪，覺得自己有什麼缺陷，甚至覺得自己沒有完美的笑容與輪廓分明的腹肌，還是會有人喜歡你，而且很多。事實上，在這個廣大的世界裡，或許有很多人適合你，可能跟你一樣奇特，也可能不是。

這意味著一切不過是數字遊戲。太多人犯的錯是，挑了一個人然後追捧他們，迷戀這個完美的女孩或傢伙終究能帶給他們「幸福」。假設只有一個人能帶給你幸福，不僅可笑，也稱不上是策略。如果你擴大搜尋範圍，會發現有更多更好的人等著你。

後續第 71 章「停止對失敗的恐懼」會有更多的討論，但就是不要害怕失敗。失敗越多次，被拒絕越多次，這是了不起的事。最糟的情況是什麼？你必須像個上門銷售產品的推銷員，願意吃一百次的閉門羹，只要能成一筆交易，你每天所要知道的事就是完成一筆交易。

再說，這些拒絕終究會引導你遇見那個願意和你在一起的人，比起和不喜歡你的人在一起好多了。不管怎樣，這才是你的重點，不是嗎？

即知即行

- 想想看，你投射出絕望感受的方式有哪些。看看你和他人、社群媒體的溝通情況，你和朋友的互動如何。你的語言和表達方式展現出你的自信或渴望他人的關注？
- 在非實體的無形特質裡，你發現哪些會吸引你？哪些會讓你反感？
- 你的人際網路有多廣？你是否給自己足夠的機會去尋找「真愛」？走出去，跌跌撞撞，崩潰個幾次，看看這是什麼感受。一旦你意識到這其實沒那麼糟，就能更有自信地接觸人群，因為你已不再害怕結果。
- 實際採取一些步驟來改善你的自信，像是開始健身計畫，或參與一些活動，都能讓你對自己感覺更好。

我的私房書單：邁向成功之路

許多好書為我的信念和行為帶來重大的影響，我每天都試著撥出一些時間閱讀這些好書或者是聽有聲書，我相信它們將來會以某種方式來改變我的人生。

我剛踏入職場時，投入大量的時間閱讀軟體開發方面的書籍，現在則投入更多的時間閱讀廣泛應用於各方面的書籍。

我有個習慣，就是遇到任何知名或極為成功的人時，我會請他們推薦每個人都必讀的一本好書，藉由這個任務，我發現了許多非常有影響力的書籍，這些好書完全改變了我的人生。

本章提供我的私房書單，這些是我閱讀過的書籍裡最有影響力的好書，包含軟體開發與非軟體開發這兩方面。

自我提升與勵志類

在我看過的個人生涯發展書籍裡，以下這幾本是我最推薦的好書，其中許多書籍甚至完全改變了我的人生軌跡。

《The War of Art》，Steven Pressfield 著

我總是喜歡從我最喜歡的書開始介紹，這本書談的是我長期以來在工作方面所陷入的挫折：為何坐下來工作這麼難？

本書作者 Steven Pressfield 指出，每當我們坐下來做任何有意義的事情時，就會遇到一股神祕的力量來阻撓我們。當我們企圖從低使命感往高使命感發展，這股阻擋的力量就是阻礙我們發展的秘密，造成我們矛盾的破壞者。

只要確定這個我們內心所面對的共同敵人，就會開始有能力去掌控這股力量。如果你有拖延方面的問題，或是想找出動力讓自己走出去做應該做的事，這本書一定能派上用場。

《卡內基溝通與人際關係》(How to Win Friends and Influence People)，Dale Carnegie 著

這是我讀過的書裡，另一本影響我很大的好書。這本書改變了我在許多方面所抱持的觀點，幫助我成功解決人際關係方面的問題，也是我以前認為不可能達成的事。

閱讀本書之前，我堅信負面的做法才能改變他人的行為，我會不由得把我對自己嚴格紀律的標準，強加在他人身上，我相信看到有人犯錯時，告訴他們有錯很重要，而且以為用懲罰來威脅他們，是最好方法的激勵手段。

讀了這本書之後，我的看法有了一百八十度的轉變。我明白負面的支持力量幾乎是徒勞無功，想要人們去做你想做的事，唯一的方法是要讓他們自己覺得非做不可。

如果問我這些清單裡的好書有哪本是必讀的，我會推薦這一本，我也堅信每個人都該讀這本書。我至少讀了十幾次，每次重新再看都會有新的見解。

《思考致富》(Think and Grow Rich)，Napoleon Hill 著

我第一次讀這本書時，深深感到挫敗。第二次讀的時候好一點，但仍然覺得和我的喜好相去甚遠。後來，在多位成功人士的推薦下，其中一些人甚至把他們的成功歸因於這本書，我才再次翻閱。

這本書的內容有點奇怪，基本理念是，如果你相信一件事，並且堅持、強化這個信念，就能成真。我先警告你，這本書沒有什麼科學方法，甚至也沒有提出科學理論來解釋，但是不管運作原理是什麼，我已見證這對我的人生奏效，很多人也都發誓說這對他們有用。

智囊團的概念其實是源自於這本書，書裡還有許多其他重要觀念，都能幫助你了解，如何改變你自己的信念，或許能大大影響你的人生。

《Psycho-Cybernetics》，Maxwell Maltz 著

從許多方面來看，這本書會讓我聯想到《思考致富》（Think and Grow Rich），不過是科學版的。這本書的作者是外科整形醫生，他發現，當人們的臉變了，實際上他們的人格特質也會隨之改變。這引起他研究自我形象的興趣，他的研究有幾個重要的發現：自我形象有能力完全改變我們的人生，引導我們朝向好的或壞的方向。

這本書有一些非常不錯的見解，像是關於心靈如何運作，以及如何影響我們的身體。本書充滿各種實務應用的作法，可以改變你的態度、自我形象和正面積極的信念。

《未來預演：啟動你的量子改變》（Breaking the Habit of Being Yourself），Joe Dispenza 著

本書所有內容都在探討改變自身的心理模式，作者結合量子力學、腦神經科學、大腦化學、生物學和遺傳學，教你如何改變心態，進而改變你的人生。

中立警告聲明：有些人真的很討厭這本書，認為書中內容脫離現實，我也不是照單全收，但就本書所傳達的主要訊息、正面積極的心態和改變心理模式這幾個方面，我認為非常值得一讀。

《阿特拉斯聳聳肩》(Atlas Shrugged)，Ayn Rand 著

不管你喜不喜歡這本書，它都是發人省思的一本好書。這是一本虛構的小說，篇幅長達一千兩百頁，書中探討了一些人生、經濟與工作方面的嚴肅議題。

《Seneca's Letters to Lucius》，Seneca 著

在我讀過的書裡面，本書對我影響最為深遠，Seneca 的著作徹底改變了我的人生。這本「著作」本身不能算是一本書，其內容集合了著名 Stoic 主義哲學家 Seneca 寫給學生的信。

後續第 73 章會進一步介紹 Stoic 主義的哲學理念，但我還是會強烈推薦你看這本書。書中蘊含大量的人生智慧，足以徹底改變你的人生，我甚至無法闡述自從我信奉 Stoic 主義後，我的人生產生了多大的變化。

軟體開發類

既然我將本書歸類為軟體開發書籍，讀者本身可能也是軟體開發人員，合理來說，我也應該推薦幾本這方面的好書。

《軟體開發實務指南》(Code Complete)，Steve McConnell 著

本書完全改變了我寫程式的方法。第一次看完這本書後，我覺得自己了解了什麼是好的程式碼，而且能寫出好的程式碼。本書範例主要使用 C++ 語言，但書中跨語言的觀念能應用在各種程式語言上。

想撰寫好的程式碼和程式碼架構，本書是入門級的完全指南。許多軟體開發書籍都著重於高階設計，但這本書是唯一專注在程式碼細節上，像是如何命名變數，以及實際建構演算法裡的程式碼架構。

如果我創立一家軟體開發公司，一定會要求我僱用的所有開發人員都要讀這本書。這絕對是我讀過的軟體開發書籍裡，最有影響力的一本。

《無瑕的程式碼》(Clean Code: A Handbook of Agile Software Craftmanship)，Robert Martin 著

讀這本書絕對是一種樂趣。如果說《軟體開發實務指南》（Code Complete）教我寫出好品質的程式碼，《無瑕的程式碼》（Clean Code）則是淬鍊出這部分的知識，幫助我了解，如何將這部分的知識應用於完成程式碼基底和設計。

這本書也是另一本我認為所有軟體開發人員必讀的好書。本書的觀念會幫助你成為更好的開發人員，欣賞為何簡單、易懂的程式碼會比所謂聰明的程式碼好。

《深入淺出設計模式》(Head First Design Patterns)，Eric Freeman、Elisabeth Robson、Bert Bates 和 Kathy Sierra 合著

我推薦這本書而不是經典的《*Design Patterns*》，好像有點奇怪，這是因為這本書讓設計模式這個概念更平易近人且易於理解，是它最大的優點。

別誤會，我的意思不是說《*Design Patterns*》就不是好書，它的價值在於介紹軟體開發領域裡經典的設計模式觀念，但本書做了更好的詮釋，如果你只打算讀一本設計模式方面的書，推薦讀這一本就好。

《軟體開發人員職涯發展成功手冊》(The Complete Software Developer's Career Guide)，John Sonmez 著

此處如果不推薦我自己寫的書，那我就太不負責任了。如果你喜歡本書的內容，特別是「職涯」部分的章節，那麼《軟體開發人員職涯發展成功手冊》這本書一定會符合你的喜好。本書第一版出版時，我收到許多回饋，希望我能用一整本書的篇幅，擴大而且更深入探討「職涯」部分的內容。

在《軟體開發人員職涯發展成功手冊》一書中，我涵蓋了所有，也就是軟體開發人員在職涯發展過程中應該知道的一切知識，不論你是剛進入軟體開發業的新人、中階開發人員或是資深開發人員，都適合閱讀。

投資類

以下這幾本是我看過的投資書籍裡最為推薦的好書，主要提供正確的理財思維，了解如何賺錢和建立真正的財富。

《The Millionaire Real Estate Investor》，Gary Keller 著

如果要我推薦一本房地產投資方面的書，就是這本了。本書確實解釋了房地產投資是項不錯投資的原因，以及如何靠房地產致富，還會提供一個確切可行的計畫。

本書包含大量的圖表，確實解說長期投資房地產的投資報酬，沒有拿空洞的內容來填滿書的內容。

《富爸爸，窮爸爸》(Rich Dad, Poor Dad)，Robert Kiyosaki 著

這是另一本改變我人生的好書，改變我對金錢和財務方面的觀念，改變我對金錢運作原理的看法，以及有工作和為他人工作的含意。讀完本書後，我清楚了解到，創造資產和減少費用有多麼重要。

我覺得這本書唯一的缺點就是沒有真正地告訴你該怎麼做，不過，這本書和 Kiyosaki 所著的其他《富爸爸》系列書籍還是有許多有價值的建議，強烈推薦這本書給各位。

《快速致富》(The Millionaire Fastlane)，MJ DeMarco 著

哇！本書內容不但非常有衝擊性，還會讓你感受到被現實狠狠打臉的感覺。整本書的內容都圍繞在「傳統做法」和投資 401 退休福利計畫、股票、債券上，這些其實都是致富慢車道，走這條路線永遠不會富有，要等到 60 歲以上才能享受人生。

本書作者不僅列出各種財務方面的真相，還毫無保留地提供指引；他不會只留下一堆痛苦不堪的問題給你，還會提供實用的建議，告訴你如何開發線上事業以及開發哪種類型的事業。我曾經有機會在 YouTube 頻道上採訪本書作者，他確實是很有料的人。

更多好書推薦

本書第一版付梓以來，發生了很多事。我找了更多書來看，數量之多我甚至無法在本章列出所有書籍，否則會造成篇幅過長。因此，我從無法列在此處但仍舊值得一讀的書籍之中，另外節錄出一份推薦書單給大家參考，下列這些書的內容和前面列出的書一樣精彩。

個人生涯發展：

- 《影響力》（Influence）
- 《反脆弱》（Antifragile）
- 《複利效應》（The Compound Effect）
- 《我的人生思考》（As a Man Thinketh）
- 《權力世界的叢林法則》（The 48 Laws of Power）
- 《心態致勝：全新成功心理學》（Mindset: The New Psychology of Success）
- 《*Can't Hurt Me*》

理財：

- 《創業這條路》（The E-Myth Revisited）——創業者面向
- 《巴比倫最有錢的人》（The Richest Man in Babylon）
- 《FBI 談判協商術》（Never Split the Difference）——協商面向
- 《高勝算決策》（Thinking In Bets）

生產力：

- 《選擇不做普通人》（The 10x Rule）
- 《原子習慣》（Atomic Habits）
- 《*Willpower Doesn't Work*》

- 《與成功有約：高效能人士的七個習慣》（The 7 Habits of Highly Effective People）

心靈/哲學：

- 《活出意義來》（Man's Search for Meaning）
- 《與魔鬼對話》（Outwitting the Devil）
- 《薄伽梵歌》（The Bhagavad Gita ）——推薦 Jack Hawley 的英譯本
- 《深夜加油站遇見蘇格拉底》（The Way of the Peaceful Warrior）
- 《過猶不及：如何建立你的心理界線》（Boundaries）——宗教面向但內容十分精彩
- 《當下的力量》（The Power of Now）——內容雖然沒那麼令人驚艷，但仍舊值得一讀
- 《覺醒的你》（The Untethered Soul）
- 《障礙就是道路》（The Obstacle Is The Way）

雖然我還能繼續列出更多好書，但這幾本是我最推薦的，希望各位閱讀愉快！

即知即行

- 請針對當前個人與職涯發展，從這幾類書籍裡挑選二到三本你認為最有幫助的書……並且閱讀。沒錯，你要閱讀這幾本書，而不是把它們買來之後就供在書架上。
- 請從本書所列的書單中挑選一本你覺得廢話連篇或「永遠」不會想看、讓你倒盡胃口的書，然後閱讀它。為什麼？因為這本書就算無法改變你的想法，也能擴展你的視野。

71

停止對失敗的恐懼

所謂的七轉八起，就是哪裡跌倒，就從哪裡站起。

—日本諺語

在本書即將結束之前，我想給你最後的建議，這可能會比本書中的其他建議，更讓你受用無窮。就算你的人生擁有能讓你成功的所有技能，假使缺乏「不屈不撓」這項重要技能，也是徒勞無功，因為你很容易一遇到困難就放棄，而我們一生中總會面臨某些困難。

另一方面，就算你在工作專業上嚴重不足，也沒有好的交際手腕和財務方面的知識，只要你能以無比的毅力，不屈不撓地努力下去，相信你終究能走出自己的路。

對軟體開發人員來說，這種特質尤為重要，因為你的人生與職涯裡，很可能會面臨大量的困難。開發軟體本身是一件很難的工作，這可能也是這項工作吸引你的原因之一。本章會探討不屈不撓的重要性，為何能以堅定不移的態度面對失敗，培養這樣的能力非常重要。

我們為何總是害怕失敗？

害怕失敗的恐懼，似乎是多數人內心潛在的本能。我們都會偏好選擇自己擅長的事，避免去做那些會讓我們顯得沒有能力或能力不好的事。我們似乎天生就害怕失敗。

我甚至在兒童學習閱讀上看到這個情況。曾經看過一個孩子在學習閱讀時雖然進步得很快，但我發現當她念到自己不太確定的字時，就會輕輕帶過那個字，遇到認識的字時，就會很有自信地大聲讀出。如果要她挑戰的字或任務，稍微超出能力範圍，與其嘗試挑戰，她往往會直接放棄，然後說，「媽咪，你讀！」

相同的現象在多數成年人裡更為明顯，多數人在面臨重大挑戰或是很可能馬上就會失敗的情況，絕大多數都會選擇逃避。如果你在夜店和一位體型重達三百磅的猩猩男對打，對方可能會把你狠狠甩在地上，這時選擇轉身就走是很明智的抉擇；但是面對在台上演講或是學習新程式語言這類的任務，逃避就沒道理了，因為在這些情況下，就算失敗也不會帶給你任何傷害。

如果一定要我猜人們會如此害怕失敗的原因，我不得不說，或許是基於想保護脆弱自我的心態。或許我們害怕失敗，是因為把失敗當作是過於個人的事，我們認為自己在特定領域的失敗，會反映出自己的個人價值。

我認為，這種輕易誤解失敗本質的想法，助長了害怕傷害個人自尊心的態度。我們往往會這麼想，甚至也是這麼被教導的，失敗是一件不好的事。我們並沒有以正面積極的態度來看待失敗這件事，反而會認為失敗了，一切就結束了。失敗這個字本身就意味著死路、終點，而不是通往成功路途中的小插曲。我們腦海裡會有一副景象，失敗的人被送到一座孤島，他們絕望地坐在沙灘上，不敢奢望有人會來救他們，他們的人生是失敗的，他們就是個失敗者。

即使我們心裡知道失敗不是終點，但我們似乎就是會有這樣的感覺。我們往往對自己太嚴格，把搞砸事情的失敗情況看得很重。因為我們所受的訓練並不是把失敗視為通往成功的道路，在許多情況下，甚至還認為這是唯一的道路，所以我們不計一切代價，就是要避免失敗。

失敗不是被擊倒

失敗與擊倒是兩回事。失敗是暫時的，擊倒則是永遠的。失敗是某個你無法完全控制的事發生在你身上，擊倒是你選擇永久接受失敗。

要放下對失敗的恐懼，第一步是意識到失敗不是終點，除非你選擇把它當成終點。人生很難，你會遇到挫折，會被打倒，但要不要重新站起來，取決於你自己的決定。多數值得擁有的東西，是否值得去戰鬥，取決於你自己；體會實現成就所帶來的喜悅與樂趣，取決於你自己，特別是這其中有很大一部分是來自於實現過程中所遇到的困難與掙扎。

你曾玩過非常困難的遊樂器遊戲嗎？還記得你打敗最終大魔王時，獲得獎勵的快感嗎？在通往最後魔王的這一路上，你可能失敗了很多次，但終於破關的感覺有多棒？與此對比，一樣是困難的遊樂器遊戲，但你輸入作弊碼，讓遊戲裡的角色生命無限或無敵，你覺得這樣好玩嗎？就這樣破關了有什麼樂趣嗎？

繼續剛剛遊樂器遊戲的例子，如果你在遊戲裡第一次遇到角色死掉的挫折，就把控制手把給丟了，那會發生什麼事？從某種程度上來說，失敗這麼多次但最終成功，這不是會讓整個體驗更有樂趣嗎？如果是這樣的情況，你為何要避免人生中的一些失敗，把這些失敗當作是萬劫不復的狀態呢？你不會預期自己拿起遊樂器手把，就能完全不掉到地洞，或被火球燒死，而能完美破關，那你為何會預期整個人生中不會經歷失敗呢？

失敗是通往成功的道路

與其害怕失敗，不如擁抱失敗。失敗不僅不等同於擊倒，它還是通往成功必經之路。人生路上至少要經歷一些小失敗，才能做到或實現人生裡一些值得的事。

問題在於我們成長過程中所學到的觀念，是以負面的眼光來看待失敗這件事。我們在學校求學過程中，課堂作業不及格就會被視為沒有進步。沒有人教我們失敗是一項學習經驗，會帶你更接近目標。相反地，你學到的是，把失敗視為一件完全負面的事。

現實生活不是這樣，但我也不是叫你不要用功準備考試，還要努力不及格，只為了求個學習經驗和塑造人格特質的機會。我的意思是，在真正的人生裡，失敗經常是必經的里程碑，帶我們逐步邁向最終的成功。

在現實世界裡，當你在某件事上遭遇失敗，你會從中學到經驗，並且希望自己能有所成長，我們就是以這樣的方式訓練大腦。如果你曾學過特技雜耍、打籃球或任何需要肢體協調性的體能活動，就知道成功前會歷經多少失敗。

我記得第一次學特技雜耍時，我把三個球都往空中抛，三個都落在地上，沒有一顆落入手中。我可以雙手一攤說，「我就是不會特技雜耍」，但出於某些原因，我堅持下來了。我知道其他人已經學會了特技雜耍，我應該也能學會，所以我繼續努力。在掉了數百、數千次的球之後，我終於成功了。我的大腦隨著時間微調，從我不斷經歷的失敗中學習。我無法控制這個流程，我必須做的事就是持續嘗試，一開始就不害怕嘗試。

我最近開始對自己說，「我不是贏，就是學習」，甚至不再將失敗視為一個選項。在任何已知的情況下，我決定自己如果放棄，就只有失敗；但只要不放棄，不管結果如何，我只會有兩種選擇。第一種是我會成功，顯然這是很棒的結果；第二種或許是更棒的結果，我會得到學習的機會，一個提升自我的機會。不管是哪種結果都很好，就這一層意義來看，我沒有輸……也不算失敗。

學習擁抱失敗

我必須再次強調，如果你覺得沒有從本書裡學到任何事，就聽聽我以下這個建議：學習擁抱失敗，期待它、接受它，準備正面迎擊它。

僅僅放下對失敗的恐懼還不夠，你應該尋求失敗。如果你想成長，就要讓自己置身於一定會失敗的環境之中，我們通常會因為逃避危險的事或挑戰自我的事，而停滯不進。我們會在人生裡找到自己的舒適圈，關上內心小屋的大門，做好準備，關閉艙門，堅持要等到暴風雨結束，也不願讓自己暴露於風雨之中。

然而，有時你會需要讓自己淋濕；有時你會需要讓自己走出舒適圈，強迫自己成長；有時，你要積極離開原本的道路，去尋找讓自己失敗的情況。你越努力將船駛向失敗，從相反方向吹來的成功之風就越強。

你要如何擁抱失敗？你要如何說服自己跳進這萬丈波瀾？開始接受失敗是人生的一部分，你不可能一開始就把事情做到完美，你會犯錯。

你還必須明白失敗是好事，犯錯也沒關係，你可以試著避免失敗，但不要只是因為害怕失敗會讓自尊心受挫，就不計一切代價去避免失敗，卻因而錯失機會。一旦你了解失敗是好事，失敗就無法定義你的自我價值，反而是你對失敗的回應態度展現了你的價值，你將學會不害怕失敗。

最後，我會建議你多多讓自己處於失敗的環境之中，讓自己走出舒適圈，去面對令人不安的環境。走出去，讓自己故意處於無法避免某種失敗的艱困情況之中，關鍵是不要放棄，讓失敗激發你前進的力量，迎向成功。

關於失敗，最後，我想把這句話送給各位，出自 Napoleon Hill 所著的《思考致富》（Think and Grow Rich）：

> 多數取得偉大成功的偉人，距離他們最大的失敗只有一步之遙。

即知即行

- 失敗的恐懼是如何讓你退縮的？想想你人生裡的所有活動，有哪些是你想做卻因為一時的尷尬或自尊心受挫，而害怕去做。
- 承諾至少做一件你因為害怕而不斷逃避的事，也不能半途而廢。許多人企圖去做他們知道會失敗的事，但會給自己留點餘地，這樣無法真正感覺到失敗，因為「他們並沒有真正試過」。所以請親身去試過，真正地體驗失敗。

72

離開舒適圈

如果你真的想擁有成功的人生，還要學習克服一項巨大的恐懼，就是絕大多數的我們都像個傻瓜。

走上舞台，跟一大群人演講，確實不是件容易的事。寫部落格文章給全網路世界的人看，還要請他們批評指教，也不是件輕鬆的事。從 Podcast 節目裡聽到自己的聲音，或是看到自己的大臉出現在影片中，也會讓人覺得不好意思。就某種程度來說，甚至連寫書也需要一些膽量，特別是把你所知道的一切全都放入書裡，攤在陽光下讓大家檢視。

如果你希望自己投入的努力能夠成功，就必須學著停止在乎他人的想法，必須學著如何不害怕自己像個傻瓜。

一切始於不安

我第一次站在舞台上，而且必須在群眾面前簡報，當時緊張到簡直是汗如雨下，我試著讓自己保持鎮定，但發出的聲音還是微微顫抖，切換投影片時，原本只想跳回上一頁，可是我那卡卡的手讓投影片往前跳了兩頁，但你知道最後怎麼了嗎？我還是完成了那次簡報。我或許簡報得不好，也沒有超凡的魅力吸引聽眾，但隨著時間過去，簡報也就結束了。

後來我又再度有上台演講的機會，雖然還是一團糟，但已經不再那麼緊張。我的手不會顫抖得那麼厲害，襯衫也沒有因為滿身大汗而浸溼，之後的演講經驗甚至比之前更輕鬆自在。現在我能站在舞台上，拿著麥克風，自信地橫掃全場，演講會場的能量賦予我力量，讓我覺得自己生氣蓬勃。我從沒想過在最初那幾次演講後，我能有今日的局面。

事情的真相是，情況會隨之改變。隨著時間過去，原本讓你不安的事會變成你的第二天性，你要做的是給自己足夠的時間，願意去克服讓自己尷尬的情況，直到你不再感到不安為止。

剛開始做某件事，誰都會不安，你無法想像自己要怎麼做，才能自然而地做這件事。你很想對自己說，這件事就是不適合你，或者是其他人就是在特定領域有天分，但你不能這麼想，你必須克服，明白幾乎每個人第一次挑戰任何事，都一樣會有不安的感受，特別是要站在人群面前做某些事，壓力會更大。

說實話，絕大多數的人都做不到，因為太在乎別人對自己的看法，早早就舉白旗投降。由於無法投入夠多的努力，去克服某件事困難又尷尬的部分，導致自己終究無法在某件事情上取得成功。就像大家都同樣參考本書的建議，為何你成功，他失敗？因為大多數開發人員不願意做的事，但你樂意去做了；大多數開發人員不願意為了實現更棒的成就，而讓自己暫時像個傻瓜，但你克服了，這就是主因。

像個傻瓜又怎樣

好吧，或許你現在願意相信我說的，事情終究會隨著時間變簡單，但還需要你持續不斷地實踐。如果你持續寫部落格文章，持續站在舞台上演講，或持續製作 YouTube 影片，最終就不會再感到這麼不安，甚至還會覺得輕鬆自如。但你說，我就是無法控制自己的手不顫抖，甚至還無法握住麥克風，怎麼辦得到？

很簡單，就是不要在乎，不要在乎自己像個傻瓜，不要在乎某個人看過你的部落格文章後，認為你大錯特錯和愚蠢，不要在乎別人會笑你，因為你已經準備好，而且願意和他們一起笑。再次強調，我知道這說易行難，但讓我們一起來打破這道藩籬。

首先，如果你讓自己看起來像個傻瓜，會發生什麼事？不過是讓自己出醜，這不會造成身體上的傷害。不管你在台上的表現有多糟，其實不會有太多人關心這一點。當然，你可能會當眾出醜，行為可笑，額頭冒汗，但結束後，根本沒人會記得這件事。

想想你上次看到有人「不堪一擊」是什麼時候的事了？你還想得起來嗎？你有對他謾罵，噓他離開舞台嗎？結束之後你會發電子郵件或打電話給他，說他多有糟，浪費了你的時間嗎？當然不會！那你還擔心什麼？

如果你想成功，就要學著吞下你的自尊，走出去，不要害怕當眾出醜。每個知名的演員、音樂家、職業運動員和演說家，剛開始也都不擅長他們現在所做的事，你必須自發性地選擇，不管怎樣都要走出去，然後盡力而為，終將實現成果。只要持續去做某件事，就能不斷精進，只是必須撐得夠久才能看到成果。生存之道就是不要在乎別人的看法，也不要害怕在眾人面前出醜。

> 我在職籃生涯裡，失手的球超過九千顆以上，輸掉近三百場比賽，有二十六次的比賽，球隊相信我能帶領大家拿下勝利，但我沒有。我的人生經歷了一次又一次的失敗，才有今日的成功。
>
> —美國 NBA 職業籃球退役球員 • Michael Jordan

直接邁出一小步

如果我是游泳教練的話，會把你帶到池邊，用力踹你一腳，把你踢進深不見底的池裡，因為我知道這是最快學會游泳的方式。但我知道不是每個人都喜歡面對這種不管成敗如何，就是背水一戰的情況，你可能會想一步步慢慢來。

如果演講、寫作或前幾章提過某件事，會讓你在進行的時候感到緊張，想想哪件事對你來說最容易做到又不會讓你感到壓力很大，就從那裡著手。

先練習在別人的部落格寫下你的意見，是個不錯的出發點，我明白就算是這樣的任務，也會讓一些開發人員感到害怕，但這真的是一個不錯的入手點，這不會花你太多時間，而且你只需要參與大家的對話，不用自己發起一個對話。

準備好你的評論，不要害怕。事實證明，當然會有人不喜歡你所說的內容，或不同意你的觀點，但那又怎樣？網路是公開的世界，每個人都有權利發表自己的看法，所以不要讓他們擊倒你。習慣這些酸言酸語其實還不錯，因為就算你在工作上做到最完美的地步，依舊會有人批評你，你永遠不可能取悅每個人。

等你累積了一些勇氣，就可以開始寫自己的部落格文章。你可以寫自己已經熟悉的主題，或者甚至是「如何……」系列的文章，不要從一些自以為是的文章開始寫，因為這些很可能會引來一些網路上的酸民，不斷地以言語攻擊你。你或許也會發現沒那麼糟，有些人其實還蠻喜歡你寫的內容，只是不要讓他人的情緒影響你的判斷力。

從這裡進一步擴大，或許可以開始為其他人的部落格寫文章，接受 Podcast 節目的訪談，甚至加入像 Toastmasters 這樣的社團，幫助你習慣在公開場合演講。許多人從未想過自己能站在人群面前演說，透過 Toastmasters 這樣的社群，他們最後能在公開場合演講，成為優秀的演說家。

重點就是永遠保持積極向前的態度。如果你想一步步慢慢地習慣水溫，或者是想一躍而進，在深不見底的水池激起水花，都沒關係。你會覺得不安、擔心，甚至是恐懼，但這些終將過去。只要你堅持下去，願意正面迎擊這些挑戰，只要你願意接受自己會暫時像個傻瓜，就能在最多人失敗的地方躍起，我敢保證這一切都會值得。

即知即行

- 勇敢一點，今天是你的幸運日。走出去，做件會讓你恐懼的事，不論大小，都沒關係，強迫自己去面對不安的狀況，提醒自己這不是什麼大不了的事。
- 重複上述的行動，至少一週一次。

73

Stoic 哲學理念如何改變人生？

「Stoic 哲學家是佛教徒，他們對人生的態度就是『去你的』命運！」

—Nassim Nicholas Taleb，《反脆弱》（Antifragile）作者

在本書的所有章節裡，這是讓我感到最興奮也最緊張的一章。我之所以興奮，是因為 Stoic 哲學理念對我的生活造成戲劇性的變化，徹底改變了我對人生的態度，讓我更加成功，還將原本囚禁於負面情緒和反覆無常命運牢籠之中的我解救出來。我之所以緊張，是因為我對 Stoic 主義有太多話想說，有太多內容想涵蓋在這一章裡，而我擔心自己無法公正地在這短短的篇幅裡做到這兩點。

我第一次接觸到 Stoic 主義的概念是在我寫完本書第一版不久後。記得當時我人在夏威夷，剛編輯完最後的版本，我一邊在海邊慢跑，一邊聽著美國作家 Ryan Holiday 的有聲書，那本有聲書的書名是《障礙就是道路：改變認知，啟動意志，超越自我的行動三紀律》（The Obstacle Is the Way: The Timeless Art of Turning Trials into Triumph），光是書名就立刻吸引了我。在那次旅程中，我總共聽了三次。最終我擁有一個架構，幫助我更有意義地面對自己的人生，而這個架構在 2000 多年前就已經發明出來了，我以前竟然從未聽過？

那次旅行結束後我回到家，便對 Stoic 主義的觀念非常著迷。我開始閱讀 Stoic 主義的古代著作，實踐 Stoic 教派所提出的方法，然後漸漸發現自己

不像以前那樣容易心情低落。我發現自己期待看見更好的自己，發現自己接受當下，不再試圖改變、討價還價或是抱怨眼前的現況。我還發現自己的心情處於一種更平靜祥和的狀態，彷彿成了一位哲學家。

Stoic 主義

喔，天啊！要寫這一節的內容令我十分緊張。我可以寫出一整本書的內容來探討 Stoic 主義，以及如何實踐它，但我仍舊沒有把握是否能確實詮釋。你想想看，Stoic 主義沒有正式的教條存在，沒有聖歌、宣言，甚至也沒有入門指南，能夠帶領我們走下去的反而是 Stoic 主義的古代著作，其中最有名的就是 Seneca、Epictetus 和 Marcus Aurelius 的作品。

請各位不要絕望，所有希望都不會消失。我們可以從這些古代著作中學習到大量的知識，告訴我們何謂 Stoic 哲學理念，以及它牽涉到哪些部分。Stoic 哲學理念的核心嘗試定義：如何將你在這個星球上的時間價值發揮到淋漓盡致，不要把你的生命浪費在你無法控制的事情上，同時發揮你最大的能力去掌控你可以控制的事。

基本上，Stoic 哲學理念本身的概念就是：努力以核心理念定義的方式生活，將自己的人生升級到最高版本。古希臘文中稱這樣的概念為「*Eudaimonia*」，大致上可以翻譯為「與自己的內在心靈和平共處」。Stoic 哲學理念要求我們無時無刻都要表現出最高的自我、專注於我們可以控制的事情上，並且對自己的人生負全責。Stoic 主義認為事件本身就是中立的，善與惡或好與壞都是我們對事件的詮釋；也就是說，對於發生在生活周遭和自己身上的事，我們有能力可以控制我們要如何解釋，可以說 Stoic 哲學的理念跟受害者心態完全相反。過去幾年，我深受 Stoic 主義這種擺脫受害者心態的觀念所吸引，事實上，我還以這樣的觀念為宗旨成立了一個新品牌和一家公司「Bulldog Mindset」（https://bulldogmindset.com）。

Stoic 主義的所有內容都是要我們成為不被命運牽著走的人，將生活中擁有的一切都視為借來的東西，本來就不屬於我們，總有一天都必須歸還。以下引述為古羅馬著名哲學家 Seneca 對這個觀念的解釋：

「請記住，我們所擁有的一切都只是跟命運『借來的』，它隨時都能收回一切，而且不需要我們的同意。確實如此，甚至也不會事先通知我們。因此，我們雖然應該愛著自己所有的親友，卻也要抱著這樣的想法：命運並沒有答應我們能永遠擁有他們，不僅如此，甚至沒有承諾我們能和他們在一起，長長久久。」

—古羅馬著名哲學家 Seneca

Stoic 主義的核心概念是超脫一切，如果你熟悉佛教的教義，兩者非常相似。Stoic 哲學理念表示，我們應該跳脫這個世界和一切不受我們控制的事物，隨時準備放手；我們應該跳脫萬事萬物的結果，只關注發展的過程，也就是我們能控制的部分。著名的例子之一是弓箭手，他們瞄準目標然後發射弓箭，可是一旦弓箭飛向目標，他們就無法控制後續發生的結果。弓箭手雖然能竭盡全力練習並且盡一切力量將每隻箭射到完美，然而，一旦他們放開手中的箭，就無法再控制箭的去向。

許多人認為 Stoic 主義的一切都指向冷漠無情，對痛苦或快樂漠不關心，但這個想法和事實相去甚遠。Stoic 哲學的理念是教我們不要讓自身行為受到痛苦或快樂的影響，儘管帶有情緒也要做出正確的行動。所以，Stoic 哲學理念會說，「感受你心裡的情緒，但不要被這些情緒左右和掌控。」我自己則喜歡說，「在痛苦中前行。」

無懈可擊的自我！

想到 Stoic 主義的主要好處時，我的腦海中會浮現一個詞，就是「無懈可擊」。當沒有任何事物能傷害你時，你的人生會變得如何？如果你奉行 Stoic 主義的概念生活，實際上沒有任何人事物能傷害到你。Stoic 哲學理念告訴我們，只有我們選擇讓人事物傷害我們，我們才會受傷，因為是我們對發生事件的解釋，導致於我們認為事件是善還是惡，是好還是壞。

「選擇不被傷害，你就不會有受傷的感覺。沒有受傷的感覺，你就不會覺得受到傷害」

—羅馬帝國皇帝 Marcus Aurelius

這項要求聽起來似乎很高，但我老實跟你說，自從我開始實踐 Stoic 哲學理念以來，我幾乎對傷害無敵。曾經對我困擾已久的事情，對我不再產生任何明顯的影響。以前遇到塞車時，我總是會覺得煩躁，而且會對其他駕駛人或是路況感到不耐和憤怒。現在的我就只是接受，一邊聽著有聲書，一邊想著，太棒了，我有更多的時間可以聽下去。以往別人做了蠢事或是以某些方式故意戲弄我時，我往往會覺得他們很惹人厭。現在的我只會把他們的行為視為他們的選擇，把這些當成是讓我心智更強大的試煉。那麼，如果是被車撞到或是其他身體上的外傷，遇到這些事，還能說自己無懈可擊嗎？ Stoic 主義說，身體上的痛苦和心靈上的傷害是兩回事。被車撞到會讓你痛苦，但車子不會傷害你，就算你因為車禍而失去雙腿或行走的能力，除非你在心裡將這個情況詮釋為一件不好的事，你才會因此受到傷害。

如果要詮釋 Stoic 主義帶來的好處，我認為最好的說法是，你不會再覺得自己被命運左右。當你專注於盡我所能之時，你就不會擔心事情的結果；當你接受天命帶給你的一切，並且學會**熱愛命運**，就沒什麼好擔心的。眼前發生的一切，你都可以置之不理，只要想辦法如何充分利用這一切帶給你的機會。雖然這不表示你永遠不會感到沮喪或難過，但某種程度上，你會擁有掌控情緒的能力，讓你免於受到負面情緒的衝擊。

Stoic 哲學理念也會讓我們變得更加堅強，比你想得還要堅強得多。Stoic 主義的信念之一是，我們應該實踐「無」的境界，或者甚至是生活於貧窮之中；認為我們應該讓自己脫離舒適圈，才能變得更強，為將來可能發生的任何情況做好準備。「在練習中汗流得越多，戰鬥中血就流得越少」，這個想法就是典型的 Stoic 主義概念。我在本書一開始提過我每天都會跑馬拉松和斷食，我會將這兩項實績歸功於我從 Stoic 主義獲得的內在力量和精神韌性。

最後一點是，Stoic 主義會許你一個寧靜祥和的境界或內心的平靜。當你跳脫結果，當你願意放手，當你不再依賴命運，當你學會接受並且擁抱當下，而不再對抗人生與現實時，你的內心就會發現一種無與倫比的平靜，就像活在平行宇宙之中。現在當其他人告訴我，他們對某件事非常沮喪、生氣或焦慮時，我幾乎不再對他們的心情有任何共鳴。我依稀記得自己曾經花了一半或更多的時間為負面情緒發火，但我現在很少有這樣的經驗，這點確實讓我十分驚訝，就像是，「哇，我覺得我現在很生氣，這感覺真怪。」

如何奉行 Stoic 主義？

哦，所以你想成為 Stoic 教派的一員嗎？嗯，好吧，我希望你會喜歡充滿果凍的兒童充氣泳池和秘密儀式。要成為 Stoic 教派的一員，首先你必須接受天啟，好吧，我開玩笑的，但事實上，你已經受到啟發了。你看，你和我有著同樣的命運，因為我們有天終須一死。是的，我知道，我們大家都不喜歡思考這件事，但死亡真實存在，而 Stoic 主義的觀念便是要我們做好死亡的準備。既然我們分享相同的命運，就會有相同的問題，也就會有相同的解決方案。

那麼我們共同的問題是什麼？我很高興你問了。現實情況是我們幾乎都在相同的環境和限制條件下運作，你和我最終都只能控制自己的思想、詮釋我們所經歷的事情以及掌控自己的行為。如此而已，其他一切都已經超出我們所能掌控的範圍。不論你是否喜歡 Stoic 主義的論調，我都會說你已經是其中一員了，只是沒有加以實踐而已。

如果你覺得這一切聽起來很美好，想開始在生活之中應用 Stoic 主義的哲學理念，剛開始可以先採取幾個步驟。首先，建議你從兩本 Stoic 主義的古代文本開始看起。

第一本是《*Moral letters to Lucilius*》，從以下連結可以找到免費的線上版：https://simpleprogrammer.com/ss-seneca。這是我最喜歡的 Stoic 主義原始文本，因為內容充滿可以立即使用和應用的實用智慧；內容可能有點難以消化，如果有些部分無法理解，請別擔心，多花點時間閱讀。

接下來要推薦的是羅馬帝國皇帝 Marcus Aurelius 所寫的《沉思錄》（Meditations），這本「著作」甚至稱不上是一本書，其實是這位前羅馬帝國皇帝的私人日記，只是剛好作為書籍出版。Marcus 是忠實的 Stoic 主義者，在生活中全心全意奉行這項哲學理念，世人經常稱其為哲學家皇帝（這個稱號最早是由古希臘哲學家柏拉圖而起）。

前面這兩本看完後，推薦你看幾本探討 Stoic 主義的現代著作，包括 Ryan Holiday 的《障礙就是道路：改變認知，啟動意志，超越自我的行動三紀律》和 Jonas Salzgeber 的《斯多葛生活哲學 55 個練習：古希臘智慧，教你自信與情緒復原力》（The Little Book of Stoicism）。這些書籍以現代的方式闡述 Stoic 主義原始文本中的概念，輔以歷史上偉大的例子，幫助你確實地將這些觀念內化於自身。

不過，最重要的一點是將你所學到的觀念付諸實踐。不僅是閱讀和消化文本中的概念，還要積極嘗試在日常生活中實踐 Stoic 哲學理念。當你遭遇挫折或麻煩時，請花點時間想一想，從你的選擇中做出決定，你要如何詮釋當下的情況。每一天、每一刻都專注於為你所做的每一件事付出一切，如此就能持續追尋 Stoic 主義所說的「道德上的卓越」（*arete*），並且與之共存（古希臘語「arete」，大致上可翻譯為「卓越」）。選擇勇敢面對自身的恐懼，留意你所擁有的時間，在心中建立起一個牢固的碉堡，保護自己並且抵抗無法預知的命運浪潮。

關於 Stoic 哲學理念，我還可以寫出更多內容與你分享，總有一天我會將所有心得寫成一整本書，但此刻我只能讓 Stoic 主義在本章留下驚鴻一瞥。希望我短暫帶你領略的「美好人生」，已經引起你的興趣，進而鼓勵你追尋古人的智慧。

即知即行

- 請利用一週的時間，練習對自己按下暫停鍵。當某件事情發生在自己身上時，請先暫停下來想一下再做出回應。暫停的那一刻，請主動「選擇」你要怎麼解釋當下發生的事件，然後選擇最適當的回應。
- 你還可以練習接受。當某件不如人意的事情發生時，如果已經超出你能控制的範圍，與其抗爭，不如選擇接受。練習放手，光是這樣就能大幅減輕你心裡的壓力。
- 最後，請從本章提到的古羅馬著名哲學家 Seneca 的信件裡，至少挑幾封來看看。每天閱讀一封信，就能為你接下來一整年的生活帶來戲劇性的變化，請給自己一個機會試試。

74

結語

本書的內容就談到這，我們終於一起迎向尾聲，我會說「我們」，是因為我希望你閱讀本書跟我撰寫本書一樣，都享受了一趟冒險之旅。我第一次準備撰寫本書時，根本不知道要寫主題這麼大、內容這麼多的一本書，其困難度有多高。我只知道我想寫一本書，分享我在軟體開發人員職業生涯裡，獲得的重要經驗與教訓，不只是分享我如何寫出品質不錯的程式碼和職業生涯的發展，還有如何成為全方位發展的人。我學到的經驗是，如何將我人生的價值發揮到極限，同時也讓他人受惠。

我並非天才，甚至不是寫回憶錄的老人，想要跟你分享自己過去幾十年的人生經驗，給你五十年的人生智慧，所以請不要把本書的內容奉之為圭臬。本書真的就是分享我自己的經驗，和到目前為止讓我成功的因素。我希望你能從中找到一些對你有用的經驗，即使你可能不認同這些經驗，也沒關係。

這正是本書的重點，你不應該把任何人說的話奉之為圭臬，沒有人可以隻手遮天。有很大的程度，自己所做的事才是真實。這並不是說，你可以不管大家所公認的真理，只做自己想做的事；反而是指，你可以決定你想要的人生，和你想要的生活方式。如果你能學會掌控這些事的基本原則，像是成功、理財、健身和自己的心理狀態，就能利用這些原則塑造自己的現實世界。

希望在讀完本書後，你能得出一個結論，長久以來你被洗腦要取得好成績、別搞砸任何事、上大學、找份好工作，然後工作到五十歲退休，這樣狹隘、筆直的生存之路並非你唯一可走的路。當然你也可以沿這條路前進，如果這是你想要的生活，但既然你正在讀這本書，我會假設你認為人生不該只是做些討人厭的朝九晚五的工作，

希望本書能讓你了解，全世界的機會都在你的手裡。從管理職涯的方式談起，讓你從中獲益匪淺，將你個人的職涯帶往全新的方向；到實際建立個人品牌與行銷自我的方式，這些都能讓你把自己的軟體開發職涯帶往你從未想過的層面，同時又能影響他人的生活。

希望本書已經教你全新的學習方法，讓你能吸收資訊，給你足夠的自信超越自我，不只是為了學習而學習，還有分享你所學到的知識給他人，讓他們也能從中受益，不論你往著哪條路前進。

希望本書能激勵你更有生產力，更用心管理你的時間，並且好好利用。看見努力工作的價值，並且採取行動，就算有時你覺得自己缺乏持續下去的動力。

希望本書能從某些方面激勵你，好好照顧自己的健康與身材。明白你其實能擁有好身形，並不是因為你是軟體開發人員，就不能有健美的運動員體格，只要你願意，至少能主動控制自己的健康。

最後，我希望本書能幫助你了解，心靈是多麼強大與重要的工具，不只能成為推動你前進的力量，也可能會在你有機會應用所學、了解自己有能力成為心目中理想之人前就摧毀你。幫助你了解能透過正向思考與堅持的力量塑造自己。

這些都是所有書籍的崇高目標，特別是跟軟體開發相關的書籍更是如此。如果我談的這些內容裡，至少有一項能帶給你一點幫助，我會把它視為一項勝利。

在你放下本書之前，希望你能幫個小忙。如果你發現本書對你有用，你認為其他人也能從中受益，請分享給他們。我並不是要推銷這本書，雖然我確實有興趣也想這麼做，但我這麼說是因為我寫書的目的並不是為了賺錢，不然拿寫書所花的這五百個小時，做許多其他的事會更有利可圖。我的目的是，我認為我們都該全力以赴，不只作為軟體開發人員，還有身為一個人：去幫助他人。

感謝你撥空閱讀本書，誠摯希望你已經在本書中找到一些人生中持續的價值。

作者 John Sonmez

後記：看完本書後覺得意猶未盡嗎？我再給各位一個彩蛋章節，告訴你們如何應付酸民們的惡意批評，請點擊以下連結即可閱讀：*https://simpleprogrammer.com/softskillsbonus*

關於作者

John Sonmez 身兼軟體開發人員與兩本暢銷書的作者，其著作有《軟體開發人員職涯發展成功手冊》（The Complete Software Developer's Career Guide）和《軟實力：軟體開發人員的生存手冊》（Soft Skills: The Software Developer's Life Manual）。

他也是部落格、YouTube 頻道「Simple Programmer」的創辦人，每年向 140 萬軟體開發人員傳達他的核心訊息：

只有技術能力無法成就成功的職業生涯或人生。

他提倡軟體開發人員專注發展「軟實力」，例如，清楚溝通和以身作則的能力，培養從失敗中恢復的心理彈性，甚至是改善個人的健身程度，透過這些能力，軟體開發人員可以突破「玻璃天花板」，享受超凡的成功。

John 在 17 年以上的開發人員職涯裡，不斷地從試誤過程中記取這些他付出高昂代價換來的教訓，坦率地說出他職涯發展初期經歷的起起落落。

他從 10 歲開始發展軟體開發職涯，運用 C 和 C++，替他最愛的 MUD 遊戲創造虛擬世界。

19 歲時他在 Silicon Beach 找到一份夢寐以求的工作，獲得六位數的薪水，那時他以為自己的職涯就此安穩。

然而，現實是上天後來為他安排了多年的挫折和失望。那幾年，他因為 C++ 能力技壓主管，而被迫從一份安逸的工作「離職」；在微軟嚴酷的現場面試過程中，感受到巨大的崩潰；最終找了一份非程式設計的工作，只為了有錢能付得起帳單。

最終，John 意識到一點，一個只知道怎麼寫程式和一個擁有全方位能力而且成功的專業軟體開發人員，這兩者之間存在巨大的差異，於是，他開始培養自己缺乏的技術力、領導力和溝通技巧。

後來他成為高薪顧問，提供測試自動化和敏捷方法方面的諮詢服務；和技術教育巨頭 PluralSight 合作，推出了 55 門課程，成為軟體開發領域裡最多產的線上培訓師。

事實上，John 在 33 歲時就退休了，然後搬到 San Diego 居住。

目前，他專注於經營自己創辦的「Simple Programmer」平台，透過影片、書籍和課程，協助其他開發人員獲得他們冀望的成功。

Soft Skills 軟實力｜軟體開發人員的生存手冊 第二版

作　　者：John Z. Sonmez
譯　　者：黃詩涵
企劃編輯：蔡彤孟
文字編輯：江雅鈴
設計裝幀：張寶莉
發 行 人：廖文良

發 行 所：碁峰資訊股份有限公司
地　　址：台北市南港區三重路 66 號 7 樓之 6
電　　話：(02)2788-2408
傳　　真：(02)8192-4433
網　　站：www.gotop.com.tw
書　　號：ACL063900
版　　次：2022 年 01 月二版
建議售價：NT$580

國家圖書館出版品預行編目資料

Soft Skills 軟實力：軟體開發人員的生存手冊 / John Z. Sonmez 原著；黃詩涵譯. -- 二版. -- 臺北市：碁峰資訊, 2022.01
面；　公分
譯自：Soft Skills: The software developer's life manual
ISBN 978-626-324-067-4(平裝)
1.CTS: 職場成功法　2.CTS: 電腦程式設計
494.35　　110022364

讀者服務

- 感謝您購買碁峰圖書，如果您對本書的內容或表達上有不清楚的地方或其他建議，請至碁峰網站：「聯絡我們」\「圖書問題」留下您所購買之書籍及問題。(請註明購買書籍之書號及書名，以及問題頁數，以便能儘快為您處理)
  http://www.gotop.com.tw
- 售後服務僅限書籍本身內容，若是軟、硬體問題，請您直接與軟體廠商聯絡。
- 若於購買書籍後發現有破損、缺頁、裝訂錯誤之問題，請直接將書寄回更換，並註明您的姓名、連絡電話及地址，將有專人與您連絡補寄商品。